JN440111

빅데이터를 활용한 스마트그리드

빅데이터를 활용한 스마트그리드

2017년 8월 31일 초판 1쇄 인쇄
2017년 9월 6일 초판 1쇄 발행

지 은 이 : 최동배, 오명환
펴 낸 이 : 최 정 식
진　　행 : 인포더북스 출판기획팀

펴 낸 곳 : 인포더북스(books@infothe.com)
홈페이지 : www.infothebooks.com
주　　소 : (121-708) 서울시 마포구 마포대로 25(마포동, 신한디엠빌딩 13F)
전　　화 : (02) 719-6931
팩　　스 : (02) 715-8245
등　　록 : 제10-1691호
표지 · 내지 디자인 : 나은경, 이재준

정가 35,000원

ISBN 978-89-94567-77-8 93560

빅데이터를 활용한
스마트그리드

최동배, 오명환 지음

인포더북스
infotheBooks

머리말

ZARA의 창업자 아만시오 오르테라는 얼마 전 빌게이츠를 제치고 세계 부자순위 1위에 올랐다. 이 브랜드는 단순히 옷을 만드는 브랜드가 아닌 빅데이터를 활용하여 보통사람의 기호화 바람을 파악하고 신속하게 제품을 출시해서 성공한 것이다.
센서(Sensor)인 사물인터넷, 디바이스(Device)인 빅데이터를 융합하여 만든 플랫폼(Platform)이 바로 스마트그리드(스마트시티)이다. 스마트그리드는 21세기 최대의 생활혁명이다. 이런 생활혁명이 구체적으로 개인부터 가정, 사회, 국가, 글로벌하게 적용되는 것이 4차 산업혁명이다. 《4차 산업혁명》 저자이며 세계 경제포럼 회장인 클라우스 슈밥은 "4차 산업혁명이 우리에게 지진· 해일처럼 밀려 올 겁니다. 그것은 모든 시스템을 바꿀 겁니다"라고 말했다. 우리가 원하건 아니건 간에 4차 산업혁명은 가까이 와 있으며, 21세기에는 지식의 시대는 저물어 가고 어떤 것을 선택하는지가 더 중요한 가치 중심 사회가 되고 있다.

4차 산업혁명으로 나타나는 대표적인 사회현안은 로봇의 활용도 증대, 공유경제의 개념 등장, 자율주행 자동차, 핀테크, 빅데이터 무인진단법 등으로 일자리가 감소한다는 것이다.
전체 일자리의 절반 정도가 로봇으로 대체 가능하고, 공유경제와 자율주행 자동차로 차량과 숙박업소 감소 및 종사자들의 일자리가 사라질 것이다. 또한 핀테크의 등장으로 2015년 미국과 유럽은행원의 10%인 10만 명이 일자리를 잃었고, 10년 뒤 은행 관련 일자리의 절반이 사라질 것이며, 빅데이터 무인진단법의 등장은 현재 의사 수의 20%만 살아남을 것으로 Vinod Khosla는 추산하고 있다. 특히 다보스포럼에서 발표한 미래 고용보고서에 따르면 인공지능이 사람의 일자리를 대체하면서, 2015년부터 2020년까지 총 710만 개의 일자리가 사라지고 200만 개의 일자리가 창출되어, 총 510만여 개 일자리가 사라진다고 한다.

기후변화와 일자리 및 환경이슈 해결을 위해 전 세계가 관심을 집중하고 있는 이 시점에 인공지능, 신재생에너지, 사물인터넷, 빅데이터, 스마트그리드, 모바일 등의 스마트산업과 첨단 정보통신기술이 경제와 사회 전반에 융합돼 혁신적인 변화를 보이는 차세대 산업혁명이 바로 '4차 산업혁명'이다. 4차 산업혁명에서는 새로운 이론을 개발하고 발견하는 것보다 기존 이론이나, 기존의 기술들을 연결하는 것이 바로 통찰이고 융합이다.

21세기 말에는 전 세계 인구의 70% 이상이 도시에 살게 될 것으로 예측되어 스마트그리드에 대한 개념이해도 중요하다. 기존의 부문별 도시관리 체계로는 에너지, 환경, 교통, 안전 등의 문제를 효율적으로 대처하기는 어려울 것으로 보인다. 도시 내의 여러 문제는 서로 복합적으로 얽혀 있으므로 그에 대한 솔루션도 종합적이고 융 · 통합적인 방법으로 접근되어야 한다.

베이비붐 세대인 본인은 현대건설에서 일찍이 '초일류 대한민국 건설'이라는 비전을 가지고 뜨거운 열사 중동에서 플랜트건설에 참여하였고, 30여 년간 산업의 원동력이 되었던 원자력, 화력 및 신재생에너지 발전소 건설 및 설계에 열정과 헌신을 다하였다.
2011년 출판한 《알기쉬운 스마트그리드》에 이어 이 책을 집필하면서 저자가 희망하는 것은 새로운 패러다임을 접하는 모든 소비자와 독자에게 가장 많은 혜택이 가도록 배려하는 것이 가장 최우선이며, 차선으로 기초를 다지면서 해결책을 제시하는 진정한 '4차 산업혁명'을, 상상도 할 수 없었던 일에서 당연한 일로 만든다는 측면에서 이 책이 어느 정도 기여를 한다면 성공적이라고 할 수 있지 않을까, 자평해 본다.

본인에게 다소 부족한 인공지능, 클라우드 및 빅데이터 개념을 공저인 오명환 박사가 훌륭하게 채워 주웠고, 박사은사이신 정진도 열환경공학회장, 석사은사이신 한국표준협회(KSA)의 백수현 회장, 태양광발전 전문업체인 현대넥솔의 홍갑종 회장, 서울데이터시스템의 윤구홍 사장, 전력계통과 ESS 솔루션업체인 파워21의 이인응 사장, 전기자동차 전문업체인 한국카쉐어링의 하호선 사장, 해강알로이의 오충섭 회장 등 이 책은 집필하는 데 물심양면의 지원을 아끼지 않았으며, 최종 발간에 도움을 주신 인포더의 발행인인 최정식 사장과 권기우 팀장에게 감사의 말을 전하고 싶다.

이 책을 집필하면서 항상 옆에서 보조와 기도를 아끼지 않았던 아내 한명륜은 이러저러한 단계마다 진화하는 나의 생각을 경청해 주었다. 현재 국방과학연구원(ADD)에서 근무하며, 결혼식을 앞두고 있는 아들 우진과 카이스트 건설환경 대학원에서 연구 중인 딸 문정의 세대가 이 세계의 문제를 고스란히 떠안게 될 것이므로, 이 책이 그들에게 유용한 지침서가 되기를 희망한다. 특히 내 삶에 빛을 준 아들, 딸에게 큰 도움이 되었으면 좋겠다.

필자의 이름은 풀이하면 '최고(품질)의 동력을 배양'하는 의무와 열정을 가지고 태어났다고 할 수 있다. 주어진 이름대로 에너지의 생활혁명인 스마트그리드(스마트시티)를 지향하고 사물인터넷과 빅데이터를 활용한 4차 산업혁명에 조금이나마 기여하는 심정으로 밝은 세상과 빛이 필요한 모든 분들께 이 책을 드립니다.

村林(촌림) 최동배 배상

차 례 CONTENTS

PART 1

– Sensor –

스마트그리드의 기본 사물인터넷

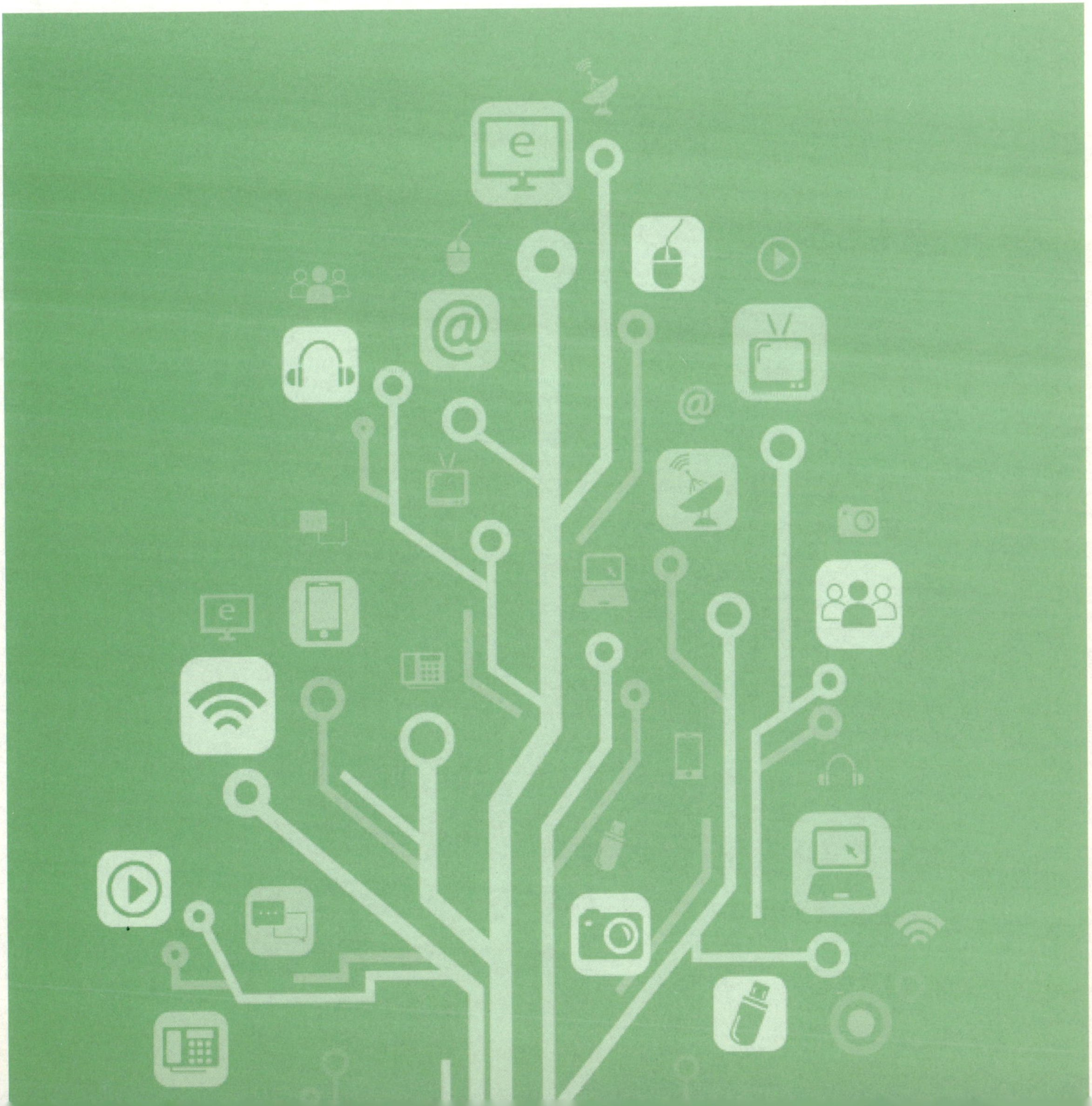

CHAPTER 1

사물인터넷의 개요

Section 1 사물인터넷의 개요

인터넷에 연결된 수많은 사물인터넷(IoT) 기기들이 수집한 데이터는 클라우드에 모인 후 빅데이터 분석을 통해 의미 있는 정보로 만들어진다. 과거에는 알 수 없었던 새로운 정보를 언제 어디서나 모바일로 공유하면서 새로운 가치를 창출한다. 이 모든 과정은 안전하게 보안이 유지되는 상태에서 이루어져야 한다.

4차 산업혁명을 전 세계에 알린 클라우스 슈밥(Klaus Schwab) 세계경제포럼(WEF) 회장은 초청받은 2016년 10월 국회 제4차 산업혁명 포럼에서 "4차 산업혁명은 다양한 학문과 전문영역이 서로 경계 없이 영향을 주고받으며 기존 시스템을 붕괴시키고 새로운 시스템을 만들어내는 파괴적 혁신을 일으킬 것이다"라고 말했다. 그에 의하면 또한 향후 몇 십년간 도시에는 큰 변화가 일어난다. 그리고 그 변화를 받아들이는 도시와 변화에 저항하는 도시 사이에는 큰 차이가 발생한다. 이 차이를 결정하는 것은 어느 도시가 '더 똑똑한 도시'가 되느냐 하는 것이다.

2016년 7월 일본 통신기업 소프트뱅크는 영국의 한 반도체 회사를 무려 234억 파운드(약 35조원)에 인수했다. ARM이라는 회사의 주력제품은 제조업이 아닌 주로 스마트폰 · 태블릿PC 등에 들어가는 반도체를 설계하는 회사로 미래의 큰 시장으로 떠오르는 사물인터넷 분야를 강화하기 위한 투자라고 손정의 회장은 설명한다.

사물인터넷은 모든 사물이 인터넷으로 연결되는 것을 의미한다. 사실 사물뿐 아니라 사람 · 공간 · 데이터 등 모든 것이 인터넷으로 서로 연결되고, 여기서 발생하는 다양한 정보를 수집하고 공유 · 활용하게 하는 기술과 서비스까지 광의적으로 포함하여 사물인터넷이라고 한다. 이 용어는 1999년 미국 매사추세츠 공대(MIT) 오토아이디센터(Auto-ID Center)의 케빈 애슈턴(Ashton) 소장이 처음 말한 "미래에는 전자태그(RFID)와 센서를 일상생활의 물건에 탑재한 사물인터넷이 구축될 것"에서 유래되었다.

유튜브엔 1분마다 400시간 분량의 동영상이 업로드된다. 이들 동영상은 세계 전역의 유튜브

데이터 센터에 저장되고 세계 시청자에게 서비스된다. 스트리밍(실시간 전송) 수요가 확대되고 화질이 높아질수록 데이터도 기하급수적으로 늘어난다. 이를 저장하는 메모리 반도체의 비중이 커질 수밖에 없다. 사물인터넷과 클라우드 컴퓨팅의 시대가 도래하면서 반도체 시장의 판이 1980년대 중반 개인용PC, 2000년대 후반 스마트폰에 이어 이제는 IoT를 중심으로 한 '3세대 시장'이 열리고 있다. 컨설팅업체 PwC에 따르면 세계 IoT 기기 수는 2014년 127억 개에서 2020년에는 500억 개로 늘어날 전망이다. 스마트폰과 웨어러블 기기뿐 아니라 가전, 자동차, 집이 모두 연결된다. 반도체(낸드플래시) 수요도 이에 비례해 폭발적으로 늘어날 것이다. 2015년 3420억 달러 규모인 반도체 시장은 2025년 6400억 달러로 성장할 것으로 예측된다. 대표적인 반도체 경쟁회사는 삼성과 인텔이며, 삼성의 IoT 플랫폼 아틱과 인텔의 IoT 프로세서 E3900이 경쟁하고 있다.

1. 사물인터넷을 둘러싼 기업환경변화

하드웨어와 소프트웨어 기업의 영역 파괴는 두 분야의 융합을 통해 시장을 비약적으로 확대하려는 의도가 숨겨져 있다. 예컨대 인공지능이 하드웨어와 결합할 경우 맞춤형 상품추천이나 광고를 제공하는 차원을 넘어 산업용 로봇, 자율 주행자동차 등으로 시장을 확대할 수 있다. 여기에 기술의 발달도 융합 트렌드를 가속화하고 있다. 하드웨어나 소프트웨어 관련 기술이 개방화 · 표준화되면서 서로 다른 분야 사이의 장벽이 점차 낮아지는 것이다. 하드웨어와 소프트웨어 접점이라고 할 수 있는 각종 센서와 통신기술이 다음 네 가지 관점에서 대중화되면서 앞으로 IT기업들의 융합 노력이 더욱 가속화될 것이다.

1) 사물인터넷과 모바일

모바일 인프라와 오프라인 경제가 중첩되고 있는 시점에 새로운 기술로 나온 것이 사물인터넷이다. 그리고 사물인터넷은 오프라인에서 시작된다. 인간의 감각 기관과 같은 센서는 실재하는 사물에 심어져야 하기 때문이다. 다만 센서들에서 추출된 데이터들만이 클라우드에 저장되고 분석될 뿐이다. 이처럼 모바일과 사물인터넷은 오프라인 실물 경제에 동시에 진출하고 있다. 처음부터 가상 세계에만 존재하는 게임 외에 모든 비즈니스는 인간이 실제로 생활하는 오프라인에서 시작된다는 사실이 새롭다. 가상의 모바일과 오프라인의 만남은 일단 다른 사물들을 컨트롤 할 수 있는 스마트폰에서 시작할 것이다. '모바일 온리 시대'라는 말이 나올 정도로 모바일 세상이 실현됐지만, 기존 모바일 비즈니스만으로는 더 나올 것이 없는 한계에 부딪혔기 때문이다. 또한 사물인터넷의 입장에서는 당분간 모바일 시대의 상징인 스마트폰을 활용할 수밖에 없는 실정이다.

구글은 어시스턴트 기능을 자사 사물인터넷 서비스인 구글홈에도 적용하고 있다. 구글홈은 스피커 형식의 음성인식 기반 IoT 기기이다. 집안에서 음성으로 지시만 하면 인터넷 쇼핑을 할 수 있고, 각종 가전제품을 통제할 수도 있다. 글로벌 업체들이 AI 기술을 통해 스마트폰을 모든 기기의 허브로 만들고 있으며, 스마트폰은 모바일을 넘어 IoT의 중심기기로 자리 잡을 가능성이 높다.

2) 사물인터넷과 공유경제

제레미 리프킨은 저서 《한계비용 제로사회》에서 자본주의가 서서히 막을 내리고 협력적 공유사회가 부상하고 있다면서 사물인터넷을 협력적 공유사회의 기술적 '소울메이트'라고 표현했다. 이처럼 제레미 리프킨이 공유경제와 사물인터넷을 동시에 언급한 다음부터 그 두 개의 키워드를 함께 묶어 쓰는 경우가 늘었다. 진정한 공유경제를 위해서는 공동체주의에 입각한 인식의 대전환이 필요한데, 그것은 결코 말처럼 쉽지 않다. 그 전에 공유경제가 자본주의 다음에 나올 경제 체계가 맞는지 또, 실현된다면 과연 우리에게 좋은 것인지도 알 수 없다. 하지만 공유경제와 사물인터넷은 앞으로 우리 사회와 삶 속의 핵심 키워드가 될 것이다.

그 와중에 가령, 우버가 공유경제 서비스인지 아닌지를 판단하는 것은 중요하지 않다. 모든 서비스는 사용자가 원하는 한 어떻게든 지속된다. 단지 그것이 우버가 아닐 수도 있다. 중요한 것은 경제적 이유와 모바일 인프라의 도움으로 사람들은 공유경제 서비스에 익숙해질 것이고, 사물인터넷은 생산과 유통과정에서 비용을 최대로 줄이는 데 도움을 줄 것이며, 마지막으로 사용자들은 자신의 소비패턴에 대해 정확하게 인지할 것이라는 점이다. 싱가포르를 비롯한 동남아시아 국가에서 차량 공유 서비스가 일상화될 정도로 시장이 급성장하고 있다. 2~3년 전만 해도 차가 필요하면 전화로 택시를 불렀지만 지금은 대부분 우버나 그랩 같은 차량 호출 앱을 이용한다. 이는 택시를 부르는 것보다 훨씬 간편한 데다 요금도 택시보다 싼 경우가 많기 때문이라고 한다. 인도네시아의 '고젝', 말레이시아의 '그랩' 등 젊은 창업자들이 세운 토종 차량 공유 서비스 업체들은 생긴 지 몇 년 되지 않아 글로벌 기업인 우버를 위협하는 경쟁자로 떠올랐다. 우버가 장악한 미국 · 유럽과 달리 아시아는 토종 우버들의 반박이 만만치 않아 앞으로 이 지역이 차량 공유 서비스의 최대 각축장이 될 전망이다. 세계 차량 공유 시장 현황은 다음과 같다.

[표 1-1] 차량 공유시장 현황(2015년)

지 역	사용자 수	차량 대수
유럽	210만 명	3만 1000대
아시아태평양	230만 명	3만 3000대
북미	150만 명	2만 2000대
세계	이용 건수 25억 건, 매출 8억 5000만 달러	

출처 : 보스턴컨설팅

3) 사물인터넷과 인공지능

미국 스탠퍼드대 존 매카시 교수는 1955년 당시로서는 상상 속에서만 존재했던 이 자동기계에 '인공지능(AI)'이라는 이름을 처음 쓰기 시작했다. 인공지능은 인식, 이해, 학습, 추론, 예측 등 인간의 지적인 능력을 인공적으로 구현하는 기술로 구글 · 아마존이 이미 판매중인 스피커 형태의 '홈 허브(Home Hub)' 제품에도 인공지능이 착재된다. 홈 허브는 사물인터넷으로 연결된 가전제품들의 구심점 역할을 하는 기기로, 인공지능을 통해 사용자의 말을 알아듣고 명령을 척척 수행한다. 사용자가 방에 놓인 스피커를 향해 "거실 불 좀 켜줘"라고 말하면 무선연결된 거실의 간접등이 자동으로 켜져 분위기를 밝혀준다. 검색을 통해 사용자의 질문에도 답을 주거나 스마트폰에 입력된 일정을 확인해 알려주는 것도 가능하다.

사물인터넷과 인공지능의 융합은 반복해 사용할수록 똑똑해진다. 가령 이들을 이용해 식당예약을 여러 번 하게 되면 나중엔 "내가 제일 좋아하는 레스토랑으로 예약해줘"라고만 해도 어느 식당인지 알아듣고 명령을 수행한다.

인공지능이 제공할 수 있는 감정 인지 및 반응 서비스 가운데 중요한 것은 대화 기능이다. 인공지능 대화 시스템에서 중요한 것은 표현의 다양성과 자연스러움이다. 표현의 다양성을 실현하기 위해서는 인공지능이 단순히 답변을 외워 뱉어서는 안 된다. 따라서 몇 개 또는 수십 개의 답변을 미리 프로그램으로 입력해놓지 않아야 한다. 또한 표현이 자연스러워지려면 질문하는 주체는 항상 인간이고, 답변하는 객체는 늘 인공지능이 아니라는 점도 염두에 두어야 한다. 살아 있는 대화를 위해 인공지능이 갖추어야 할 것은 인간 이상의 학습 능력과 주체적인 판단력이다. 사물인터넷이라는 감각기관이 확보한 데이터가 위와 같이 인공지능의 발전에 일부 기여할 수도 있는 상황이다.

[표 1-2] 글로벌 기업의 인공지능(AI) 투자강화

업 체	내 용
애플	AI 음성비서 서비스 '시리' 강화, 루스 살라쿠트 디노프 카네기멜론대교수 등 AI 전문가 영입
구글	자체 개발한 스마트폰 픽셀에 AI서비스 '구글 어시스턴트'등 탑재
마이크로소프트	AI 기술 활용해 실시간 언어 번역 서비스, 음성비서 '코타나' 기능 강화
아마존	직원 1000여 명이 AI 기술 전문적으로 연구, 음성인식 기반 스피커 '에코' 출시
삼성전자	시리 개발진이 세운 AI 스타트업 비브랩스 인수, 스마트폰 및 가전 등에 AI 서비스 적용

4) 사물인터넷과 센서

사물인터넷을 구성하는 기술영역 가운데 현재 시점에서 가장 주목해야 할 것은 센서이다. 센서가 없었다면 사물인터넷 개념도 탄생할 수 없었다. 센서가 모바일 인프라의 완성으로 개개인까지 모두 연결된 네트워크 세상에 들어오게 되면서 사물인터넷은 탄생한 것이다. 사물인터넷은 인간 간의 연결이 시작될 때부터 잉태되고 있었다.

센서는 산업의 자동화와 함께 등장했다. 생산 효율성을 높이기 위해 중앙제어실에서는 작업장에서 발생하는 위치, 온도, 압력 등의 데이터를 수집하고 제어하기 시작했다. 사물에 박혀 주위의 데이터에 귀를 기울이는 센서 기술은 이때부터 발전했다.

아이폰을 폭발적으로 성장시킨 센서 중 하나가 가속도(Accelerometer) 센서이다. 가속도의 변화를 측정하는 센서로 중력, 외부 충격에 의해 발생하는 가속도를 측정한다. 가속도 센서는 수십 년 전에 소련의 과학자가 주창한 원리를 근거로 만들어졌다. 스티브 잡스가 아이폰을 잡고 흔들었을 때 화면은 세로에서 가로로 바뀌었다. 아이폰4 출시 당시에는 자이로스코프 센서를 탑재해 화제가 되었다. 가속도 센서는 x축, y축, z축의 3축 방향의 선형 가속도와 단순한 방향을 측정할 수 있다. 방향 측정을 보완하기 위해 가속도 센서는 지자기(Geo-magnetic) 센서와 함께 사용됐다. 높이, 회전, 기울기를 측정할 수 있는 자이로스코프 센서는 회전할 때의 속도(각속도)를 측정할 수 있다.

자이로스코프 센서와 가속도 센서가 결합하면, 단순히 3축 기준의 방향 측정을 넘어 움직이는 동안의 속도까지 측정하는 6축 기준의 방향을 측정할 수 있다. 그래서 아이폰4가 나왔을 때 모션을 활용한 모바일 게임이 큰 인기를 끌었다. 구글이 개발 중인 무인 자동차에는 가속페달, 브레이크, 백미러는 없지만 자이로스코프 센서를 포함한 수많은 센서가 들어 있다.

산업통상자원부에 따르면, 세계 센서시장 규모는 2012년 796억 달러에서 2020년 1417억 달러로 연평균 9.4%의 성장이 기대된다고 한다. 국내시장 역시 2012년 54억 달러에서 2020년 99억 달러로 연평균 10.4%로 급속히 성장할 것으로 기대되고 있다.

현재 국내 센서의 원천기술은 미국과 비교해 약 64% 수준이며, 한순간에 따라잡는다는 것은 불가능하므로 센서 원천기술을 활용한 콤보 센서나 스마트 센서를 공략하는 편이 더욱 적합해 보인다.

[표 1-3] 대표적인 IT기업들의 융합 움직임

기 업	기존 주력 분야	융합 움직임
스냅챗	소셜네트워킹서비스	카메라 달린 안경 출시
페이스북	소셜네트워킹서비스	하드웨어 개발 전문가 영입
구글	검색, 스마트폰 운영체계	스마트폰, 가상현실 헤드셋 등 출시
네이버	검색	실내지도 제작용 로봇 개발
삼성전자	스마트폰 · 가전 등 기기 제조	소프트웨어 기술기업 잇따라 인수
블랙베리	스마트폰 제조	포드와 자동차용 소프트웨어 공급 계약

2. 사물인터넷의 핵심 : I · C · B · M · S

사물인터넷의 핵심은 5G 인터넷, 클라우드, 빅데이터, 스마트폰, 보안 등이며, 사물인터넷과 클라우드의 융합, 사물인터넷과 센서의 융합, 사물인터넷과 빅데이터의 융합, 사물인터넷과 안전 · 보안 융합으로 우리의 실생활에 적용된다.

1) 사물인터넷과 클라우드의 융합

우리나라는 최근 아시아 지역의 클라우드 거점으로 주목받고 있다. 아마존은 2016년 1월 서울에 전 세계 12번째 데이터센터를 구축했다. 이어 MS에서도 2017년 가동을 목표로 경기도 평촌 · 부산 등 데이터센터 3곳을 신설하겠다는 계획을 세웠고, IBM은 SK㈜C&C와 협력해 경기 판교에 데이터센터를 공동 구축하여 사물인터넷, 인공지능, 빅데이터 등 디지털 기술과 다양한 클라우드 서비스를 제공할 계획이다. 클라우드 서비스는 금융업체에서 게임 회사까지 모든 산업 분야 기업들에 온라인 '저장공간'을 임대해주는 서비스이다.

이보다 5년 전에는 일본 소프트뱅크가 KT와 손잡고 경남 김해에 데이터센터를 구축했다. 클라우드는 '가상의 저장공간을 빌려주는 서비스'의 특성상 국가별 장벽이 없다. 우리나라 김해에 데이터센터를 세운 뒤 중국 · 일본 · 대만 · 태국 등 주변 국가의 기업에 클라우드 서비스를 제공할 수 있다. 다른 나라와의 경쟁에서 서울 · 부산이 클라우드 서비스의 최적지로 부상하는 이유는 낮은 자연재해 위험성과 저렴한 전기요금, 또한 뛰어난 통신 인프라 등이 손꼽힌다. 2016년 9월에는 클라우드 서비스인 '아이아스 젠2'를 개발한 오라클 래리 엘리슨 회장은 업계 1위인 아마존에 선전포고를 하였다. 이는 아마존(AWS 제품)의 DB사업에 위협을 받자 AWS보다 컴퓨팅 파워와 메모리가 각각 2배, 저장공간 4배, 입출력속도는 10배나 개선됐지만 가격은 오히려 20% 저렴한 클라우드 서비스제품에 사활을 건 것이다. MS는 경쟁사의 기업용 소프트웨어까지 애저 클라우드로 끌어들여 아마존에 대응하고 있다. ERP와 CRM 등 기업용 소프트웨어 시장에서 경쟁사인 SAP사와 손잡고 하나(HANA)를 애저 클라우드에서 사용할 수 있게 하였고, IBM과도 각자 클라우드에서 양사의 기업용 소프트웨어를 사용할 수 있게 협력하고 있다. 2017년 부터는 GE의 사물인터넷 플랫폼인 '프리딕스'도 MS 클라우드에서 이용할 수 있다. 세계 클라우드 시장 규모는 2015년 1750억 달러(약 195조 원)로 세계 메모리 반도체보다 2배 이상 큰 산업으로 성장했다.

2) 사물인터넷과 빅데이터의 융합

산업통상자원부와 한전은 2016년 9월 서울 한전 강남지사에서 전력 분야 공공데이터 개방을 위한 '전력 빅데이터 센터' 개소식을 가졌고, 그동안 공개되지 않았던 전력 사용데이터가 민간에 개방되었다. 이용자의 전력사용 패턴을 분석한 맞춤형 서비스의 등장도 예고된다. 수요관리사업자들은 고객의 전력사용량 정보를 15분 단위로 확인할 수 있고, 신재생사업자들은 신재생발전현황, 전력계통 운영정보를 볼 수 있다. 주요 전력 사용 정보가 공개되면서 민간 기업들이 이를 활용해 새로운 비즈니스 모델인 지역별 전기요금 사용패턴, 태양광 상계거래 현황, 전기차 충전소 보급 · 이용 통계 등이 새로운 비즈니스 모델을 위한 기초자료로 활용할 수 있다. 이미 미국에선 에너지 절약프로그램 '그린버튼'이 활성화되면서 에너지절감 효과를 거두고 있다. 우리나라에서는 인코어드테크놀로지가 유사한 서비스를 제공하고 있다.

광주광역시와 남대문시장은 빅데이터를 활용해 시장을 활성화 시키는 관광상품을 개발하고 있다. 강원도는 2018년 개최되는 '평창동계올림픽'을 전후로 지역 내 전통시장을 찾는 내외국인 관광객이 급증할 것을 대비해 2015년 10월부터 빅데이터 분석에 돌입했다. 대상은 강릉중앙시장과 평창올림픽시장, 정선고한시장 등 3곳이다. 시장과 인근 상권의 매출규모, 유동인구, 유입경로, 소비규모나 행태 등이 포함된다.

3) 사물인터넷과 안전 · 보안의 융합

대표적인 숭실대 SW 인재양성사업단은 사물인터넷 보안기술을 3대 세부과제로 나누어 진행하고 있다. 제1과제는 사물인터넷 보안을 위한 융합 소프트웨어 보안기술 연구이다. SW 역공학 분석을 통한 코드 위 · 변조, 악성 SW 실행 등 보안 취약점을 방어하기 위한 소스나 모바일 악성코드 대응 기술등을 개발한다. 제2과제는 CPS(Cyber Physical System) 보안을 위한 기술연구이다. CPS란 센서를 비롯한 물리시스템과 이를 제어하는 컴퓨팅이 결합된 네트워크 기반 분산제어 시스템을 의미한다. 프로그램 가능 논리제어장치(PLC) 자동화 제어시스템 SW 보호기술 등을 위한 운영체제 기술 등을 연구한다. 제3과제는 사이버 침해 선제 대응을 위한 빅데이터 분석기술이다. 사업단 김계영 단장은 "융합소프트웨어는 대한민국의 기술 개발과 산업을 선도할 것으로 예상되지만 관련 인력은 턱없이 부족하며, 프로젝트 중심교육과 특화된 지원 등을 통해 전문인력 양성을 선도하는 교육모델을 운영하겠다"고 하였다.

3. 사물인티넷의 종류

1) 공공 사물인터넷

도시 · 사회 공간 등에 연결되어 공공 서비스 혁신한다. 스마트 시티(Smart City), 스마트그리드(Smart Grid), 시설물관리, 환경/기상, 교통, 재난 안전 등이 속한다.

2) 산업 사물인터넷

스마트 팩토리 · 유통 · 물류 · 스마트 빌딩 등 산업과 공공 영역에서 활용되어 산업 효율성을 제고한다. 농 · 축산산업, 의료 · 복지산업, 교육산업, 경공업, 가전 · 전자산업, 공장 · 제조산업, 조선산업, 자동차산업 등이 있다.

3) 개인 사물인터넷

개인 주변 생활 제품 등과 연결되어 개인 삶의 질을 향상한다. 스마트 홈, 스마트 카(커넥티드카, 자율주행차), 개인생활, Wearable 등이 있다.

Section 2 사물인터넷의 역사

제조업은 사물인터넷 시대에 진입하면서 좀 더 스마트 화되어야 하는 상황이 전개되었다. 단순히 스마트 한 제품을 만드는 것은 물론이지만 제조공정 자체에도 스마트 화가 되어야 한다. 독일이 제조업의 경쟁력을 강화하기 위해 제시한 정책인 4차 산업혁명이 필요한 시점이다. 독일은 제조업과 ICT의 융합인 인더스트리 4.0 전략을 2006년에 수립하고, 2010년에 '하이테크 전략 2020', 2012년에는 '하이테크 전략 2020 액션플랜'등으로 구체화하였다.

인더스트리 4.0은 2012년 발표한 10개 액션플랜 중의 하나이며, 2014년에는 '신하이테크 전략도 발표하였다. 인더스트리 4.0의 핵심은 생산시설의 네트워크화를 통한 스마트 공장을 만드는 것으로 이는 가상세계(VR)와 사물인터넷을 기반으로 한다.

1. 산업혁명의 4단계

1) 제1차 산업혁명(18세기 후반)

1784년 최초의 기계 직조기 발명으로 1차 산업혁명은 시작되었고, 증기기관의 발달로 기계제조 시설이 도입되고 단순한 제조업 위주로 발달되었다.

2) 제2차 산업혁명(20세기 초)

1870년 최초의 컨베이어벨트 발명으로 2차 산업혁명은 시작되었고, 전기 · 화학 · 연소기관으로 노동력의 분업이 이루어졌다.

3) 제3차 산업혁명(1970년대 초)

1969년 최초의 프로그램 제어장치 개발로 3차 산업혁명은 시작되었고, 전자제품과 IT 기기를 이용한 공장기계자동화와 복잡한 공정으로 이루어졌다.

4) 제4차 산업혁명(현대)

ICT와 제조업의 융합으로 인더스트리 4.0과 서비스 비즈니스 모델로 진화하고 있다.

2. 사물인터넷 세대

제조업의 스마트 화는 제조공정의 스마트 화뿐만 아니라 ICT 기술의 융합을 통해 제품 자체도 스마트 해지고 있다. 삼성 및 LG전자, 경동나비엔, 코마츠, 더 나아가 자동차업체 등에서 볼 수 있듯 '스마트 화'라는 키워드는 사물인터넷 세상에서 빼놓을 수 없다.

스마트 화를 위해 제조업체들은 IT업체와 파트너십, M&A 등을 통해 하드웨어에 치중되어 있던 역량을 보완하고 있다. 제품에서 IT 비중의 증가는 사물인터넷 전쟁에서 제조업체의 주도권을 빼앗을 수 있기 때문에, 소프트웨어 역량의 보완은 필수적으로 보인다. 대표적인 회사는 삼성전자, 샤오미, 인텔, 그리고 자동차업체 등이다.

또한 사물인터넷으로 인한 제조업의 변화는 제조공정이나 제품 자체의 변화를 넘어 비즈니스 모델까지도 변화시키고 있다. 이에 대표적인 사례가 프랑스 제조회사인 미쉐린과 영국의 항공기 엔진 제조업체인 롤스로이스이다. 미쉐린은 타이어 제조가 핵심사업이지만 사물인터넷을 사업에 접목시키면서 제조에서 서비스로 비즈니스 모델을 전환시켰다.

미국 NIST 앨버트 존스 자문관은 '황해 산업벨트제조혁신 포럼'에서 "스마트 제조혁신은 시작됐습니다. 한국도 당장 4차 산업혁명에 나서야 합니다"라고 강조하였다. 또한 스마트 제조혁신은 선택이 아니라 생존의 문제고, 개별업종에 맞는 스마트 공정도입을 서둘러야 한다고 지적했다. 독일은 '인더스트리 4.0'을 국가 전략 정책으로 삼고 스마트 제조혁신을 실행하고 있다. 공정에 사물인터넷, 스마트 센서, 클라우드, 3D 프린터 등의 혁신요소를 접목해 제품설계부터 생산공급까지 완전 자동화를 이루고 있다.

3. 비즈니스 모델의 진화

2014년 11월「하버드 비즈니스 리뷰」에는 기업 경쟁우위 이론으로 저명한 마이클 포터 교수의 논문이 실렸다. 이 논문에서 자동화 시대인 1960~1970년대의 제1의 물결과 인터넷의 부상으로 어디에서나 저렴하게 접속하고 연결할 수 있는 제2의 물결인 1980~1990년대를 지나 현재는 IT가 제품 자체의 핵심적인 부분으로 자리매김을 하고 있는 '제3의 물결'의 시대에 완전히 진입했다고 주장했다. 제3의 물결시대는 센서-프로세서-소프트웨어-제품 연결성은 제품 자체의 기능과 성능을 획기적으로 개선하면서 IT 기술이 제품의 핵심이라고 했다.

스마트 , 커넥티드 제품의 기능이 갈수록 늘어나면서 산업 내 경쟁 구도가 변화되고 산업의 경계가 확장되는데, 이를 다시 설명하면 사물인터넷은 산업 경계를 확장시켜 기존의 비즈니스를 변화시킨다는 것이다.

앞으로 다가올 시대에는 제품을 개발해 판매하던 업체가 사물인터넷 제품으로 발전하면서 관리 시스템을 만드는 업체로 발전할 수 있다. 가전제품 업체를 예로 들어보면, 단순 가전제품에서 보다 똑똑한 스마트 /커넥티드 제품을 생산하게 되고 이러한 가전제품을 모니터링/컨트롤하는 시스템 비즈니스로 발전할 수 있다. 최종적으로는 집 안 전체를 관리하는 스마트 홈 시스템 업체로 비즈니스가 업그레이드 될 수 있다. 미쉐린이나 롤스로이스처럼 제조와 서비스의 결합이라는 하이브리드 비즈니스 모델을 만들어 낸다. 즉 비즈니스의 진화는 기업의 수익 모델을 바꾸고 있으며, 전통적인 제품 판매에서 이제는 서비스에 중점을 두고 있는 것이다.

과거에는 A/S 정도로 서비스를 치부했지만, 이제는 서비스가 하나의 영역으로 자리를 잡고 있다. 비즈니스 모델의 진화가 산업 간 경계를 붕괴시켜 우리가 흔히 말하는 '컨버전스 시대'를 만들고 있다. 사물인터넷이 활성화되면 될수록, 새로운 비즈니스 모델은 계속해서 등장할 것이고 비즈니스 모델의 진화는 결국 영역 간 경계를 흐리게 만들 것이다. 이는 기업의 '혁신'이라기보다 눈앞에 닥친 '생존'에 더 가깝다. 가전제품 업체가 냉장고를 통해 개인의 몸 상태를 파악해 필요한 음식을 주문할 수 있다면, 이러한 서비스를 제공하는 업체는 단순 가전제품 업체일까? 아니면 헬스케어 업체일까? 이런 변화는 비즈니스 모델을 뛰어넘어 사물인터넷 전쟁에서 누군가에는 기회 혹은 위협이 될 것이다.

4. 영역 붕괴로 시작된 사물인터넷의 역사

미국의 시장조사업체인 가트너는 보고서를 통해 "PC 사업모델은 완전히 붕괴했다"며 "PC업체들은 2020년까지 사업을 계속할 것인지, 시장에서 철수할 것인지 결정해야 한다"고 밝혔다. 세계 IT(정보기술) 혁신을 일으켰던 PC 기반 기업들이 실적 악화와 구조조정에 시달리고 있다. 실제 세계 PC 판매량은 2014년 4분기 이후 7분기 연속으로 판매량이 줄고 있다. 앞으로도 시장은 계속 위축될 전망이다. 애플, 삼성전자 등으로 대변되는 IT 가전 업체들 역시 산업 경계붕괴에 필사적으로 대응하고 있다. 사물인터넷에 어떻게 대응하느냐에 따라 제품시장에서 시장 점유율의 급격한 변화를 겪을 수 있기 때문이다. 통신사업자들 역시 필사적이기는 마찬가지다. 사물인터넷에 단순히 회선만 제공해서는 성장을 포기한 것과 다름없다. PC 시대의 강자들은 이 자리를 스마트폰과 사물인터넷이 차지할 것으로 보고 있다.

CHAPTER 2

사물인터넷의 국내 · 외 동향

Section 1

사물인터넷 국외 동향

1. 사물인터넷 생태계

2020년 1조 달러 규모로 예상되는 국제 사물인터넷 시장선점을 놓고 로라방식과 협대역방식(NB-IoT)이 시장 선점을 위한 대결구도를 형성하고 있다.

1) '대역(NB)-IoT vs 로라' 시장 선점 경쟁

글로벌 IoT 시장은 아직 초기인 만큼 단일 기술표준이 없다. 이동통신 국제 표준화기구인 3GPP가 주도하는 '대역(NB)-IoT'와 유럽 중심의 로라얼라이언스가 주도하는 '로라(LoRa)' 등 2개의 기술방식이 경쟁하는 구도이다.

세계 주요 통신 · 제조사들이 많이 선택한 기술방식이 향후 글로벌 IoT 시장을 주도하게 되고, 그렇지 못한 기술은 시장에서 도태될 수밖에 없다. 표와 같이 NB-IoT 진영에는 영국 보다폰, 일본 KDDI, 미국 AT&T가 속해 있다. 로라얼라이언스 진영에는 프랑스 오렌지, 네덜란드 KPN, 스위스콤 등 유럽통신사들이 주로 참여하고 있고 국내 1위 이동통신사인 SK텔레콤도 이 방식을 채택하고 있다.

2) IoT 글로벌 시장

국외 IoT 시장은 2015년 3000억 달러에서 2020년 1조 달러로 급성장할 것으로 추산했다(자료 : 마키나리서치, 스트라콥).

3) 소프트뱅크

소프트뱅크는 "PC, 모바일의 시대는 이미 지나갔고, 앞으로 인공지능과 사물인터넷이 지금까지 존재했던 모든 산업의 틀을 재편해 버릴 것이다"라고 전망하며 영국의 반도체 설계기업 ARM을 인수하였다. 또한 사우디아라비아 국부 펀드와 함께 1000억 달러(약 113조 3500억 원) 규모의 벤처투자 펀드결성 계획을 발표했다.

4) PTC

PTC의 사물인터넷 애플리케이션 개발 플랫폼인 '씽웍스(ThingWorks)' 외에 솔루션 사업 플랫폼 구축, 사물인터넷, 증강현실(AR), 융합현실(MR), 머신러닝 등에 대해 컨설팅하고, 관련 기술을 지원한다. 고객사는 GE, CAT, 롤스로이스 등이 운영하고 있는 SLA(Service Level Agreement) 사업 모델과 SLM(서비스 수명주기 관리) 솔루션도 제공할 예정이다.

5) 인텔의 메모리 시장 큰 행보

드론은 앞으로 다가올 5세대 통신(5G)을 대표하는 기술의 집합체다. 무인비행을 해야 하는 드론의 특성상 조종사가 마치 드론에 올라탄 것처럼 느낄 수 있을 만큼 빠른 통신이 필요하고 동시에 주변의 여러 사물과 실시간 통신을 할 수 있어야 한다. 사물과 사람이 연결되는 사물인터넷에서는 0.01초도 긴 시간이다. 클라우드와 IoT는 대용량 데이터를 실시간으로 빠르게 주고 받을 수 있는 5G 환경이 제대로 갖춰져야 꽃피울 수 있다. 인텔은 드론으로 5G 시대를 풀 열쇠를 세상에 선보인 것이다. 인텔은 스웨덴 통신장비 제조업체 에릭슨과 함께 5G 네트워크와 클라우드, 사물인터넷 분야에서 공동 연구를 진행 중이다.

핀란드 노키아와는 잠정 규격의 5G 무선기술과 네트워크 솔루션을 개발 중이고, 미국 통신사 버라이즌과는 5G 무선 솔루션 구축을 위한 필드 테스트를 진행 중이다. 2010년 인피니언 인수로 통신기술을 활용해 2016년 초 XMM7480 통신칩을 출시하여 애플 아이폰에 탑재되었다. 또한 FPGA(프로그램이 가능한 시스템반도체) 업계 2위인 알테라를 18조 원에 합병했고 보안솔루션회사 맥아피도 인수했다. 알테라를 통해선 서버 경쟁력을 키우고, 맥아피는 IoT로 연결될 서버와 기기의 보안을 담당한다.

인텔은 한국기업과도 협업하고 있다. LG전자와 미래형 자동차에 탑재될 5G 텔레매틱스 기술을 공동 개발 중이고, KT와는 2018년 시범 서비스를 목표로 5G 무선기술과 가상화 네트워크 플랫폼, 공동규격을 만들고 있다. SK텔레콤이 2015년 10월 분당 종합기술원에 개소한 '5G 글로벌 혁신센터'에 입주하기도 했다.

6) 엔비디아

엔비디아는 센서 전문기업이다. 4차 산업의 핵심키워드는 사물인터넷이며, 흔히 알고 있는 메모리 반도체가 아니라 CPU, 센서, 칩이라고 불리는 시스템 반도체이다. 이에 강한 기업으로 최근 1년간 주가가 10달러에서 100달러 가까이로 급등했다.

2. 사물인터넷의 국외 정부 정책방향

이 분야의 선진국인 미국, 독일 등 국외 주요국은 4차 산업혁명에 직접적으로 대응하기 위해 정부와 기업의 긴밀한 협조를 바탕으로 다양한 정책과 전략을 수립해 추진 중이다. 각국마다 기조는 조금씩 다르지만, 그중심에는 ICBMS(IoT 사물인터넷, Cloud 클라우드, Big data 빅데이터, Mobile 모바일, Security 보안)가 자리 잡고 있다.

1) 미국

미국은 2015년 대통령 과학기술자문회의에서 사이버 보안, 빅데이터 및 데이터 집약형 컴퓨팅, 사물인터넷, 사이버 휴먼 시스템 등 ICBMS 관련 8대 연구개발 분야를 선정해 제시했다. 또한 사물인터넷을 활용한 스마트 시티 구축을 위한 '스마트 아메리카 프로젝트'를 발족해 관련 연구를 추진하고 있다. 기업이 혁신의 중심에 있고, 정부가 적극 지원하는 '산업인터넷 컨소시엄'은 실리콘밸리를 중심으로 전 세계 IoT 분야를 선도하는 미국의 특성을 잘 보여준다.

2) 독일

제조업이 경제에서 차지하는 비중이 높은 독일은 이미 2011년 제조산업과 ICBMS를 융합하는 'Industry 4.0'을 내세우며 세계에서 가장 발 빠르게 4차 산업혁명에 뛰어들었다.

지멘스, 보쉬 등 독일을 대표하는 기업과 정부, 연구소, 대학이 산 · 관 · 학 · 연 협동체계를 구축해 여러 기업이 제조 분야에서 협력할 수 있는 플랫폼 마련에 나섰다. 단순히 제조기술을 향상시키는 데 그치지 않고, 제품개발 및 생산 공정관리의 최적화와 플랫폼 표준화를 꾀한다는 점에서 기존의 공장 자동화(FA) 개념과 구분된다.

3) 일본

일본은 로봇과 공정제어 분야에서 쌓아온 원천기술을 바탕으로 드론, 자율주행차 등으로 보폭을 넓히고 교육과 노동, 금융 등 경제 · 사회 전반에 걸친 제도 개혁을 통해 4차 산업혁명을 대비하고 있다.

4) 중국

2015년부터 중국도 '중국 제조 2025'라는 슬로건하에 노동집약형 제조업을 스마트 제조업으로 전환하려는 시도를 하였다.

3. 사물인터넷 혁명을 맞이할 준비물은 무엇인가?

ICBMS 경쟁력 강화와 융합산업 활성화를 위해서는 규제 장벽을 혁신해야 한다. 새로운 서비스 모델은 계속 개발되고 등장하는데 기존 법률로만 제재한다면 쉽게 사업을 발굴하고 서비스를 제공하기 힘들다. 실제로 차량공유 서비스 우버(Uber)는 단 한 대의 차량 소유 없이 전 세계 택시 비즈니스를 바꿔놓았다. 하지만 우버의 혁신은 우리나라에서는 불법 자가용 영업으로 처벌 대상이다. 관련 업계가 긍정적인(원칙금지 · 예외허용) 방식이 아닌 부정적인(원칙허용 · 예외금지) 방식의 규제 도입의 필요성을 강조하고 있는 것도 이 때문이다.

구글, 애플, 삼성, 아마존, 마이크로소프트, 소프트뱅크 등 디지털 기업들은 기존의 산업사회 경제를 지배했던 아날로그 기업보다 높은 기업가치와 브랜드 가치를 보유하고 있다. 기업 내의 자산구조 역시 1980년대까지는 유형자산, 실물자산의 가치가 더 컸지만, 2000년대 들어서는 무형자산, 지적자산의 가치가 더 커지고 중요해졌다. 이에 따라 기업을 시작하는데 드는 비용도 2000년 500만 달러에서 2011년 5000달러로, 11년 만에 약 1000분에 1로 줄었다. 이는 자본의 중요성이 약해지고 아이디어, 창의성, 기술력의 중요성이 커진 탓이다. ICBMS를 중심으로 특히 이중에서 사물인터넷 소프트웨어 경쟁력을 높여야 하는 이유이기도 하다.

4. 사물인터넷 국내 · 외 표준화 동향

사물인터넷 전쟁은 이미 시작되었다. 전자통신사업자, 각 산업 분야의 제조사, 엔지니어링 사업자, 부하관리사업자, 정부기관 관련 사업자, 플랫폼 사업자, 솔루션 사업자까지 경쟁에서 살아남기 위해 이 전쟁터에 출정했다. 스마트폰 시장은 구글의 안드로이드와 애플의 iOS가 양분한 상황이지만, 스마트 시티, 스마트 홈, 스마트 자동차, 스마트 공장, 스마트 헬스케어, 웨어러블 등 무한한 제품이 개발될 수 있는 사물인터넷 시장의 미래는 마치 춘추전국 시대를 방불케 한다. 선두경쟁을 위해 인텔은 물론이지만, IBM도 오랜 숙적인 애플과 협력을 맺고 기업 업무용 앱을 공동으로 개발하여 은행, 유통, 보험, 금융, 통신, 에너지, 정부기관, 항공사 등의 다양한 산업 분야의 기업들에게 제공하고 있다.

2015년 3월에는 IBM 모바일퍼스트 iOS 앱 3종을 추가로 공개하기도 했다. IBM은 모바일 중심의 솔루션을 제공하기 위해 애플과 협력을 맺어 앞으로 다양한 사물인터넷 기기가 모바일에 연결된 기업용 앱들도 등장할 것으로 예상된다. 스마트 자동차 시장에서도 구글을 중심으로 자동차 제조사, LG 전자, 파나소닉 등 다양한 분야의 사업자들이 협력하고 있다. 하지만 스마트 자동차 시장에서 OAA는 다양한 사업자들과 협력하여 시장을 성장시키는 기회가 될 수도 있지만 궁극적으로는 서로 치열한 경쟁 대상이 될 수도 있다. 그러므로 사물인터넷 전쟁은 경쟁과 협력의 융합산물이라고 할 수 있다.

사물인터넷 표준을 책정하기 위해 다양한 기관들이 현재 활동 중에 있다. 3GPP, IEEE

P2413, ISO, ITU-T 등 다양한 단체와 협회에서 사물인터넷과 관련된 표준화를 논의 중에 있다. 다양한 사물인터넷 관련 표준화 단체 중 최근 주목 받고 있는 올신얼라이언스, OIC, 스레드 그룹 등을 중심으로 서로의 목적과 협력관계를 알아보자. 퀄컴은 2011년 MWC에서 올조인이라는 사물인터넷 오픈소스 프로토콜을 처음으로 공개했다. 이후 퀄컴은 2013년 12월에 올조인의 소스코드를 리눅스 재단에 이관하고 올조인에 기반한 컨소시엄인 올신얼라이언스를 설립했다. 올신얼라이언스는 다양한 단말들이나 브랜드들이 작동 환경에 구애받지 않고 상호 연결될 수 있도록 표준 플랫폼을 제정하는 데 중점을 두고 있으며, 컨소시엄 참여사는 시스코, 마이크로소프트, LG전자, 파나소닉, 하이얼, HTC 등 다양한 사업자들이 참여하고 있다. 올신 얼라이언스는 출범 당시 23개 사업자에 불과했으나, 2015년 3월에는 142개 사업자가 참여하는 표준 관련 단체로 매우 빠르게 성장하고 있다. 2014년 2월 포스트케이프스(Postcapes)가 주관하는 사물인터넷 어워드에서 최고의 사물인터넷 오픈소스 프로젝트로 선정이 되었고, 와이파이 연결과 블루투스 페어링과 관련된 문제를 해결하면서 기술이 상당한 수준에 이른 것으로 평가 받고 있다. 뿐만 아니라 기존 운영체제나 칩셋 구동 소프트웨어에 약간의 코드만 추가하면 이용이 가능해 단말 간 상호 운용성이 보장되고 별도의 하드웨어가 필요치 않다. 올조인은 와이파이에 디바이스를 연결해 전체적인 프로세스에 필요한 프레임워크를 제공한다. 예를 들어 스마트폰으로 커피 메이커가 아침에 커피를 내리고 이를 다시 스마트폰으로 알리도록 하는 명령을 내리는 등의 앱 개발이 가능하다. 퀄컴이 올조인의 개발 권한을 올신얼라이언스에 양도했지만 원천기술 개발사로 표준화 제정 과정에서 여전히 영향력을 행사할 수 있다. 따라서 본 표준의 운영이 회원사들의 의견이 아닌 퀄컴에 의해 좌지우지될 가능성이 있다는 우려도 있다.

인텔은 스마트 홈 등 사물인터넷 상호운용성 확보를 위해 오픈소스 기반의 표준 인터페이스 개발을 목표로 2014년 7월 OIC를 출범했다. 현재 55개 기업과 기관들이 참여하고 있으며, 삼성전자, 인텔을 주축으로 시스코, GE 소프트웨어, 미디어텍 등이 다이아몬드 회원으로 참여하고 있다. 스레드 그룹은 와이파이, NFC, 블루투스, 지그비 등의 기술보다 더 안전하고 저전력으로 디바이스를 연결할 수 있는 네트워킹 표준을 목표로 한다. 사물인터넷 시장의 표준화와 관련된 활발한 움직임이 물밑 작업으로 이루어지고 있다.

Section 2 사물인터넷 국내 동향

1. 사물인터넷 생태계

2020년 17조 원 규모로 예상되는 국내 사물인터넷 시장선점을 놓고 국내 1위 통신사업자인 SK텔레콤과 2, 3위인 KT, LG유플러스 합동군 첨예한 대결구도를 형성하고 있다. 먼저 SK텔레콤은 글로벌 IoT 기술방식 중 하나인 '로라'를 선정하였고, 2016년 6월 구축을 완료하여 산업생태계 조성에 앞장서고 있다. 이에 대응하여 KT와 LG유플러스는 다른 기술방식인 '협대역(NB)-IoT' 상용화 공동 추진 등 사물인터넷 동맹을 맺고 기술개발에 긴밀히 협력하기로 하였다. 삼성전자는 한층 진보된 사물인터넷 플랫폼인 '2세대 아틱'을 개발하였으며, 이는 처음으로 IoT 전용 애플리케이션 프로세서(AP)를 적용하고 있다. 1세대 아틱에서는 스마트폰에 탑재되는 AP인 엑시노스에 IoT에 적합한 그래픽 지원과 외부기기와의 연동 등에 일부 문제가 있었으나, 2세대 아틱은 IoT를 활용하는 기기에 적용해 다양한 IoT 기능을 개발할 수 있으며 개발자의 의도와 능력에 따라 플랫폼을 통해 구현할 수 있는 기능이 늘어난다. IoT 플랫폼은 개인은 물론 기업까지 고객이 될 수 있으며, 이를 중심으로 IoT 생태계에 대한 영향력을 확대할 계획이라고 한다.

해당 시장의 경쟁자는 인텔의 '큐리' 등이 있다. 반도체 시장에서 가장 잘 팔리는 게 낸드다. 저장장치 솔리드스테이트드라이브(SSD) 수요가 급증해서다. 클라우드와 빅데이터, IoT가 확산되면 서버에 들어가는 SSD 용량이 급증하게 되고, 2016년 현재는 낸드 수요(용량 기준)가 D램보다 7배 많지만, 2025년엔 30배 이상으로 늘어날 것으로 예측된다. 낸드 시장은 삼성전자, SK하이닉스, 도시바, 마이크론, 인텔 등이 참여하고 있으며, 선두주자인 삼성전자는 3D 낸드 32단 제품양산에 이어 2015년 4분기부터 48단 낸드를 생산 중이다. 도시바와 SK하이닉스, 마이크론, 인텔 등은 아직 48단 양산을 시작하지 못했다. 삼성은 이들이 48단을 내놓는 시점에는 64단 제품을 양산할 예정이다.

사물인터넷은 TV, 냉장고 등 전자제품은 물론 가방, 꽃병, 가스검침기 등 비전자제품에도 동전 크기만 한 통신모듈을 달아 데이터 송수신을 가능케 하는 기술이다. 해당 사물의 원격제어는 물론 위치정보 등을 실시간 확인할 수 있다. 이는 스마트그리드와 커넥티드카, 물류혁신 등 4차 산업혁명을 이끌 기반 기술로 평가받고 있다.

시장조사기관 가트너는 세계적으로 사물인터넷 연결기기 수가 2015년 64억 개에서 2020년에는 3배 이상인 208억 개에 달할 것으로 전망했다. 소프트뱅크 손정의 회장은 미래산업을 사물인터넷이 주도할 것이라고 밝혔으며, 2035년까지 1조 개 이상의 사물인터넷이 늘어날 것이며, "이는 지구상에 '제2의 캄브리아기 폭발'이 일어난다는 것"이라고 말했다. 5억4000만 년 전 캄브리아기에 지구생물의 종류가 폭발적으로 늘어났듯이 앞으로는 TV, 냉장고, 세탁기, 자동차 등 모든 기기가 인터넷에 연결되면서 데이터를 폭발적으로 생산한다는 의미이다. 이러한 막대한 데이터는 IT 뿐만 아니라 쇼핑 · 교통 · 헬스케어 · 금융 등 현존하는 모든 산업을 완전히 재편할 것으로 손 회장은 강조했다.

3세대(G), 4G 등 모바일 기술개발의 초점이 통신속도 향상에 맞춰졌다면, IoT 통신기술은 거꾸로 통신속도를 안정적으로 떨어뜨리는 게 관건이다. 가스검침 원격제어 등 IoT 망에 연동된 일반 사물에 탑재되는 통신 모듈의 경우 동영상 등 대용량 데이터 전송을 필요로 하는 게 아니라 간단한 검침 정보 데이터 전송만 필요하기 때문이다. 저용량, 저속도의 시스템인 것만큼 통신모듈의 배터리 수명도 최대 10년에 달한다.

국내 IoT 시장은 2015년 3조 3000억 원에서 2020년 17조 1000억 원으로 급성장할 것으로 추산했다(자료 : 마키나리서치, 스트라콤).

1) KT-LG유플러스, 2017년 IoT 전국망 구축

2016년 11월 3일 서울 광화문 KT 사옥에서 KT와 LG유플러스는 '협대역(NB)-IoT' 발전전략 관련 공동 기자간담회를 개최했다. 2017년 1분기까지 협대역(NB)-IoT 기술상용화를 공동으로 추진하고, 2017년 말까지 협대역(NB)-IoT 전국망을 구축하기로 합의하고, 기술개발 비용 부담을 낮추기 위해 칩세트, 모듈, 단말 등 IoT 핵심부품을 공동구매하는 방안도 협의하였다.

2) 삼성전자 IoT 기술

삼성전자의 새로운 사물인터넷 기술을 이용한 제품으로는 냉장고에 디스플레이를 부착해 사물인터넷 기능을 구현한 패밀리 허브 냉장고와 세탁물을 추가할 수 있는 '애드워시' 세탁기, 바람이 안 나오는 무풍 에어컨 등이 있다. 삼성전자와 민간 기상업체 케이웨더는 기계가 기계를 제어하는 IoT '이종교배' 시스템을 개발 완료했다. 이는 실내공기 상태를 측정하는 공기측정기가 공기청정기 및 에어컨을 자동으로 컨트롤하는 시스템이다. 공기측정기가 실내 미세먼지나 이산화탄소, 휘발성유기화합물 등의 농도를 체크하다가 일정기준이 넘으면 공기청정기를 작동시키는 방식이다. 사물인터넷 기술을 활용해 가전제품들을 연결한 첫 사례로 일부 다중이용시설에 시범적으로 설치하고 있다. 삼성전자의 무풍에어컨 및 공기청정기 블루스카이와 케이웨더의 공기측정기 에어가드K가 연결대상이다.

3) LG 유플러스

스마트 홈 사업에서 가장 발 빠르게 움직이는 곳은 LG유플러스이다. 집안 가전을 제어할 수 있는 홈 IoT 기능을 갖춘 셋톱박스를 LG 유플러스가 개발했다. 'U+ TV G 우퍼'라는 셋톱박스는 IoT 허브를 탑재해 "안방 불 꺼" "가스밸브 잠가" 등 음성명령으로 집안의 IoT 기기를 제어할 수 있다. IoT 제어가 스마트폰의 앱(응용프로그램)을 통해 터치와 음성으로 가능했던 것에서, 스마트폰 없이도 거실에 앉아 음성만으로 TV와 IoT 기기들을 완벽히 제어할 수 있게 한 것이다. LG유플러스는 일등 IoT 사업자로 시장을 선도하겠다는 방침을 다음과 같이 실천해 나가고 있다. LG유플러스는 IoT 사업을 크게 홈 IoT와 산업 IoT로 나눈다. 홈 IoT는 IoT 스위치, 온도조절기, 창문 열림감지센서, 도어록 등 서비스 초기 6개에 불과하던 제품이 28개까지 늘어났다. 산업 IoT는 스마트 시티 건설, 건설 · 유통산업 연계, 커넥티드카 개발 등과 맞물려 있다.

최근 LG 유플러스가 국내 · 외 사물인터넷 시장 선점을 위해 세계 최대 통신장비회사인 중국 화웨이와 손잡고 기술개발 및 산업 생태계 조성에 나섰다. 서울 LG유플러스 상암사옥에서 두 회사는 만나 NB-IoT 관련 기술 및 서비스 개발에 뛰어든 스타트업이나 중소 · 벤처기업이 자신들의 사업 아이디어를 구체화하거나 관련 장비 등을 자유롭게 이용할 수 있는 공간인 오픈랩(Open Lab)을 운영할 계획이라고 발표했다. 화웨이는 2016년 4월 영국 뉴버리에 NB-IoT 오픈랩을 처음 연 것에 이어 세계 7곳에 오픈랩을 운영하고 있다.

4) 현대중공업

현대중공업은 전력 ICT 솔루션 사업 분야에 사물인터넷 기술을 적용한다. PTC와 전략적 제휴를 맺고 PTC의 사물인터넷 애플리케이션 개발 플랫폼인 '씽웍스(ThingWorks)'를 적용하기로 했다. 최근 현대중공업은 ICT 솔루션 사업 분야 중에서도 전력기기 예방진단 설비관리 솔루션 분야와 에너지효율관리시스템(EMS) 플랫폼 구축, 사물인터넷, 증강현실(AR), 융합현실(MR), 머신러닝 등에 대해 컨설팅하고, 관련 기술을 지원한다.

5) 라인어스

기존 종이라벨을 대체하는 사물인터넷을 기반으로 한 '무선전자라벨'을 개발하여, 이미 해외 유통매장에 도입돼 기술력을 인정받고 있으며 최근에는 국내 농협 매장에 설치 · 운영돼 국내에서도 시장을 점점 넓혀가고 있다. 해외는 이탈리아 유기농 고급 매장 보테카와 '인포탭' 계약을 체결하고, 토리노 매장에 4000대를 설치했다.

6) 블랙야크

스마트폰으로 온도와 습도를 조절하는 '아크온 H', 심박수를 측정하는 '아크온 P' 밝기 변화에 따라 자동 점등되는 '아크온 B' 등 국내 최초로 출시한 스마트 웨어를 전시하였다.

7) 에스비시스템즈

육군훈련소는 IoT 기술을 기반으로 응급상황에 처한 훈련병을 조기 식별하고 휴대용 단말기(PDA)를 통해 훈련평가 결과를 분석, 보충교육 대상자와 주단위 우수팀 등을 실시간으로 파악할 수 있는 스마트 훈련병 관리체계를 2015년 12월부터 운영 중이다. 이 회사는 시계 기능뿐만 아니라 훈련병의 맥박과 체온, 운동량을 측정해 정상치를 초과할 경우 상황실에 전송해 사고를 예방할 수 있는 스마트 밴드를 2015년 5월에 개발하여 군에 납품했다.

8) 농업에 적용한 사물인터넷

솔트웨어는 스마트 팜 기술, 즉 IT와 IoT의 전문기술을 농업에 융합, 해외 식물공장과 생산관리 시스템에 적용 중이며 식물의 병충해 및 영양상태를 측정하는 기술도 개발하고 있다. 한국네타핌유한회사는 시설원예 현대화와 스마트 팜 구현에 필수적인 관수, 양액, 환경제어 솔루션을 공급한다.

9) 테스나

테스나는 코스닥시장 상장사로 매출의 80%가 시스템 반도체 웨이퍼 테스트로 구성돼 있다. 삼성전자의 유일한 시스템 반도체 테스트 외주업체이기도 하다. 애플의 수주 공백이 생기면서 다소 타격은 입었지만 사물인터넷과 자율주행과 같은 시스템 반도체 적용 분야가 늘면서 국내의 반도체 설계 전문업체 들로부터 테스트 물량이 크게 증가하고 있다. 통신 반도체시장의 강자 퀄컴이나 자율주행 및 센서시장의 신흥강자인 인베디아로부터 수주도 강세다.

10) 건설 및 항만운영에 적용한 사물인터넷

3D 항만운영 관제 소프트웨어를 개발해 판매중인 녹원정보기술은 빅데이터 처리, IoT 기반의 3D-GIS(3차원 지리정보체계) 등에서 뛰어난 기술력을 보유한 벤처기업이다. 경동원은 안전하고 편리한 생활환경을 조성하기 위해 고객 중심 기술과 솔루션을 실현, 스마트 홈 IoT시대를 앞당기고 있다.

11) 인피니티에너지

태양광발전설비 렌탈서비스인 '홈솔라'로 인기를 모으고 있는 인피니티에너지는 고객의 니즈를 반영한 보다 효율적인 태양광발전설비의 운영 및 효율증대를 위해 사물인터넷 기반을 활용한 '솔라클린시스템'을 개발 중에 있다. 솔라클린시스템은 매년 증가추세에 있는 미세먼지로 효율이 떨어지는 단점을 획기적으로 보완하고 고객이 원하는 부위 및 시간에 태양광모듈을 청소 및 관리할 수 있도록 하는 획기적인 시스템으로 현재 특허출원을 완료했다.

2. 사물인터넷의 정부 정책방향

9년째 1인당 국민소득이 2만 달러에 머물러 있는 우리나라 입장에서도 4차 산업혁명은 저성장 국면을 극복할 중요한 기회이다. 산업화는 선진국에 비해 한발 늦었지만, 정보화는 앞서가면서 ICT 강국으로 올라섰다. 상대적으로 우위를 점하고 있는 조선, 철강, 자동차, 반도체 등의 분야부터 ICBMS 융합을 추진한다면, 향후 국내 경제 활성화에 크게 기여할 것으로 본다. 정부는 이와 관련해 2020년까지 스마트 센서 등 8대 스마트 제조기술 경쟁력을 선진국의 88% 수준까지 높인다는 청사진을 그리고 있다. 또한 전자, 자동차, 기계, 중공업 등 주요 제조업체 업종별로 스마트 생산방식을 적용해 생산성을 50% 이상 올린다는 목표도 제시했다. 스마트 생산방식은 ICBMS 기술을 기반으로 생산 과정에서 발생한 데이터를 수집 · 가공 · 활용하는 것을 핵심으로 한다.

인공지능(AI), 가상현실(VR), 증강현실(AR), 자율주행차, 경량소재, 스마트그리드, 정밀의료, 탄소자원화, 미세먼지 저감 · 대응기술, 바이오신약 등 미래 4차 산업혁명시대의 신성장동력 사업 9개 프로젝트도 추진된다. 이 프로젝트 추진을 위해 향후 10년간 약 1조 6000억 원을 투입한다는 정부 계획과 이와 별도로 6152억 원의 민간 투자도 이루어질 예정이다.

사물인터넷의 정책은 미래창조과학부의 인터넷 신사업팀이 "창의적 사물인터넷 서비스시장 창출 및 확산, 글로벌 사물인터넷 전문기업 육성, 안전하고 역동적인 사물인터넷 발전 인프라 조성"에 역점을 두고 인터넷신사업팀이 기본계획을 세운다. 이 계획에 따라 정보통신기술진흥센터, 정보통신산업진흥원, 정보통신기술진흥센터, 한국인터넷진흥원, 한국정보화진흥원 등의 산하기관이 사물인터넷의 기술개발과제를 추진하고 과제 결과물을 토대로 다양한 실증사업과 상용화 전략을 추진하고 있다.

사물인터넷은 새로운 성장동력임이 분명하며, 정부의 정책의지에 따라 사물인터넷의 생태계 조성에는 중요한 역할을 할 것이다. 하지만 이러한 정책들이 일회성으로 그칠 것이 아니라 '4차 산업혁명'이라는 키워드에 맞추어 오픈 이노베이션 및 생태계 강화, 기업 규모별 맞춤형 전략을 지속적으로 추진해야만 가능하다. 상기 이외에 사물인터넷 지속성을 담보할 수 있는 소프트웨어 경쟁력을 강화하고 적극적인 인력육성도 함께 추진해야 한다.

이미 사물인터넷 기반 역량은 모바일 인터넷 덕분에 우수하나, 겉으로 드러나 보이는 것보다 내실 있는 정책수립과 비즈모델의 개발로 정부도 기업도 윈윈할 수 있는 사물인터넷 혁명을 겸허히 받아들여야 한다.

[표 2-1] 산하기관들의 사물인터넷 정책 방향

기 관 명	정책 방향
정보통신 기술진흥센터	– IoT R&BD는 사물인터넷 실증사업에 맞춰 토탈솔루션, 원천기술, 표준화를 적극 추진한다. – 각각 개발되는 기술과 IoT Flagship Project를 통해 취합 되고, 이것이 표준화와 상호 연동되는 유기적 관계를 유지
한국정보화진흥원	– 헬스케어, CCTV 안전, 스포츠 분야 IoT 실증사업 추진 – 대형(70억 원 이상), 중형(10억 원 이하), 소형과제로 구분해 IoT 실증사업을 추진할 계획으로 대형과제는 스마트 시티 및 헬스케어 분야, 중형과제는 CCTV 안전, 스포츠, 금융 분야, 소형과제는 개인 사물인터넷 분야를 선정함
정보통신 산업진흥원	– 스마트 시티 및 6대 중점 서비스 분야 실증단지 구축에 초점을 맞춘 사물인터넷 확산 – 사물인터넷 확산 방향은 ① 국내 센서기기/서비스 수요시장 환경을 개선, ② 서비스 검증을 통해 수요자의 거부감, 제도적 문제와 공급자 애로사항 등의 저해요소를 해소, ③ 확산이 가능한 분야는 개방형 플랫폼 기반 대형 실증과제 추진이다.

출처 : IoT Journal Asia, 2015년 정부 IoT 정책방향 조명, 2015.1.12

3. 사물인터넷 혁명을 맞이할 준비물은 무엇인가?

정부에서는 '사물인터넷 기본계획(2014.5)'에서 사물인터넷, 클라우드, 빅데이터, 모바일을 하나로 묶는 ICBMS 서비스를 클라우드 지원센터, 빅데이터 분석 활용센터, 국제 연구망 등과 연계하여 플랫폼을 구축한다고 밝혔다.

세부 추진 전략으로는 서비스, 플랫폼, 네트워크, 디바이스, 보안 등 생태계(SPNDSe) 참여자 간 협업 강화, 오픈 이노베이션 추진, 글로벌 시장을 겨냥한 서비스 개발 · 확산, 대 · 중소기업 · 스타트업별 맞춤형 전략 등이 있다. 이를 위해 2014년 7월에는 사물인터넷 글로벌 전문 중소기업 육성을 본격적으로 개시하였다. 현재 IoT 기술의 국내 상용화, 해외 진출 현지화, M2M 유망 중소기업 지원 등 관련된 업체들과 협약을 맺고 과제를 진행하고 있다.

[표 2-2] 정부의 2020년 사물인터넷 세부 목표

구 분	2013년	2020년
국내 시장규모 확대	2.3조 원	30조 원
중소 · 중견 수출기업 수	70개	350개
중소 · 중견기업 고용인원	2,700명	30,000명
이용기업의 생산성 · 효율성 향상	30% 향상	

출처 : 미래창조과학부, 사물인터넷 기본계획, 2014

우리나라는 사물인터넷을 포함한 ICBMS의 하드웨어 제조 경쟁력은 뛰어나지만 소프트웨어 역량은 다소 약하다는 평가를 받고 있다. 스위스 금융그룹(UBS)이 2016년 초 세계경제포럼에서 내놓은 국가별 4차 산업혁명 적응 순위에서 우리나라는 25위의 성적표를 받았다.

이는 미국(4위), 일본(12위), 독일(13위)은 물론 대만(16위), 말레이시아(22위)보다도 낮다. 노동생산성이 떨어지고, 산업구조 변화에 따른 적응이 늦다는 것이 주된 이유였다. 중국은 28위로 우리나라를 바짝 추격하고 있어 이 기회를 놓치면 국가 핵심 경쟁력에서 차츰 힘을 잃어 1인당 국민소득이 2만 달러에도 못 미치는 국가로 전락할지도 모른다.

이에 ICBMS 분야 기술개발을 막는 규제를 과감히 풀고, 소프트웨어 경쟁력을 높여야 저성장의 늪에서 빠져 나올 수가 있다. 사물인터넷의 글로벌 강국이 되려면 컨트롤타워를 만들고 대기업과 중소기업이 협력하고, 국민의 IoT에 대한 중요성 인식이 절실하다.

[표 2-3] 우리나라의 사물인터넷 기술 수준(선진국 100 기준)

기 술 부 분	우리나라의 기술 수준
하드웨어	70.91/100
소프트웨어	68.82/100
네트워크	88.66/100
서비스	72.57/100

출처 : 미래창조과학부, 사물인터넷 산업 실태조사 및 시장분석 연구, 2013

산업통상자원부는 2015년부터 6년간 첨단 스마트 센서 사업을 육성하기 위해 1508억 원을 투자하겠다고 밝혔다. 하지만 센서 기술력이 가장 뛰어난 미국을 기준으로 봤을 때 우리나라의 센서 기술력은 64%에 불과한 수준이다.

4. 이동통신 측면의 사물인터넷

국내 전체 이동통신 가입자 수가 2016년 6월 기준 6000만 명을 넘어섰다. 이동통신 가입자 증가세는 사물인터넷이 이끌고 있다. 각종 산업용 IoT 모듈에서부터 도어록, CCTV, 가스밸브, 플러그 등에 이르기까지 가정용 IoT 서비스가 확산되며 빠르게 이용자 수를 늘리고 있다. 2016년 6월 기준 휴대폰 이용자 수는 지난해보다 1.1% 늘어난 5427만 명으로 집계되었다. 국내 휴대폰 이용자 수는 2013년 5162만 명에서 2014년 5284만 명으로 2.3% 증가했고, 2014년에는 5366만 명으로 전년보다 1.5% 증가하는 데 그쳤다. IoT 가입자 수는 2016년 6월 기준 482만 6248명으로 월 평균 10만 명씩 늘어나고 있다. IoT 가입자는 2013년 303만 명에서 2014년 346만 명으로 13.8% 증가했으며, 2015년에는 427만 명으로 23.4% 증가하는 등 갈수록 성장세가 가팔라지고 있다. 특히 IoT 가입자 중 웨어러블 증가세가 눈에 띈다.

2014년에는 5만 237명에 불과했던 웨어러블 가입자는 2016년 6월 61만 1217명에 달했다. 불과 1년 반 만에 12배 넘게 성장한 것이다. 2016년 들어서는 매월 30~40만 명 가량이 증가하며 2015년 말 36만 3603명과 비교해 약 두 배가량 가입자가 늘어난 것이다. 이러한 성장세에 힘입어 전체 이동통신 가입자 중 IoT가 차지하는 비중 역시 꾸준히 증가하고 있다. 전체 이동통신 가입자 중 IoT 비중은 2013년 5.5%에서 2014년 6.0%, 2015년 7.2%로 상승했으며 2016년 상반기 8.0%를 기록했다. 최근 SK텔레콤, KT, LG유플러스 등이 IoT 전용망을 구축하고 2016년 하반기 각종 IoT 서비스 출시를 하고 있어 국내 IoT 시장은 더욱 커질 것으로 예상된다. 정부에서도 IoT 활성화를 위해 주파수, 요금 등 각종 규제를 완화하는 등을 미래부에서 지원할 방침이다.

CHAPTER 3

사물인터넷의 기술

Section 1 사물인터넷 기술의 개요

사물인터넷에 대한 관심이 뜨겁다. 모든 것이 초연결되어 사물 간 소통, 즉 냉장고와 TV가 통신을 주고받으며, 사용자를 위한 최상의 서비스를 제공하는 시대가 다가오고 있다. 돌이켜보면 사물인터넷 시대로의 변화를 예고하는 기술들은 오래 전부터 태동하고 있었다.

바코드 대신 쓰일 RFID가 생활의 편리를 돕고, 사용자의 건강을 자동으로 측정하고 관리해주는 바이오셔츠가 개발되었으며, 증강현실(AR)을 구현하는 안경도 등장했다. 지난날 데스크탑과 키보드로 이루어진 컴퓨터가 이제 작은 칩으로 변해 사물 곳곳에 숨겨졌다.

사물인터넷은 이러한 초연결사회를 상상하는 것에서부터 시작한다. 사물인터넷의 패러다임의 변화는 개인의 삶, 산업현장, 재난 · 안전, 공공서비스 등 여러 분야의 모습을 바꾸어 갈 것이다. 사물인터넷은 내가 말하지 않아도 주변이 스스로 감지하여 알아서 척척 해결해주고, 내게 없는 소중한 정보를 알아서 만들어주며, 언제 어디서나 나를 살피고, 편리한 세상을 만들기 위해 일하기 시작했다.

이미 구글, 애플, 시스코, 삼성, 인텔, 퀄컴 등 ICT 업계의 대다수가 2020년 1조 달러에 이를 것이라는 사물인터넷 황금시장을 향해 전력질주를 선언하고 치열한 경쟁과 짝짓기를 병행하고 있다. 하지만 인간의 기술은 장밋빛 기대만 부풀어 있고, 기술에 대한 이해는 그리 높지 않아 이장에서는 화려한 IoT 서비스에 대한 이야기보다는 관련기술의 이해와 현재 기술이 어디까지 와있는지 정확히 파악하고, 빅데이터, 클라우드, 인공지능(AI) 등과 융합된 IoT 기술과 국내 · 외 표준화 현황 및 관련 기술을 집중 분석한다.

1. 사물인터넷, 센싱사회를 열다

인더스트리 4.0의 핵심 촉진 기술로 거론되는 사물인터넷과 빅데이터이며, 이들은 이미 모든 산업에 영향을 미치고 있다. 기업 경영자들은 이를 알고 있지만 이런 기술을 활용하는 기업이나 발 빠른 스타트업(신생 벤처기업)이 여기저기 나타나고 있다. 촉진기술에 사물인터넷과 빅데이터만 있는 것은 아니지만 이런 기술은 이미 가격적으로 적용 가능한 수준으로 들어오고 있다. 예를 들어 센서의 비용은 10년간 평균 개당 1.3달러에서 80센트 수준으로 떨어졌다. 무선 통신속도도 10년간 40배 빨라졌는데, 비용은 10년 전 수준 그대로이다.

결과적으로 단가는 40분의 1 정도로 내려왔다. 프로세서 속도도 60배 빨라졌다. 스마트폰과 같은 디지털기기도 곳곳에 널려 있다. 게다가 상업용 무선통신은 거의 무료이다. 사이버보안 솔루션 비용도 기기당 1달러 선 이하로 떨어지고 있다. 인터넷 주소는 무한대로 만들어 사용할 수 있다. 이런 비약적인 기술 덕에 비용이 낮아지고 있다. 기업들은 이런 혁신 기술 및 기존의 사업 아이템과 영역을 융합하되 상상력과 창의력을 발휘하는 것이 필요하다.

예로 들어 제품에 인공지능과 사물인터넷, 센서, 클라우드를 접목하면 자율주행형 전기차가 나온다. 비슷한 방법으로 스마트 가전도 구상할 수 있으며, 전통산업에 촉진기술을 응용하여 비즈니스 모델을 진화하고 있다. 이런 글로벌 기업 중에는 다음과 같은 기업들이 있다.

1) 핏빗(Fitbit)

핏빗의 제품은 디자인이 뛰어난 스마트 기기로서 손에 차거나 몸에 걸친다. 이는 운동이나 야외 활동량, 건강지수를 측정하고 관리해주는 기기이다.

2) 미스핏(MISPIT)

미스핏에서 출시한 상품은 전통적인 시계나 액세서리와 비교할 수 없을 정도로 디자인이 탁월하다. 기능도 많아 수영, 달리기, 자전거, 롤러스케이팅 등과 같은 야외 활동에 대한 활동량과 건강 측정은 물론 숙면관리, 건강, 다이어트 관리까지 해주는 스마트 기기이다.

3) 어거스트(August)

현관의 벨이나 잠금장치도 사물인터넷, 센서, 무선통신과 융합된 스마트 기기로 진화하고 있다. 집주인이 멀리 집에서 떨어져 있어도 스마트폰으로 누가 와 있는지 볼 수 있고, 집에 있는 것처럼 택배 배달원 등과 소통할 수 있다. 원격으로 문을 열어줄 수도 있다.
펜션의 경우 이 기기를 설치하면 현관 비밀번호를 원격지에서 매일 바꿀 수 있어 열쇠를 전달하러 수시로 방문하지 않아도 된다.

4) 제너럴일렉트릭(GE)

사물인터넷이 제조 플랜트나 에너지산업과 융합한 비즈모델이다. GE의 '프레딕스'라는 산업 인터넷 플랫폼은 제조 및 장치산업의 현장 운영관리 서비스를 선도하고 있다. 예방 유지보수는 물론이고 에너지 관리, 자산관리 등 획기적으로 공장 생산성을 끌어올리는 서비스를 제공한다.

5) 위딩스(Withings)

위딩스의 아우라(Aura) 서비스는 잠자는 시간 동안 필요한 사항을 관리해서 취침 후 좋은 컨디션을 유지할 수 있도록 해주는 서비스이다. 위딩스는 이미 스마트 웨어러블 디바이스인 펄스(Pulse) 서비스를 통해서 높은 인지도를 확보한 상태이다. 위딩스 펄스가 일상생활의 활동 사항에 대해 측정하는 서비스였다면, 위딩스 아우라는 잠자고 있는 상태를 측정해서 최적의 상태를 유지하도록 도와주는 서비스이다. 우선 수면 센서를 통해 소리 · 빛 · 공기 상태를 체크해서 잠자리를 편안하게 유지할 수 있도록 한다.
또한 조명 디바이스를 통해 수면호르몬인 멜라토닌 분비를 촉진하는 빛과 소리를 제공하여 사용자가 편안한 상태에서 잠들 수 있게 한다. 침대 매트리스 밑에 밴드 형태의 수면센서를 부착해 사용자의 수면 패턴과 몸의 움직임, 심박수 등의 신체 리듬 데이터를 분석하고 스마트폰에 설치된 앱 서비스에 전달해 지속적으로 관리할 수 있도록 한다.

6) 인라이티드(Enlighted)

중소기업으로 스마트 센서와 사물인터넷, 빅데이터 기술을 융합한 에너지관리 서비스를 제공중이다. 이를 통해 사무실의 에너지 관리를 획기적으로 개선하고 있다. 쾌적함을 제공하면서도 에너지 절약을 이뤄내는 것이다.

7) 하베스트 오토메이션

하베스트 오토메이션은 로봇과 사물인터넷을 융합해 식물관리부터 출하까지 전 과정을 스마트 하게 처리하고 있다. 크라우드 펀딩을 통해 사람들에게 알려진 플리워(Fliwer)와 이든(Edyn)이 대표적인 식물관리 서비스 기능이다. 플리워는 화분 또는 땅에 꽂아놓으면 토양의 상태, 온도, 햇빛의 양, 물 주는 시기, 비료 주는 시기 등의 정보를 분석해서 블루투스를 이용해 스마트폰에 전달해준다. 이든은 기존에 출시된 식물관리 서비스 기능에 이든 가든 센서와 이든 워터 밸브를 추가한 서비스이다.

2. 사물인터넷의 기술요소

사물인터넷은 사물에 센서와 통신기능을 부여해 정보를 수집하고 공유하면서 상호작용하는 지능형 네트워킹 기술을 말한다. 이동통신망을 이용하여 사람과 사물, 사물과 사물 간 지능통신을 하는 M2M(Machine to Machine)의 개념을 인터넷을 이용하여 사물은 물론, 현실과 가상세계의 모든 정보와 상호작용하는 개념으로 확장한 것이다. 사물인터넷의 사물은 유무선 네트워크에서의 End-device뿐만 아니라, 인간, 홈, 공장, 차량, 교량, 각종 전자장비, 문화재, 안전장비, 자연환경을 구성하는 물리적 사물 등을 포함하는 개념이다. 스마트 시티가 대상으로 하는 기간시설물은 사물인터넷의 사물에 해당하므로 스마트 시티의 ICT 기술은 사물인터넷 기술을 활용하고 있는 것이다. 스마트 시티의 통합관리센터에 구축되는 소프트웨어 시스템 및 도시 백본망 등을 사물인터넷 기술의 범위로 간주하기는 어렵다.

사물인터넷의 기술요소는 센싱(Sensing) 기술과 유 · 무선통신 및 네트워크 기술, 서비스 인터페이스 기술로 구분하며 기능은 다음과 같다.

1) 센싱 기술

센싱 기술은 사물이나 장소에 전자태그(Tag)를 부착해 주변의 정보를 획득하고 실시간으로 정보를 전달한다. 센싱 기술은 스마트 센서와 WSN(Wireless Sensor Network) 기술로 발전하고 있다. 스마트 센서는 물리적인 센서와의 표준화된 인터페이스를 가지며 센싱한 정보로부터 특정 정보를 추출하는 가상 센싱 능력을 내장한다. 가상 센싱 기술은 사물인터넷 서비스 인터페이스에서 구현된다. 스마트 센서의 주요 기술 및 핵심부품은 다음과 같다.

- 나노융합 센서 및 센서간 연동기술
- 통합형 융합센서 및 신호처리 기술
- 무인유지를 위한 자가충전 전원모듈 기술
- 소형화를 위한 통신/보안 SoC 모듈화 기술
- 융복합 센서
- 센서퓨전 신호처리
- 자가충전

2) 유 · 무선통신 및 네트워크 기술

유 · 무선통신 및 네트워크 기술은 사물인터넷에 연결되도록 지원하는 유무선통신기술로 다음과 같은 네트워크 기능과 통신을 활용한다.

- D2D 통신
- 자율협업(상황인지)
- 부하분산 라우팅
- 이동성
- WPAN, WiFi, 블루투스
- 3G/4G/LTE/5G
- 이더넷(Ethernet)

- BcN, Microware, 시리얼 통신 등
- MAC : 고신뢰성, 시의성(QoS), 멀티홉, 보안
- PHY : 저전력, 멀티밴드(근/중장거리), 디바이스 인지, MIMO(빔포밍)

유무선 융합 네트워크(SDN/기가/IPv6)는 다음과 같은 기능과 네트워킹 기술이 있다.

- 트래픽 전달 지연감소 기술
- 디바이스 용량 증대 및 범위 확장 기술
- 유무선 융합 평면 네트워크 기술
- 소프트웨어 기반 대규모 네트워크 가상화 기술
- 지능형 트래픽 제어 기술
- IPv 6 기반 네트워킹 기술
- Signalling 채널 기반 디바이스 인지 기술

3) 스마트 시티의 하드웨어 기술

스마트 시티의 단말/플랫폼 하드웨어 기술은 다음과 같다.

(1) 소자기술

- 센서 기술 : (Section. 02 참조)
- SoC 기술 : CPU, 메모리, DSP, I/O 등을 하나의 칩으로 만드는 반도체 기술
- 마이크로컨트롤러 : 최근 마이크로프로세서는 스마트폰 기술 발전과 함께 전력소모가 적어지고 소형화되고 고기능화되는 많은 발전을 이룸. 사물인터넷 환경을 구성하기 위해서는 저전력, 저가격에 마이크로컨트롤러를 구현하는 것이 필요
- MEMS(Micro-Electro-Mechanical System) : 초소형 시스템이나 초소형 정밀기계를 의미
- 에너지 하베스팅 : 열을 이용한 에너지 하베스팅, 진동을 이용한 에너지 하베스팅, RF를 이용한 에너지 하베스팅, MEMS 기술을 활용한 하베스팅 기술
- 마이크로 연료전지 : 휴대전자기기의 장시간 전력공급용 전원
- 마이크로 히터 엔진 : MEMS 기술을 이용하여 소형의 엔진과 발전기를 구현하여 히터 엔진

을 소형 집적화하여 구현

⑵ 하드웨어 플랫폼 기술

- 임베디드 시스템 : 컴퓨터 하드웨어와 소프트웨어를 조합하여 특정한 목적을 수행하는 시스템으로서 PC와 같이 대량 생산되어 표준화된 하드웨어와 OS 기반에 사용자가 소프트웨어를 사용하는 시스템과는 다르다. 본 시스템의 특징은 특정한 기능에 부합하는 최적화된 설계가 가능하고, 적용 용도에 맞는 소형, 경량, 저전력화 설계가 가능하다는 점
- 센서노드 하드웨어 플랫폼 : Crossbow Mica 시리즈, Intel Mote(iMote), Tmote SKY 등이 있으며, 무선 센서 네트워크를 구성하는 센서노드는 IoT 산업확장과 함께 센서 종류가 확대되고 판매량도 증가되어 가고 있음
- 오픈소스 하드웨어 플랫폼 : 오픈소스 하드웨어 플랫폼은 마이크로컨트롤러, 메모리, 커넥터 등을 갖춘 소형 단일 보드의 형태이며, 이 보드에 센서 등의 입력장치, 외부 출력장치, 무선통신 모듈 등을 손쉽게 연결하여 확장할 수 있음. 2005년 아두이노의 등장으로 활성화되어, 라즈베리 파이, 비글보드, 갈릴레오 보드 등이 대표적

[그림 3-1] 비글보드 하드웨어 블록 다이어그램

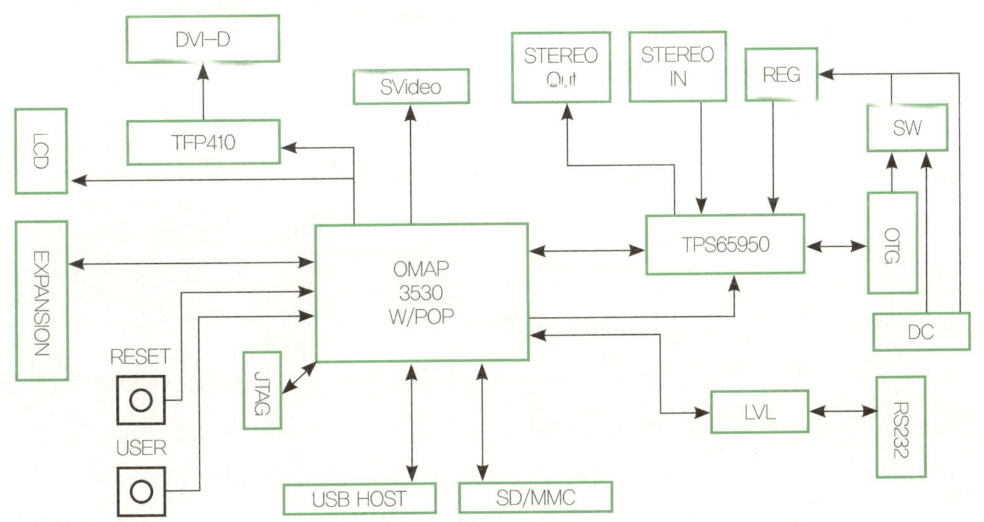

출처 : 김정욱 외 8인 저 《스마트 시티》

- 플랫폼 응용 Processor SoC(System-on-a-chip) 기술 : IoT 전용 CPU 및 MCU, IP Core 및 인터페이스, 통신(Connectivity)

(3) 차세대 컴퓨팅 기술

- 유비쿼터스 컴퓨팅 : 1988년 마크 와이저가 유비쿼터스 컴퓨팅이라는 용어를 사용하면서 지능화되고 네트워크화된 컴퓨팅 기술을 정의하였고, 유비쿼터스 컴퓨팅의 특징은 다양한 컴퓨터가 현실세계의 사물과 환경 속으로 스며들어 상호연결 되고 인간에 밀착된 컴퓨팅 환경인 웨어러블 컴퓨팅이 발전함
- Wearable 컴퓨팅 기술 : MIT에서 시작된 연구로, 인간의 옷과 같이 착용하거나, 신체 일부에 부착된 컴퓨터의 형태에서 네트워크화되어 웨어러블 디바이스의 기능이 확장성을 가지면서 대중적인 관심을 받게 되었다. 대표적인 웨어러블 기기는 스마트 글래스와 스마트 워치가 있으며, 반지, 의류 등의 형태를 가지게 됨

(4) 센서 네트워크 하드웨어 기술

가) USN 구성 하드웨어인 무선 센서노드의 특징

- 동작 안전성 : 장기간 통신안정성 및 제품의 동작안정성 보장
- 저가이며 소형 : 필요한 장소와 많은 양의 센서를 설치해야 하므로 소형이며 저가
- 저소비전력상황인지 자율협업 네트워킹 기술

나) ZigBee 통신기술 : 근거리 통신, 저속 통신, 저전력

- ZigBee 코디네이터(ZC) : ZigBee 네트워크를 형성하고 다른 네트워크들과 연결시킴
- ZigBee 라우터(ZR) : ZigBee 네트워크 내의 디바이스(ZC, ZR, ZED)의 데이터를 전달하는 라우터의 기능을 수행
- ZigBee 엔드 디바이스(ZED) : ZigBee 종단기기
- ZigBee 칩셋 : 칩셋 제조를 위해서는 마이크로프로세서 및 통신칩을 저전력 반도체로 구현하는 SoC 기술이 필요하다. 업체로는 레디오펄스, Chipcon, Ember, Freescale 등

다) RFID(Radio Frequency Identification) : RFID 기술은 전자태그에 기록되어 있는 정보를 직접 리더기에 접촉하지 않고, 전파를 이용하여 태그에 기록되어 있는 정보를 읽거나 쓰는 기술을 말하며, 무선정보 교환을 위해 안테나와 리더라는 장치를 사용하게 된다. RFID에 대한 개요와

구성요소는 다음과 같다.

- RFID에 대한 연구는 미국에서 군사적인 목적으로 시작되어 1977년에 미국 LAS 연구소에서 민간부분 적용방안에 대한 연구와 다양한 사업화 방안 모색
- RFID 시스템은 RFID 태그, 안테나, 리더와 소프트웨어로 구성
- RFID 태그 : 카드형 태그와 스티커형 태그로 분류
- RFID 리더 : RFID 리더는 태그에게 정보를 보내도록 안테나를 통해 신호를 송신하여 명령을 하고, 태그로부터 정보를 받아 서버로 데이터를 전송하는 기능을 수행
- RFID 태그와 리더간 무선 인터페이스 : 상호 유도(Inductively Coupled) 방식과 전자기파(Electromagnetic Wave) 방식으로 구분된다. 상호 유도방식은 주로 1m 이내의 수동형 태그에 대해서 주로 사용되며, 전자기파 방식은 중장거리 능동형 태그를 사용하는 경우에 주로 사용
- EPCglobal : 미국 MIT가 중심이 되어 UCC, 국방성 및 기업들의 후원 하에 1998년 Auto-ID 센터를 세우고, 상품식별 및 추적을 위한 글로벌 RFID 네트워크 기술개발 및 표준화를 추진하였고, 여기에서 제정한 규격이 RFID 코드체계 및 통신방식의 사실상의 국제적인 표준으로 받아들여지게 되었고 기업표준을 정함. EPC(Electronic Product Code), PML(Physical Markup Language), ONS(Object Name Service) 등의 연구 수행

라) 사물통신 및 디바이스 간 연동기술

- 저전력 고신뢰 전송기술
- QoS 기반 시의성 지원기술
- 상황인지 자율협업 네트워킹 기술
- 중장거리 지원 멀티밴드 모뎀 기술
- 밀집형 대규모 단말 연결 기술
- 사물통신 광역화 및 이동성 기술
- Signalling 채널 기반 디바이스 인지 기술
- 인더스트리4.0 스마트 메트로용 디바이스

4) 사물인터넷 이용 카셰어링 기술

스마트 전기차량 공유 서비스로서 고양시 사물인터넷 기반 융복합 시범단지 조성사업을 기준

으로 카셰어링 기술의 현안과 서비스 내용, 각종 앱, 통합관리시스템 및 차량제어 기술을 알아보고자 한다.

(1) 카셰어링의 필요성

- 아파트 단지 내 사용하지 않는 차량 다수, 세컨카에 대한 수요 증가, 차량관련 비용지출 부담, 주차장 부족, 대기 환경문제 발생
- 스마트 전기차 보급 및 카셰어링 서비스, 급속충전 인프라의 확대로 이용시민의 편리성 및 만족도 재고, 사회적 비용 절감
- 대기질 개선 및 친환경에 대한 관심도가 증대, 교통문제, CO_2 절감, 전기차 카셰어링과 공유경제에 대한 시민의 관심 증대

(2) 서비스 개요

- 고양시의 일산 서구청의 문촌마을, 동구청의 백마마을, 덕양구의 별빛 마을을 실증 아파트 단지 선정하여 전기차량 + 급속충전기 + 카셰어링 서비스를 입주민에게 제공하여 보유 자가용 매각 및 전기차 카셰어링 이용자 인센티브 제공을 통하여 전기차 보급을 확산하여 대기환경개선 및 CO_2 절감효과 실현
- 공공기관/아파트 내의 급속 충전기 설치 및 서비스(환경부, 한전 지원정책 이용), 대민 서비스 이미지, 전기차/ 급속충전기 보급 확대로 이용시민의 편리성 증대 및 비용절감
- 전기차(개인) 및 전기차 카셰어링 차량 보급: 개인 및 렌터카 회사 대상
- 카셰어링/급속 충전 서비스 : 환경부, 한전의 설치 및 공유 서비스 이용으로 투자에서 제외되며 공공기관/입주아파트에서 해당기관에 신청가능

(3) 서비스 대상

- 대상지역 : 일산 서구청, 동구청, 덕양구청 아파트 대상, 고양시 고양시의 일산 서구청의 문촌마을, 동구청의 백마마을, 덕양구의 별빛마을의 아파트단지 선정
- 기존 급속 충전기 5대 연계서비스 대상수량 : 고양시청 1대, 서구청 2대, 동구청 1대 덕양구청 1대
- 전기차 : 현대 아이오닉 기준 30대(문촌/백마/별빛 마을 각 10대씩)

- 신규급속 충전기 각 마을 대상수량 : 3대 신청 가능/1500세대 1대

⑷ 서비스 내용
- 친환경 전기자동차로 전기차 카셰어링 고객 및 전기차 사용자관리
- 차량 단말기 및 충전기에 IoT 기술적용 실시간 정보 및 서비스 제공
- 테스트베드 구축 및 상품개발, 부가정보 공유 서비스

⑸ 서비스 구성도
- 개방형 스마트 시티 플랫폼 연계를 위한 IoT 기반 게이트웨이 개발
- 센터 통신 인터페이스 개발
- 전기차 및 충전기 공동이용관련 정보 제공

⑹ 정량적/정성적 기대효과
- 전기차 카셰어링 차량 1대 : 가솔린 차량 15대 배기가스/CO_2 감소 효과
- 1인당 CO_2 배출 감소 54%, 전기차 : 5종 IoT 인터페이스
- 전기차량 확보 30대~300대, 충전기 확보 5대~100대, 회원 10만 명
- 고용창출 : 전기차량 관리/세차 인력, 카셰어링 사업자 증가
- 전기차량 100만km 누적 주행으로 CO_2 210톤 절감 목표
- 노는 차량 줄이고, 세컨카 수요충족, 차량유지비/수리비/유류비/주차비 절감, 주차장 부족 문제 해결, 친환경 아파트 실현, 교통정체 및 주차난 감소, 사회적 비용절감, 배기가스 CO_2 및 대기오염 감소, 아파트 충전기 설치로 고객 편의성 향상
- 전기차량 확대 및 공유 사업모델 확산(저성장, 모바일 확산으로 편리성/접근성 증대, 저비용구조 실현), 충전 및 차량이용 수익모델 정립(회원, 고정수입), 타 지역 아파트로 공유 서비스 확산 가능(운영비 절감), 취약계층지원, 자동차 매각 시 포인트 지급
- 전기차 이용 편리성 증대 : 인근지역 충전소 및 가능 지역 정보 제공
- 자가용 감소에 따른 대중교통 이용 증대, 온실가스 감축 효과

Section 2 사물인터넷의 핵심인 센서기술

사물인터넷을 바라보는 대표적인 기술에는 당분간 좋은 친구 사이인 모바일, 지금은 남남이나 나중에는 부부 사이가 될 공유경제, 먼 훗날 다시 만날 수 있는 인공지능, 그리고 가장 실천력과 상상력이 뛰어난 센서 기술이다. 가상의 모바일과 오프라인의 만남은 일단 다른 사물들을 컨트롤 할 수 있는 스마트폰에서부터 시작할 것이다. '모바일 Only 시대'라는 말이 나올 정도로 모바일 제국이 실현됐지만, 기존 모바일 비즈니스만으로는 더 나을 것이 없는 한계에 부딪혔기 때문이다. 또한 사물인터넷의 입장에서는 당분간 모바일 시대의 상징인 스마트폰을 활용할 수밖에 없는 실정이다.

공유경제를 표방하는 우버, 에어비앤비, 영국의 내셔널트러스트, 서울데이트팝 등의 서비스를 들 수가 있으며, 공유경제는 2008년, 하버드 법대 로렌스 레식 교수의 저서 《리믹스(Remix)》에서 '한번 생산된 제품을 여럿이 공유해 쓰는 협업소비를 기본으로 한 경제방식'으로 정의하였다. 2011년 5월, 「타임즈」는 공유경제를 세계를 변화시킬 열 가지 아이디어 중 하나로 선정하였고, 2013년 1월, 「포브스」는 공유경제를 전 세계적 차원의 경제 키워드로 지목했다. 제레미 리프킨 역시 공유경제를 이끄는 한 축으로 모바일 플랫폼을 보고 있다. 그는 젊은 세대가 개인의 삶에 흥미를 잃어가고 있기 때문에, 공유경제가 2050년경에는 자본주의를 밀어내고 지배적 경제구조가 될 것으로 전망했다.

우버는 세계 곳곳에서 불법영업으로 고발당하고 있지만, 중요한 것은 경제적 이유와 모바일 인프라의 도움으로 사람들은 공유경제 서비스에 익숙해질 것이고, 사물인터넷은 생산과 유통 과정에서 비용을 최대로 줄이는 데 도움을 줄 것이며, 사용자들은 자신의 소비패턴에 대해 정확하게 인지할 것이다.

[표 3-1] 감지수단에 따른 센서의 분류

인간의 기관	감각	검출대상	센서 디바이스
눈	시각	빛	광전변환 장치(Photo Diode, CCD)
귀	청각	음파/진동	피에조(Piezo) 저항장치
피부	촉각	압력, 온도, 습도	Thermistor, Thermo-couple, Strain Gauge
혀	미각	맛	이온검출 FET
코	후각	냄새	가스센서, 습도센서

출처 : 김정욱 외 8인 저, 《스마트 시티》

사물인터넷, 인공지능, 로봇, 이 세 가지는 어떤 관계일까? 사물인터넷은 사물에 센서를 심어 주변을 느끼고 주변에서의 자극을 수용한다. 즉, 사물인터넷은 그 '감각(데이터)'을 분류하고 전달해 뇌가 어떤 판단을 내릴 수 있게끔 보조하는 것이다. 뇌가 굳이 복잡한 판단을 하지 않아도 되는 일이라면, 사물인터넷이 자율신경계처럼 들어온 자극에 자동적으로 반응할 수 있다. 이런 점에서 사물인터넷은 인간의 감각신경계와 유사하다. 현재까지 사물인터넷과 인공지능의 관련성은 약하다. 다만, 사물인터넷이라는 감각기관이 확보한 데이터가 인공지능의 발전에 일부 기여할 수는 있지만, 먼 훗날 인간을 초월한 인공지능은 사물인터넷 센서를 감각기관으로 활용해 전 세계를 인공지능의 육체로 만들 것이다.

1. 사물인터넷과 센서

1) MEMS, 센서의 어머니

센서의 종류에 관해 이야기하기에 앞서 꼭 알아둬야 할 것이 있는데, 그것은 바로 초소형 전자기계시스템(MEMS, Micro Electro Mechanical Systems)이다. 그 이유는 지금 만들어지고 있는 센서 대부분이 멤스에 의해서 만들어지고 있기 때문이다. 멤스는 기계장치에 들어가는 센서를 만드는 공정 중 하나이다. 지금의 센서들이 멤스를 통해서 제작되는 이유는 바로 저전력, 초소형화, 대량 생산 때문이다. 사람들은 하나의 제품에 다양한 기능이 담기길 원하고 있으며, 작고 저렴한 제품을 원하고 있다.

이러한 제품을 만들 수 있도록 해주는 것이 바로 멤스이다. 자동차와 스마트폰의 발전속도에 비해 배터리 기술은 발전이 더딘 상태이다. 이러한 상태에서 다양한 기능을 제공하기 위해서는 저전력이 필연적이다. 저전력이 제품의 필수적인 요소 중 하나로 자리 잡으면서 사물인터넷 기기들에 장착돼 있는 통신기능 또한 대부분 저전력 블루투스를 기반으로 하고 있다. 현재 독일 보쉬와 미국의 ST마이크로일렉트로닉스가 세계 멤스 시장의 절반을 차지하고 있지만 중소기업에게도 분명 새로운 기회가 존재한다.

국내에는 티엘아이라는 기업이 2014년부터 멤스 기술로 가속도 센서와 근조도 센서를 양산하기 시작했다. 티엘아이는 곧 자이로 센서와 온습도 센서의 개발도 완료할 예정이다. 사물인터넷 시대가 개화되면 제품의 종류도 늘어날 것이므로 그에 맞는 센서의 종류도 다양해질 것이다.

2) 가속도 센서, 자이로 센서

스마트폰을 비롯하여 나이키 퓨얼밴드까지 사람의 움직임을 측정하기 위해서 나온 제품들에는 모두 가속도 센서가 내장되어 있다. 가속도 센서는 일반적으로 충격, 진동, 가속도 등의 동적인 힘을 측정하는 센서다. 용수철의 원리로 용수철을 누르면 다시 원래상태로 돌아오려고 한다. 따라서 눌린 용수철이 다시 어떤 방향으로, 얼마만큼의 가속도(힘)로 돌아오려고 하는지를 측정하고, 그 값을 분석하면 물체의 움직임과 충격, 방향 등을 예측할 수 있다. 추가적으로 이 가속도 값을 적분하게 되면 속도까지 알아낼 수도 있다. 가속도 센서는 군사기술에서도 이용되는데 군함에 달려 있는 대포가 목표물을 조준할 때 사용된다. 파도의 움직임이나 기타 외부의 물리적인 작용에 의해 변하는 각도값은 자이로스코프 센서가 보정해준다. 자이로스코프는 위치와 방향 설정, 중심을 잡는 용도로 주로 사용된다. 또한 우리가 흔히 사용하는 카메라의 손 떨림 방지 기능에도 사용되고 있다. 가속도 센서와 자이로스코프 센서는 스마트폰, 자동차, 웨어러블 디바이스 등 최근에 나오는 사물인터넷 제품에 거의 대부분 탑재돼 있다. 그만큼 활용 분야가 폭 넓은 센서라고 볼 수 있다.

3) 라이다, 우주에서도, 구글 무인자동차에도 사용되는 센서

1957년 10월 4일, 미국보다 먼저 소련이 인공위성 '스푸트니크 1호'를 발사했다. 이때만 해도 인공위성은 기적에 가까운 존재였으나, 지금은 지구 주위를 돌고 있는 인공위성의 개수만 해도 대략 1만여 개에 이른다. 인공위성에는 수많은 정보를 수집하기 위한 다양한 센서들이 내장되어 있는데 그중 라이다 센서는 기상 및 지구관찰을 위해 사용되고 있고, 구글의 무인자동차에도 탑재돼 있다.

라이다(LIDAR) 센서는 360도로 회전하면서 레이저 빔을 목표물에 비춤으로써 사물까지의 거리, 방향, 속도, 온도, 물질 분포와 3D 영상정보를 수집하는 역할을 한다. 즉, 무인자동차에서 사람의 눈과 같은 역할을 한다. 레이더 센서보다 동일거리에 있는 방향이 같은 두 물체를 식별하는 능력이 매우 뛰어나고, 원거리 측정능력이 더 우수하다. 또한 레이더 센서는 전파를 사용해서 사물의 거리나 정보 등을 파악하는 데 비해 라이다 센서는 레이저를 사용하여 사물의 거리나 정보들을 측정한다.

4) 센서의 시작, 사람의 오감과 센서

센서 개발은 사람의 오감을 그대로 재현해보는 데에서 시작됐는데 그중 후각과 미각에 대한 센서의 개발은 상대적으로 더딘 편이다. 이는 어떻게 냄새를 느끼고 맛을 느끼는지에 대한 방법도 정확히 파악하지 못했고, 냄새와 맛을 구분하는 분류조차 명확하게 이루어지지 않았기 때문이다. 오감 센서의 개발은 어떻게 이루어졌는지 알아보자.

⑴ 이미지 센서, 빛을 이용해 사람의 시각을 담아내다

- 시각 센서는 사물인터넷뿐만 아니라 센서 시장에서 가정 중요한 센서로 꼽힌다. 시장조사기 관인 IHS 서플라이의 2011년 이미지 센서 시장규모는 96억 4100만 달러 수준으로 이미지 센서를 제외한 다른 센서들의 합계인 58억 9900만 달러보다 훨씬 큰 것으로 나타났다. 이미지 센서의 종류는 CCD(Charge Coupled Device)와 CMOS(Complementary Metal Oxide Semi-conductor)로 나눌 수 있다. CCD 방식은 CMOS보다 감도가 좋고, 화질이 우수하며, 노이즈가 적다는 장점은 있으나, CMOS보다 전력소모가 크고, 영상 처리속도가 느리다는 단점이 있다. 최근에는 CMOS 방식을 선호하는 추세로 CCD에 비해 전력소모가 1% 수준으로 매우

적고, 센서를 더 작게 만들 수 있기 때문에 주변 칩들과의 연결도 간편하기 때문이다. 그리고 CMOS의 가장 큰 장점은 대량생산이 용이해 단가가 저렴하고, 단점인 화질문제도 제조공정의 발전으로 극복하였다.

- 이미지 센서는 카메라, 스마트폰 카메라, CCTV 등 모든 영상장치에 장착돼 있으며, 집에서는 베이비 모니터, 자동차의 블랙박스, 사무실이나 공장의 CCTV에 널리 사용되고 있다. 이스라엘 기업이 만든 블랙박스인 모빌아이(Mobile Eye)는 이미지 센서를 통해 들어온 정보를 녹화만 하는 것이 아니라, 모빌아이만의 이미지 센서 알고리즘을 통해 운전자에게 다양한 정보를 제공한다. 즉, 운전자가 차선을 제대로 지키고 있는지, 앞차와의 거리는 얼마나 되는지 등을 분석해서 운전자에게 알려준다. 이미지 센서 부문은 일본 소니가 선두를 달리고 있으며, 2013년 센서 점유율은 소니 34.2%, 미국 옴니비전 18.2%, 삼성전자 12.6% 이다.

(2) 마이크로폰 센서, 사람이 듣지 못하는 소리까지 듣게 해주는 청각 센서

- 마이크로폰 센서는 음향에너지를 전기에너지로 바꿔주는 변환기의 역할을 수행하는 청각 센서이다. 마이크로폰 센서 시장은 1990년 초부터 보청기용 멤스 마이크로폰 센서를 개발하던 미국 놀스(Knowles) 사에서 거의 독점하고 있다. 시장조사기관 IHS가 발표한 2014년 자료에 의하면 61%를 점유하고 있다. 그중 4위권인 국내 기업인 비에스홀딩스가 존재하지만, 대부분 부품을 인피니온으로부터 센서를 수입해 패키징 및 모듈화 작업을 거친 조립품을 판매하고 있을 뿐이다. 청각 센서는 전화기를 시작으로 보청기, 녹음기, 소형 전자기기, 휴대폰 등에 탑재되며 발전해 왔으며, 이제는 사물인터넷 영역으로 확대되고 있다. 그리고 앞으로 소리를 듣고 상황을 인지하여 맥락을 자체적으로 생각하고 배울 수 있는 딥 러닝(Deep Learning)과 같은 인공지능 기술로까지 발전할 가능성이 매우 높다.

(3) 온습도 센서, 압력센서, 사람과 똑같이 느끼고 싶은 촉각 센서

- 사람의 촉각은 오감 중에서 가장 다양한 역할을 수행한다. 외부의 자극에 따라 통증을 느끼기도 하고, 사물을 만질 때 질감, 뜨거움, 차가움도 느끼며, 다른 사람들과 교감을 가능하게 한다. 그런데 이러한 촉각은 표현하기가 참 애매한 경우가 많다. 온도 센서, 습도 센서, 압력 센서는 표현하기 어려운 촉각 정도를 수치화해 표현해준다.
- 온습도 센서와 압력센서는 우리 일상에서 매우 다양하게 사용되는데, 최근 들어서는 사물

인터넷 제품들에서도 온습도 센서와 압력 센서가 많이 사용되고 있다. 앞으로는 더욱 다양한 제품에 활용되는 모습을 볼 수 있을 것으로 기대된다.

(4) 가스센서, 향기의 비밀, 후각 센서

- 후각은 사람의 오감 가운데 코가 담당하는 감각으로, 코는 공기 중의 냄새를 맡는 역할을 수행한다. 후각 센서 중 현재 가장 대중적으로 사용되는 것이 가스 센서이다. 가스 센서는 센서에 내장된 감지소자가 공기 중의 이산화탄소(CO_2), 일산화탄소(CO) 등과 반응하는 원리를 이용해 사람에게 해로운 가스의 농도를 수치화해서 보여준다. 가스 센서는 주로 산업용으로 사용되고 있고, 가정에서는 가스 누출을 감지하고 경고하기 위해 사용된다.

(5) 당도 센서, 최고의 과일을 찾아내는 미각 센서

- 사람의 미각이 가장 많이 사용되는 때는 음식을 먹을 때다. 당도 센서는 그 가운데 과일의 당도를 측정할 때 사용되는 센서로 근적외선을 과일에 쬐어 투과되거나 반사되는 빛의 스펙트럼을 이용해 당도를 측정한다. 직접적으로 측정하는 방식이라기보다는 과거 당도가 높았던 과일의 빛 반사도나 투과량을 저장해두었다가 측정하는 과일의 수치와 비교하는 방식을 취한다.
- 미각을 측정하는 센서들은 현재 농작물이나 과일을 재배하는 대부분의 농가에서 사용 중이다. 전자기기처럼 과일에도 센서를 이용해 '품질 기준'을 도입한 셈이다. 이외에도 미각 센서는 와인의 맛을 감별할 때, 양주의 진위 여부를 파악할 때 등 아주 단순한 용도로 사용되고 있다. 미각 센서의 발전은 표준화된 새로운 '맛 분류표'가 동시에 이루어져야 한다.

(6) 바이오 센서, 우리의 질병을 예방해주는 센서

- 가속도 센서와 자이로 센서 못지않게 우리 일상에서 많이 사용되는 센서가 바로 바이오 센서이다. 바이오 센서는 유전자, 암세포, 환경호르몬을 검사하는 용도로 사용된다. 과거에는 병원 내에서만 주로 사용되어 찾아보기 힘든 센서였지만, 최근에는 당뇨병의 혈당측정기, 심박수를 체크해주는 스마트 헬맷 라이프빔, 유방암을 자가진단할 수 있는 IT 브라 등 수많은 헬스케어 웨어러블 제품들이 출시되고 있다. 바이오 센서시장은 로슈(Roche), 에보트(Abbott), 라이프스캔(LifeScan)과 같은 해외 기업들이 장악하고 있는 상태이고, 국내 기업으로

는 에스디, 인포피아, 아이센스 등이 있지만 시장 점유율은 미약하다. 하지만 사물인터넷 분야 중 자동차와 더불어 가장 주목받고 있는 분야가 헬스케어 분야인 만큼 앞으로 더욱더 발전된 모습이 기대된다.

(7) **스마트 센서, 지능과 네트워크가 결합된 똑똑한 센서**

- 스마트 센서는 지능화된 센서로, 외부 정보를 감지하는 일뿐만 아니라 정보처리 기능까지 갖춘 센서를 의미한다. 즉, 물리 · 화학적 정보를 감지하는 일반 센서 기술의 10억분의 1 수준에 달하는 정밀도를 요하는 나노기술, 초소형 전자기계 시스템 멤스, CPU가 접목되어 정보처리부터 네트워크 기능까지 수행하는 센서를 말한다. 그렇다고 모든 스마트 센서에 반드시 네트워크 기능이 내장돼 있는 것은 아니고, 제품에 네트워크 기능이 내장돼 있어 센서로부터 들어온 정보를 유기적으로 공유할 수만 있다면 그것이 스마트 센서인 것이다.
- 스마트 센서의 대표적인 예가 스페인 바로셀로나 시에 설치된 스마트 가로등과 스마트 쓰레기통이다. 콤보 센서(복합 센서), 가속도 센서, 자이로스코프 센서, 지자기 센서가 결합된 모션 센서, 스트레스를 체크하는 스톤 센서 등이 스마트 센서라고 할 수 있다.

2. 시급한 센서 플랫폼의 구축

편리함의 추구와 그에 따른 기술의 발전으로 센서의 사용은 점점 늘어가고 있는 추세이다. 과거 센서는 공장에서 주로 사용됐지만 지금은 우리가 휴대하는 스마트폰, 항상 타고 다니는 자동차, 우리가 생활하는 집, 그리고 직장에서까지 그 영역이 확장됐다.

또한 우리 주위의 모든 산업에 사용되고 있다고 봐도 될 정도로 다양한 분야에서 사용되고 있다. 서울시를 비롯한 지자체에서는 스마트 시티 구축 사업을 진행하고 있으며, 서울시는 '커넥티드 시티'라는 이름으로 스마트 시티를 구축 중이다. 이를 통해 교통, 방범, 문화 등 도시의 모든 것을 연결시키려 하고 있다. 교통과 방범 분야는 이미 구축이 완료돼 각각의 통합관제센터에서 원활한 교통 흐름과 범죄 예방을 위해 운영되고 있다.

또한 북촌 한옥마을에서는 1만여 개의 센서를 설치해 사물인터넷 시범단지를 만들 예정이다.

한옥마을 전체에 네트워크망을 구축하고 가로등, 쓰레기통, 한옥 등 모든 사물에 센서를 설치할 예정이다. 그리고 마을 곳곳에 비콘을 설치해, 이 지역을 지나가면 관광객의 스마트폰으로 관광 안내 정보를 전해주고 관광 루트를 짜주기도 한다. 이로써 북촌 사물인터넷 단지는 관광객 유치, 에너지 절약, 각종 재해 예방 등 일석삼조 이상의 효과를 거둘 것으로 기대된다.

Section 3 국내 · 외 표준화

1. 표준화 전쟁은 시작했다

사물인터넷 전쟁은 이미 시작되었다. 전자통신사업자, 각 산업 분야의 제조사, 엔지니어링 사업자, 부하관리 사업자, 정부기관 관련 사업자, 플랫폼 사업자, 솔루션 사업자까지 경쟁에서 살아남기 위해 이 전쟁터에 출정했다. 스마트폰 시장은 구글의 안드로이드와 애플의 iOS가 양분한 상황이지만, 스마트 시티, 스마트 홈, 스마트 자동차, 스마트 공장, 스마트 헬스케어, 웨어러블 등 무한한 제품이 개발될 수 있는 사물인터넷 시장의 미래는 마치 춘추전국 시대를 방불케 한다. 선두경쟁을 위해 인텔은 물론이지만, IBM도 오랜 숙적인 애플과 협력을 맺고 기업 업무용 앱을 공동으로 개발하여 은행, 유통, 보험, 금융, 통신, 에너지, 정부기관, 항공사 등의 다양한 산업 분야의 기업들에게 제공하고 있다.

2015년 3월에는 IBM 모바일퍼스트 iOS 앱 3종을 추가로 공개하기도 했다. IBM은 모바일 중심의 솔루션을 제공하기 위해 애플과 협력을 맺어 앞으로 다양한 사물인터넷 기기가 모바일에 연결된 기업용 앱들도 등장할 것으로 예상된다. 스마트 자동차 시장에서도 구글을 중심으로 자동차 제조사, LG 전자, 파나소닉 등 다양한 분야의 사업자들이 협력하고 있다. 하지만 스마트 자동차 시장에서 OAA는 다양한 사업자들과 협력하여 시장을 성장시키는 기회가 될 수도 있지만 궁극적으로는 서로 치열한 경쟁 대상이 될 수도 있다. 그러므로 사물인터넷 전쟁은 경쟁과 협력의 융합산물이라고 할 수 있다.

사물인터넷 표준을 책정하기 위해 다양한 기관들이 현재 활동 중에 있다. 3GPP, IEEE P2413, ISO, ITU-T 등 다양한 단체와 협회에서 사물인터넷과 관련된 표준화를 논의 중에 있다. 다양한 사물인터넷 관련 표준화 단체 중 최근 주목받고 있는 올신얼라이언스, OIC, 스레드 그룹 등을 중심으로 서로의 목적과 협력관계를 알아보자. 퀄컴은 2011년 MWC에서 올조인이라는 사물인터넷 오픈소스 프로토콜을 처음으로 공개했다. 이후 퀄컴은 2013년 12월에 올조인의 소스코드를 리눅스 재단에 이관하고 올조인에 기반한 컨소시엄인 올신얼라이언스를 설립했다. 올신얼라이언스는 다양한 단말들이나 브랜드들이 작동 환경에 구애받지 않고 상호 연결될 수 있도록 표준 플랫폼을 제정하는 데 중점을 두고 있으며, 컨소시엄 참여사는 시스코, 마이크로소프트, LG전자, 파나소닉, 하이얼, HTC 등 다양한 사업자들이 참여하고 있다. 올신 얼라이언스는 출범 당시 23개 사업자에 불과했으나, 2015년 3월에는 142개 사업자가 참여하는 표준 관련 단체로 매우 빠르게 성장하고 있다.

2014년 2월 포스트케이프스(Postcapes)가 주관하는 사물인터넷 어워드에서 최고의 사물인터넷 오픈소스 프로젝트로 선정이 되었고, 와이파이 연결과 블루투스 페어링과 관련된 문제를 해결하면서 기술이 상당한 수준에 이른 것으로 평가받고 있다. 뿐만 아니라 기존 운영체제나 칩셋 구동 소프트웨어에 약간의 코드만 추가하면 이용이 가능해 단말 간 상호 운용성이 보장되고 별도의 하드웨어가 필요치 않다.

올조인은 와이파이에 디바이스를 연결해 전체적인 프로세스에 필요한 프레임워크를 제공한다. 예를 들어 스마트폰으로 커피 메이커가 아침에 커피를 내리고 이를 다시 스마트폰으로 알리도록 하는 명령을 내리는 등의 앱 개발이 가능하다. 퀄컴이 올조인의 개발 권한을 올신얼라이언스에 양도했지만 원천기술 개발사로 표준화 제정 과정에서 여전히 영향력을 행사할 수 있다. 따라서 본 표준의 운영이 회원사들의 의견이 아닌 퀄컴에 의해 좌지우지될 가능성이 있다는 우려도 있다.

인텔은 스마트 홈 등 사물인터넷 상호운용성 확보를 위해 오픈소스 기반의 표준 인터페이스 개발을 목표로 2014년 7월 OIC를 출범했다. 현재 55개 기업과 기관들이 참여하고 있으며, 삼성전자, 인텔을 주축으로 시스코, GE 소프트웨어, 미디어텍 등이 다이아몬드 회원으로 참여하고 있다. 스레드 그룹은 와이파이, NFC, 블루투스, 지그비 등의 기술보다 더 안전하고 저전력으로 디바이스를 연결할 수 있는 네트워킹 표준을 목표로 한다.

OIC는 바로셀로나에서 개최된 CES2015에 OIC 오픈 하우스 행사, MWC2015에서 인텔과 타이젠은 OIC와 관련해 스마트 홈과 맥주 서비스 기기를 선보였고 랩링크는 OIC 기반의 스크린 공유 서비스를 소개했다. OIC는 올신얼라이언스와 비교해 보안 측면에서 강점을 가지고 있다. 이는 올신얼라이언스의 기술표준은 2011년 상당부분 이미 개발이 완료되어 구조적인 변경이나 새로운 보안 이슈에 대응이 어려운 반면 OIC는 설계단계부터 사물인터넷 환경에 적합한 보안 및 사용인증 기술을 반영하고 있기 때문이다.

스레드 그룹은 와이파이, 블루투스, NFC, 지그비 등의 기술보다 더 안전하고 저전력으로 디바이스를 연결할 수 있는 네트워킹 표준을 목표로 한다. 스레드 그룹에는 삼성전자, ARM, 프리스케일, 실리콘 랩스, 예일 등의 7개 업체가 참여했다. 삼성전자는 OIC와 스레드 그룹의 회원사이며, LG전자는 올신얼라이언스에 회원사로 활동 중이다. 시스코는 올신얼라이언스와 OIC에 참여하고 있는데 어떤 표준화 단체의 영향력이 확대될지 알 수 없는 상황에서 삼성전자와 시스코의 양다리 전략은 상당히 의미가 있다. 특히 올신얼라이언스, OIC, 스레드 그룹의 타겟 시장이 소형 가전기기와 스마트 홈 시장에 맞춰져 있어 이들의 표준 경쟁은 불가피할 것으로 예상된다. 하지만 애플의 홈킷은 와이파이와 블루투스를 통해 아이폰이 통합제어 장치가 되는 방식이며, 어느 단체에도 소속되지 않은 애플의 행보는 향후 표준화 단체 간의 경쟁이 정리된 후 대세가 될 사물인터넷 표준을 적용할 속셈을 가지고 있을 가능성도 있다. 2014년 9월에 원엠투엠은 First Candidate Release를 발표하고 안정화 작업 중에 있으며, 다른 국제표준 및 기업 컨소시엄들과 공동 표준작업을 테스트하는 등 표준 확산을 위한 단계에 있다. 이 표준은 다른 서비스 영역 또는 제조업체로부터 사물간의 자유로운 통신을 가능하게 해주기 위해 스마트 자동차, 원격건강관리, 스마트 홈, 스마트그리드 등 분야와 상관없이 단말 및 제품 간의 호환성을 높이고 있으며, SKT에서는 전자부품연구원과 공동으로 개발한 원엠투엠 플랫폼 기반의 모비우스를 적용해 데이터를 수집 및 분석하는 기상 정보 관측설비를 표준으로 채택한 바도 있다.

사물인터넷 시장의 표준화와 관련된 활발한 움직임이 물밑 작업으로 이루어지고 있다. 표준화 전쟁에 참여한 기업들과 단체들에 대해서는 3장에서 알아보기로 한다.

2. 사물인터넷 표준화 단체

표준화와 관련되어 서로 자신의 표준을 구축해가는 단체들 간의 경쟁이 상당기간 진행될 것으로 전망된다. 현재 기업이 한 가지 표준에 올인하는 경우 리스크가 매우 큰 상황이다. 소니의 VTR 재생방식 표준을 둘러싼 표준전쟁과 같이 어떤 표준이 시장의 세력을 확대하느냐에 따라 시장에서 완전히 퇴출될 수 있는 큰 위험이 존재하기 때문이다. 따라서 삼성전자와 같이

두 개 이상의 표준단체에 참여하는 양다리 전략을 구가하고 있으며, 이런 양다리 전략기업들로 인해 각 표준화 진영 간의 경쟁은 그렇게 격렬한 모습은 보이지 않을 것으로 예상된다. 너무나 다양한 분야에 사물인터넷이 적용되고 확산되는 상황에서 기존의 이해관계자들과 전기전자사, 통신사, 솔루션 사업자, 플랫폼 사업자 등 새로운 이해관계자들의 관계가 모든 분야에서 원만하게 이루어지지만은 않을 것은 분명하다.

표준화에 상당한 시간이 걸릴 것이고 다양한 분야의 특성에 맞게 몇 개의 표준이 오랫동안 존재할 가능성도 배제할 수 없다. 하지만 분명한 것은 다양한 기기들에서 수많은 데이터가 센싱되고 센싱된 데이터는 스마트 한 알고리즘을 통해 분석되어 우리의 삶을 보다 풍요롭게 만들 것이라는 사실이다. 사물인터넷 표준화 전쟁에서 어떤 진영이나 단체에서 주도권을 잡을지는 현재까지 미지수이다. 하지만 중요한 것은 표준화 전쟁의 최종적인 승자는 보다 편리하고 질 높은 삶을 누리는 소비자여야 할 것이다.

[표 3-2] 사물인터넷 표준화 단체 정리

단 체 명	설 명
3GPP	- 이동통신과 관련된 사실상의 국제 표준을 제정하고 있는 3GPP는 원엠투엠과 마찬가지로 7개의 SDO들 간의 합의에 의해서 결성되고 표준을 개발해 온 표준단체 - 사물인터넷에서는 이동통신을 사용하는 모든 단말기들이 사물로 간주되어 인터넷에 연결되기 때문에, 3GPP 내에서는 이러한 기기들에 필요한 Machine Type Communication(MTC)에 대한 표준을 진행함 - 수면 모드에 있는 3GPP 단말기들은 IoT/M2M 통신을 위해 활성화시키는 MTC Triggering 분야와 원엠투엠 서비스 공동 플랫폼과 상호 필요한 정보들을 교환하기 위한 표준을 개발하는 데 주력
원엠투엠	- 원엠투엠은 2012년 7월에 공식적으로 전 세계 권역별 표준 개발 기구인 TTA(한국), ETS(유럽), ATIS/TIA(북미), CCSA(중국), ARIB(일본) 등 7개의 SDO가 국제 공통 표준규격 개발을 위해 설립한 국제 표준단체 - 현재 안정화 작업 중이며, 다른 국제표준 및 기업 컨소시엄들과 공동 표준작업 및 테스팅과 같은 표준 확산을 위한 단계 - 공통 서비스 기능에 대한 표준화를 통해 서로 다른 서비스 영역 또는 제조업체로부터의 사물 간 자유로운 통신을 실질적으로 가능하게 해주기 위한 목적

단 체 명	설 명
IEEE P2413	– 세계 최대의 전기전자 전문가 협회인 IEEE는 IEEE 표준협회 (IEEE-SA)를 통해 다양한 사물인터넷 관련 표준과 프로젝트를 진행 중 – IEEE-SA의 표준들은 다양한 영역에서의 사물인터넷 서비스를 지원하기 위한 프로토콜, 기술, 아키텍처 구조 등을 연구 중 – 2014년 7월 IEEE P2413 프로젝트 그룹을 결성하여, IoT/M2M의 전반적인 구조 프레임워크에 대한 표준개발 작업에 착수 – 현재 원엠투엠과 상호 협력 및 중복 표준방지에 대한 연구를 진행 중
스레드 그룹	– 와이파이, NFC, 블루투스, 지그비 등의 기술보다 안전하고 저전력으로 디바이스를 연결할 수 있는 네트워킹 표준이 목표 – 기존 단말과 센서 등에 소프트웨어 업데이트만으로 스레드를 사용할 수 있도록 개발할 계획 – 구글이 인수한 사물인터넷 업체인 네스트랩스가 주관하고 있으며, 삼성전자, ARM, 프리스케일, 실리콘랩스, 예일 등의 업체가 참여함
ITU-T	– 2005년 사물인터넷에 대한 중요성을 강조한 리포트를 발간하는 것을 시작으로, 지속적으로 사물인터넷 관련된 국제표준 규격 개발 작업을 진행하는 공적 표준화 기구 – 주요 표준 개발 영역은 사물인터넷에 대한 기본 정의, 유스케이스 스터디, 사물에 대한 분류, 참조모델 등에 대한 표준 개발 – 개념적인 사물인터넷 표준을 통해 다양한 사물인터넷 플랫폼이 사실 표준 또는 기업들 간의 컨소시엄을 통해서 개발되었을 때 이질성을 최소화하는 것이 주 목적임
ISO/IEC JTC1	– ISO/IEC JTC1은 2012년 사물인터넷특별작업반5(SWG5)를 설치하여 사물인터넷 표준화의 갭 분석, 시장 요구사항 스터디, JTC1 내의 상호협력 추진, 타 표준화 기구와의 상호협력, 프레임워크에 대한 스터디 등을 진행함 – 일반적인 사물인터넷에 대한 표준을 개발하고, 연속성 있는 사물인터넷 표준 활동을 해나갈 계획임
IIC	– 2014년 3월에 산업용 사물인터넷 표준 개발을 목표로 출범 – 시스코, AT&T, GE가 참여하고 있음
OIC	– 인텔이 주도하고 삼성, 아트멜, 윈드리버 등의 기업들이 멤버로 활동 – 상호 운용성을 위한 표준/인증/브랜드 등을 규정하기 위한 노력을 쏟고 있으며, 기기에 대한 상호운용, 서비스 레벨 상호운용성 등 여러 분야를 커버하려 노력을 하고 있음
BBF (Broad Band Forum)	– 유선망으로 연결된 사물인터넷 기기들에 대한 관리와 관련된 표준문서를 개발하고 제정하는 역할을 담당
OMA (Open Mobile Alliance)	– 무선망으로 연결된 사물인터넷 기기들에 대한 관리와 관련된 표준문서를 개발하고 제정하는 역할을 담당 – 추가적으로 사물인터넷에 적합한 경량화된 디바이스 관리 프로토콜에 대한 표준도 함께 진행 중

3. 우리나라의 사물인터넷 관련 기술 준비와 방향

1) 보안기술

대표적인 숭실대 SW 인재양성사업단은 사물인터넷 보안기술을 3대 세부과제로 나누어 진행하고 있다. 제1과제는 사물인터넷 보안을 위한 융합 소프트웨어 보안기술 연구이다. SW 역공학 분석을 통한 코드 위 · 변조, 악성 SW 실행 등 보안 취약점을 방어하기 위한 소스나 모바일 악성코드 대응 기술등을 개발한다. 제2과제는 CPS(Cyber Physical System) 보안을 위한 기술연구이다. CPS란 센서를 비롯한 물리시스템과 이를 제어하는 컴퓨팅이 결합된 네트워크 기반 분산제어 시스템을 의미한다. 프로그램 가능 논리제어장치(PLC) 자동화 제어시스템 SW 보호기술 등을 위한 운영체제 기술 등을 연구한다. 제3과제는 사이버 침해 선제 대응을 위한 빅데이터 분석기술이다. 사업단 김계영 단장은 "융합소프트웨어는 대한민국의 기술 개발과 산업을 선도할 것으로 예상되지만 관련 인력은 턱없이 부족하며, 프로젝트 중심교육과 특화된 지원 등을 통해 전문인력 양성을 선도하는 교육모델을 운영하겠다"고 하였다.

2) IoT 로밍도 구현 가능

NB-IoT, 로라 등 같은 기술표준을 쓰는 도시나 국가에서는 휴대폰 로밍과 비슷한 IoT 로밍도 가능해진다. IoT 로밍기술은 이 같은 동일 표준 네트워크에 IoT 센서를 탑재한 사물들을 연결시켜 자국뿐만 아니라 해외에서도 원격제어하거나 위치정보를 확인할 수 있도록 하는 게 핵심이다. 예를 들어 자신의 여행가방이나 고가 명품가방에 IoT 위치추적 센서를 부착해 놓으면 로라 혹은 NB-IoT 네트워크가 깔려 있는 세계 어느 도시에서나 스마트폰으로 실시간 위치확인이 가능하다. 해운회사들은 수출 컨테이너에 로밍이 가능한 IoT 모듈을 부착해 국내에서도 컨테이너의 이동경로를 추적할 수 있다. 기상상황과 항만 여건에 따라 수시로 변하는 컨테이너 이동상황을 국내 관제센터에서 모니터링할 수 있게 돼 비용절감 효과도 볼 수 있다.

Section 4 사물인터넷의 새로운 변화

1. 데이터 중심의 세상

빅데이터는 말 그대로 방대한 데이터를 분석해 새로운 가치를 찾아내는 것이다. 데이터 규모는 수백 테라바이트(TB)를 넘어서고 데이터 형태도 문자, 숫자, 신호, 이미지, 영상에 이르기까지 매우 다양하다. 모든 기기가 연결되는 사물인터넷 시대가 되면 빅데이터 시장은 급격히 성장할 것이다. 시장조사 기관 스태티스타에 따르면 빅데이터 세계시장 규모는 지난 2011년 76억 달러(약 8조 3800억 원)에서 2016년 273억 달러(약 30조 1200억 원)로 커졌고, 10년 뒤인 2026년엔 922억 달러(약 101조 7400억 원)에 달할 것으로 예상했다.

빅데이터의 양이 과거보다 더욱 폭발적으로 늘어나고, 무선통신과 네트워크 기술발전으로 사물인터넷 기기 보급이 확대되면서 빅데이터는 예전보다 더욱 빠른 속도로 더욱 많이 생성될 것으로 보인다. 더구나 최근 많은 기업이 홈 IoT 등 스마트폰 이외 다양한 기기에 많은 공을 들이고 있으며, 사물인터넷 기기에서 쏟아지는 수많은 데이터를 스마트폰이나 PC를 통해 축적해놓은 데이터와 함께 분석하면, 새로운 차원의 서비스를 사용자에게 제공할 수 있다. 그러므로 사물인터넷은 빅데이터 발전의 원동력이라 할 수 있다.

또한 사물인터넷의 시대는 기계와 기계, 사람과 기계, 사람과 사람, 사람과 공간 등 모든 만물이 연결되어 액티브데이터를 만들어 낼 수 있는 최적의 조건을 제시한다. 따라서 이러한 액티브데이터를 잘 다듬고 조리해 맛있는 음식으로 만들 수 있는 딥러닝과 같은 데이터 분석 알고리즘 기술이 앞으로 더욱 주목을 받는 기술 영역이 될 것이다.

사물인터넷 세상은 수많은 센서들을 통해 수집된 데이터로 돌아가는 센싱사회이다. 우리는 그 데이터들을 다양한 관점으로 해석하여, 사람들에게 필요한 서비스가 무엇인지 파악할 수 있다. 사물인터넷 전쟁은 누가 어떤 정보를 얼마나 획득하고 이를 얼마나 잘 활용하는지에 달려 있다. 단순히 정보만 획득했다고 이 전쟁에서 승자가 될 수는 없다.

2. 초연결로 가는 '커넥티드카'와 자율주행차

아마존의 음성인식 개인비서 서비스인 '알렉사'가 사물인터넷 기술을 활용해 제네시스와 집을 연결한 것이다. 현대자동차는 미국에 출시하는 모든 차에 알렉사를 탑재할 계획이다.
이와 같이 차량을 스마트폰, 집, 사무실 등과 연결해 초고속인터넷 접속이 가능한 자동차를 '커넥티드카'라고 하며, 이는 ICT를 접목해 다른 차량이나 교통 인프라 등과 각종 정보를 주고받으며 안정성을 크게 높일 수 있고, 자율주행차의 기반 기술로도 활용된다.
글로벌 완성차 업체 중 GM, 르노 등은 이미 구글의 '안드로이드 오토'나 애플의 '키플레이' 등을 통해 스마트폰과 차를 연결하는 서비스를 제공하고 있다.
커넥티드카 기술은 차를 매개로 교통시스템, 집, 사무실 등을 하나로 묶는 방향으로 진화하고 있다. 2016년 11월 영종도 BMW 드라이빙 센터에서 SK텔레콤과 BMW · 에릭슨이 세계 최초로 선보인 5G 기반 '커넥티드카' 기술의 시연을 가졌다. 총거리 2.6㎞의 드라이빙센터 코너를 따라 일렬로 달리던 차량 'T5' 두 대 중 앞차 운전자가 전방에 고장 난 차량을 발견하고 급정거했다. 그러자 뒤따라오던 차량에 설치된 모니터에 즉각 '전방 장애물 주의'라는 경고 메시지가 떴다. 추돌 사고를 피한 순간 뒤차 모니터에는 앞차 카메라가 고장차량을 찍은 영상이 실시간으로 전송됐다. 두 차량은 드론이 촬영한 영상을 통해 고장 차량 위치를 미리 파악하고 급정거 없이 코너를 빠져나가기도 했다. 5가지 커넥티드카 기술을 모두 성공적으로 시연한 것이다. 5G 통신망과 결합한 커넥티드카는 말 그대로 주변 사물들과 인터넷으로 연결돼 각종 교통정보는 물론, 다른 차량의 운행정보까지 실시간으로 확인할 수 있는 스마트 자동차를 일컫는다.
글로벌 자동차 시장조사 업체 IHS는 최근 전 세계 완전 자율주행차 시장이 2035년 2100만대에 이를 것이라는 전망을 내놨다. 이 예측치가 1200만 대였는데 2년만에 2배 가까이 커진 것이다.

1) 선두업체인 구글과 애플

- 구글은 아우디와 혼다, GM 등과 안드로이드 운영체제 연합체인 '열린자동차연합(OAA)'을 꾸려 IT와 자동차 기술을 결합하는데 속도를 내고 있다.

2) 벤츠

- 벤츠는 2014년 주거 자동화 전문회사인 네스트(Nest)와 협력해 자동차가 집에 가까이 가면 집안의 전등을 켜거나 난방기를 작동시키는 지오펜싱 모델을 선보였다. 벤츠는 도요타 등과 함께 차량간 통신시스템을 구축해 교통 혼잡 및 도로의 돌발 상황을 알려주는 소프트웨어를 차량에 장착하였다. 벤츠가 개발한 자율 주행 버스 '시티파일럿'이 있다. 네덜란드에서도 이를 채택해 일부 구간에서 달리게 하고 있다.

3) BMW

- BMW는 자체 소프트웨어 플랫폼인 '커넥티드 드라이브'로 자동차를 스마트 홈과 직접 연결할 수 있는 서비스를 제공할 계획이다. 또한 삼성전자와 커넥티드카 관련 기술을 공동 개발하고 있다. 자율주행차 상용화를 위해 인텔과 중국 바이두, 이스라엘 모빌아이 등과 손잡았다.

4) 현대자동차그룹

- 현대차는 커넥티드카 개발을 위해 세계 최대의 장비업체인 시스코와 손잡았다. 자율주행차 개발을 위해 구글과 시스코, 우버 등과 제휴했다. 최근 정밀지도 서비스 업체인 히어와도 협력을 논의 중이다. 현대모비스는 컴퓨터 전공자를 대거 채용했고, 미국 미시건 주 현대·기아차 기술센터에서는 자율주행 전자장치 개발에 한창이다.

5) 도요타

- 일본 도요타는 마이크로소프트와 함께 미국 텍사스에 '도요타 커넥티드'라는 회사를 설립하였다. 또한 커넥티드카에서 고품질의 안정된 통신을 위해 일본의 이동통신사 KDDI와 함께 기존 로밍 서비스 등에 의존하지 않는 글로벌 통신플랫폼을 구축하기로 했다.

6) 삼성전자

- 삼성전자는 BMW와 커넥티드카 관련 기술을 공동 개발하고 있으며, 2016년 2월 스페인 바르셀로나에서 열린 '모바일 월드 콩그레스(MWC)'에서 '삼성 커넥트 오토'를 공개하였다.
- 2016년 11월에는 미국의 자동차 전장부품 업체인 하만을 80억 달러(약 9조 4000억 원)에 인수했다.

7) LG전자

- LG전자는 폭스바겐그룹과 협력해 차량을 외부기기와 연결하는 커넥티드카 서비스 플랫폼을 함께 개발하고 있다. 차와 스마트 홈을 한데 묶는 기술을 개발해 운전자가 차 안에서 자기집 안의 조명이나 보안시스템, 가전제품 등 스마트 기기를 조절할 수 있도록 할 계획이다.

8) 볼보와 르노닛산

- 볼보와 르노닛산은 커넥티드카 부문을 마이크로소프트와 협업하고 있다. 자율주행차는 에어백 시장점유율 1위 업체인 오토리브와 2017년까지 스웨덴 고텐버그에 자율주행 시스템을 개발하는 합작회사를 설립할 예정이라고 발표했다.

9) 우버

- 2016년 9월부터 미국 펜실베이니아주 피츠버그에서 자율주행 택시가 운영되고 있으며, 우버가 최근 인수한 오토모토에는 자율 주행트럭이 개발되어 있다. 오토모토는 구글 · 애플 · 테슬라 등에서 자율주행 연구를 맡았던 90여 명의 전문가가 만든 스타트업이다. 트래비스 칼라닉 우버 최고경영자(CEO)가 오토모토를 인수한 것은 자율 주행트럭이 시장에서 큰 호응을 얻을 것으로 보고 있다. 땅덩이가 넓은 미국의 경우 가장 많은 운송수단이 트럭이고, 드는 비용의 4분의 3이 인건비이기 때문이다.

10) 리프트

- 우버의 경쟁업체이자 차량 공유업체인 리프트의 존 지머회장은 자율주행차 개발 경쟁이 제3의 운송혁명이라고 말하면서 "2017년부터 준자율주행차, 5년 안에 완전 자율주행차를 운영하겠다"고 선언했다. GM은 이미 리프트에 5억 달러를 투자하면서 자율주행차 공동 개발에 진입했다.

11) 포드

- 2021년까지 포드는 자율주행차를 양산하겠다는 깜짝 선언을 했다.

12) 소프트뱅크

- 자율주행 버스에 관심을 가지고 있다. 소프트뱅크는 2019년까지 일본 전역의 간선지방도로를 달리는 자율주행 버스를 선보일 예정이다.

3. 스타트업 활성화와 플랫폼 사업자들의 전성시대

1) 스타트업 활성화와 M&A의 기회

전기전자 제조사, 통신사, 플랫폼 사업자, 솔루션 사업자 진영으로 나눠 각 진영의 대표적인 사업자 위주로 전략을 살펴보자. 구글의 아라 프로젝트와 같은 경우 아라폰이 제공하는 개발 표준에 맞춰 쉽게 사물인터넷 기능을 하는 모듈을 생산할 수 있고, 이 모듈을 지원하는 앱을 개발하는 경우 다양한 차별화된 사물인터넷 + 앱 서비스의 모델을 만들어 낼 수 있을 것으로 보인다. 인터넷 기사나 킥스타터와 인디고고(Indiegogo)와 같은 크라우드펀딩 사이트 들을 보면 스타트업들이 번득이는 아이디어를 가지고 사물인터넷 제품을 개발해 판매하거나 펀딩을 받고 있다. 사물인터넷 관련 스타트업에 대한 투자도 지속적으로 증가하고 있는데, 2014년에만

드론 관련 스타트업 투자 규모가 29건에 1억 달러를 넘어 섰다.

또한 2014년 5억 달러를 웨어러블 스타트업이 투자를 받으며 매년 빠르게 투자건수 및 투자 규모가 증가해 왔다. 뿐만 아니라 구글, 아마존, 삼성전자와 같은 거대 기업들이 사물인터넷 관련 업체를 적극적으로 인수하고 있어 경쟁력 있는 사물인터넷 제품과 서비스를 제공하는 스타트업에게 투자회수를 할 수 있는 좋은 기회를 제공하고 있다. 다양하고 혁신적인 아이디어로 무장한 스타트업들은 순식간에 전통적인 기업의 가치를 뛰어넘을 것이다. 국내에서 논란이 된 우버가 대표적인 사례이다. 이런 스타트업들 중에는 글로벌 기업으로 성장도 하지만 전통적인 대기업에 M&A가 될 수도 있다. 향후에도 이러한 일은 빈번해질 것이다.

2) 플랫폼 사업자들의 전성시대

사물인터넷 시대의 주도권은 플랫폼 사업자들이 잡을 확률이 높다. 애플은 자체 OS를 기반으로 스마트폰을 만들었고, 구글은 OHA를 설립해 단말 제조사 등을 포섭했다. 단말 제조사들은 자체 OS로 스마트폰을 만들기도 했지만 구글과 애플의 OS로 스마트폰 시장이 고착화되자 통신사, 단말 제조사를 비롯해 다양한 앱스토어들이 구글의 앱스토어에 무릎을 꿇어야만 했다. 이렇듯 OS 플랫폼 사업자가 주도권을 잡게 된 이유는 제3자 개발자 확보를 통한 다양한 애플리케이션을 확보하고 이러한 애플리케이션을 즐기기 위해 이용자들이 구글과 애플을 선택하도록 만든 선순환 구조의 생태계라고 할 수 있나.

사물인터넷 시장도 스마트폰 시장과 유사한 모습으로 주도권 경쟁이 돌아가는 형상이다. 이는 스마트폰의 주도권을 가진 사업자가 사물인터넷 시대의 주도권을 잡을 가능성이 높다는 것이다. 현재 출시된 사물인터넷 제품을 컨트롤하거나 분석된 정보를 보기 위해서는 스마트폰을 허브로 이용한다. 이미 앱을 유통하는 앱스토어 시장을 장악하고 있는 플랫폼 사업자들에게 사물인터넷 시장은 시작부터 유리한 경쟁인 셈이다. 지금처럼 파괴적 혁신의 시대에 스마트폰 주도권 전쟁의 승자가 앞으로 있을 새로운 시대의 승자가 되리라는 보장은 없지만, 현재까지는 플랫폼 사업자들이 다른 사업자들 대비 우위에 있을 뿐이다.

4. 개인정보 이슈의 활성화

인터넷과 스마트폰 시대로 접어들면서 개인의 사생활 침해 문제와 보안 문제는 끊이지 않는 단골 이슈이다. 특히 사물인터넷은 센서를 통해 우리가 인지하지 못하는 순간에도 다양한 정보를 만들어내기 때문에 이러한 사생활 침해문제에 더욱 노출되어 있다. 최근 몇 년간 일어난 금융이나 통신사 등의 고객정보 유출사건은 큰 파장을 불러왔다. 이제는 자신의 정보가 도대체 어디서 어떻게 활용되고 있는지 알 수도 없다.
2013년 구글의 네스트랩스나 스마트 카가 광고를 전달하는 매체가 될 것인가 아닌가에 대한 논란이 있었다. 너무 정확한 추천과 광고는 부작용을 낼 수 있다. 미국의 유명 유통업체인 타겟은 고객들에게 우편으로 상품 추천 광고를 하는데, 너무 정확하게 고객을 알고 있다는 거부감을 줄이기 위해 의도적으로 랜덤한 상품을 포함하고 있다. 수집된 데이터의 양이 폭발적으로 증가하면 증가할수록 한 개인의 행동패턴이나 습관 등을 과거와 달리 정밀하게 파악할 수 있기 때문이다. 데이터에 기반한 맞춤형 서비스는 사물인터넷 전쟁의 승자로 가는 지름길이기도 하지만 우리는 스마트폰으로 개인정보를 빼내고 이를 보이스피싱과 스미싱 등 범죄에 악용하는 일을 많이 경험한다. 사생활 보호는 사물인터넷의 핵심인 데이터 수집에 있어 큰 걸림돌로 작용하고 있다. 개인정보 이슈가 중요해지면서 SNS의 글을 삭제해 주는 '디지털 세탁소' '디지털 장의사'란 서비스가 생겨날 정도이다.
국내의 경우, 산타크루즈캐스팅컴퍼니라는 온라인 평판관리업체가 있다. 이처럼 사람들의 개인정보 보호에 대한 관심은 점점 증가하고 있다. 이제 기업들은 혁신적인 서비스만큼이나 개인정보를 보호할 수 있는 방안 마련이 필요하다. 한번 정보가 잘못 관리되어 잘 나가던 기업이 쇠락의 길로 들어서는 경우가 종종 있었기 때문이다. 이런 문제로 인해 사물인터넷 전쟁의 승자가 생각지도 못했던 곳에서 나올 수도 있지 않을까?

5. 사이버보안에 대한 대응

다양한 정보통신 기술이 전력망에 접목되고, 양방향 통신을 통한 소비자와 공급자의 정보교환이 잦아지면서, 기존의 전력 제어시스템에 비해 더 많은 보안 위협이 발생할 수 있다. 보안에 대한 고려 없이 스마트그리드를 구축한다면 영화 '다이하드 4'처럼 테러리스트가 모든 네트워크를 장악해 교통, 통신, 금융, 전기 등을 마음대로 조종하는 장면이 현실화될 개연성이 충분하다. 그렇기 때문에 스마트그리드의 기대효과를 충분히 달성하기 위해서는 반드시 전력 인프라의 신뢰성과 보안을 함께 높여나가야 한다.

미국의 경우, 정책적으로 자연환경조사국(NERC)이 중심이 되어 신뢰성 기준을 마련하고, 다양한 표준화 성과를 발표하고 있다. 하지만 스마트그리드 사이버보안 대응책이 여전히 미진하다고 판단해, 추가 그룹결성을 통해 보안문제를 재접근하고 있으며, 지속적인 의견수렴과 과정을 통해 스마트그리드 취약성을 극복한다는 계획이다. 전력망 사이버보안에 대한 인식이 취약한 한국의 경우에도 '전력 인프라의 사이버보안'을 스마트그리드 추진 시 최우선 정책과제로 설정하여 제주 실증단지에서부터 추진하고 있다.

[그림 3-2] 망간 보안계통 구성도(통합운영센터)

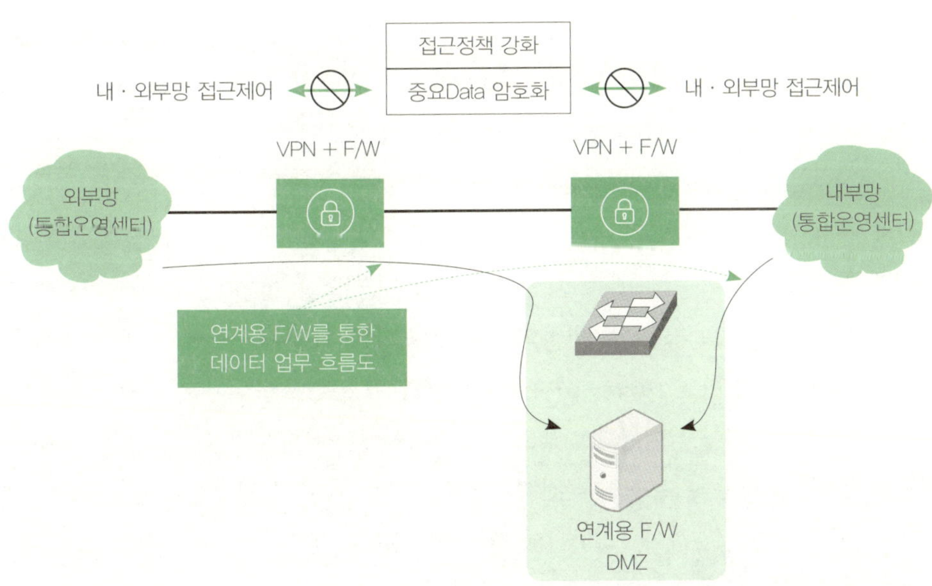

1) 전력 인프라 사이버보안에 대한 경고

전력 인프라의 보안문제는 수년 동안 연속해서 제기되어 왔으며, 시장분석기관 Gartner는 2004년 핵심 인프라에 IP 네트워크를 사용하는 것이 사이버 공격자들을 강하게 유인할 수 있다고 경고한 보고서를 낸 바 있었다. 2008년 RSA 컨퍼런스(미국정보보안기술박람회)에서 한 보안 전문가는 전력업체 직원이 일반인이 흔히 사용하는 이메일 서비스를 이용하다가 멀웨어(Malware)를 자신의 컴퓨터에 다운로드하게 되고, 나아가 발전소 전체를 마비시키는 과정을 상세히 보여줬다. 보안회사인 Core Security는 발전소, 석유정제소 등에서 운영 자동화용으로 사용되는 Suitelink 소프트웨어의 허점을 발견하였으며, 보안회사 Industrial Defender는 과거 7년 동안 전력 인프라를 중심으로 100번 이상의 위험요소 평가를 한 결과 3만 4000개의 취약점을 발견했다고 「뉴사이언티스트」 지에 보도하였다. Industrial Defender는 기술투자에 있어 가장 보수적인 기업으로 인식되고 있는 전력사업자의 대부분이 발전시설과 배전시설에 기초적인 보안 모니터링 작업을 거치지 않는다고 주장하였고, 미국 전력사업자의 5% 미만만이 주요 위협에 대응할 수 있을 것이라고 판단하였다. 2009년 3월에는 미국 보안 전문회사인 IOActive는 자사의 연구결과를 바탕으로 스마트그리드 플랫폼에 커다란 보안결함이 존재한다고 보도하였다. 이는 스마트그리드가 프로토콜 변경, 버퍼 과다, 루트킷(Root kits), 코드 증식과 같은 일반적인 보안 취약점들에 노출되어 있다고 주장하였다.

그리고 IOActive는 500달러의 장비와 자료, 전자기술과 소프트웨어 공학 기초지식을 갖고 있는 사이버 공격자가 스마트 미터(디지털 계량기) 인프라를 명령하고 통제할 수 있다고 주장하였다. 즉, 그 정도의 사이버 공격으로도 대규모의 가정 및 기업용 전력시스템이 교란당할 수 있다는 것이다. 2009년 4월 8일에는 미국의 국가 전력망이 외국 해커들에 의해 침입당했다고 보도하였다. 중국, 러시아의 해커들이 미국의 전력망 시스템에 침투해 전력망을 교란시키는 데 활용되는 소프트웨어를 심어놨다고 월스트리트 저널에서 보도하였다. 이 저널은 미국 보안당국 관계자의 말을 인용해 그 침투를 전쟁과 같은 비상시에 미국 전력망에 침투해 주요 인프라의 활성화를 차단하려는 사이버스파이의 훈련으로 추정하였다.

한편 와이어드(Wired)는 2008년 1월 CIA가 미국 특정지역의 여러 도시의 정전이 해커들에 의해 일어났음을 확인하였고, 미국국가안전보장국(NSA, National Security Agency)의 전 직원이자 전력 네트워크의 테러리스트 공격 시뮬레이션 전문가인 Winkler, Ira는 수년 동안 전력망에 침투해 왔다고 2009년 Nicholas에서 보도하였다.

2) 미국 국토안보부 해킹 공격위협이 증가

미국 국토안보부는 해킹 공격 위협이 증가하자 전국의 산업시설에서 일어나는 사이버 관련 긴급상황에 신속하게 대처할 수 있는 전문팀을 신설했다. 국토안보부측 신 맥걸크 통제시스템 보안책임자는 '(해커들의 공격이) 산업시설 통제시스템에 주는 충격이 증가하고 있음을 인식하고 있다'고 말하며 최근 발견된 악성코드들은 단순히 0과 1로 이뤄진 컴퓨터 코드가 아닌, 물리적 명령을 수행하는 장치 자체에 영향을 준다고 설명했다. 미국 발전소 및 주요 사회기반시설들이 노후화 돼 어떤 경우에는 주요 통제시스템이 회사 행정에 쓰이는 컴퓨터, 심지어 인터넷이 연결되는 컴퓨터와도 완전하게 분리돼 있지 않은 것으로 나타났다.

이러한 주요 통제시스템과 행정사무용 컴퓨터 네트워크의 미분리는 해커들에게 해당 시설을 조종할 수 있는 악성 프로그램을 삽입할 출입구를 마련해주는 셈이라고 할 수 있다. 또한 미국 DOE는 2010년 5월 보고서에서 주요 통제시스템을 대상으로 해커들이 가한 공격이 성공할 경우 '재앙에 가까운 물리적 훼손 및 손실을 초래할 수 있다'고 경고했다.

3) 미국의 전력 인프라 사이버보안 정책

미국의 에너지규제를 총괄하고 있는 FERC는 스마트그리드 표준이 정립되어 있지 않고, 전력 인프라 보안에 대한 명확한 기준이 마련되지 않은 상태에서 다양하게 추진되고 있는 여러 사업 및 기술개발 활동들이 전력 인프라의 물리적, 사이버보안에 대한 걱정을 증대시키고 있다고 보고 있다. 예를 들어 전력사업자들은 그들의 마케팅 활동에 기존 통신 인프라와 인터넷 기능을 적극 활용하고 있는 상황이다. 전형적으로 민감한 부분인 전력사업자의 통제센터 시스템은 인터넷에 직접 연결하지 않는 경향이 있으나, 점차 많은 기업들이 전력시스템에 인터넷 기반 프로토콜 및 기술을 사용하는 방향으로 인프라를 업그레이드하고 있다.

통제센터 시스템이 인터넷에 연결되어 있지 않더라도 인터넷과 연결된 자사의 마케팅 시스템과 연결될 경우 간접적으로 인터넷 보안 취약성이 발생할 수 있다. FERC는 이러한 위기 인식하에 전력 부문 규제에서 사이버보안을 핵심요소로 파악하고 있다. 또한 FERC는 2008년 1월, 사이버보안 위협에 따른 미국 전력시스템의 피해발생을 사전 차단하기 위해 NERC가 마련한 8개의 새로운 중요 인프라보호(CIP, Critical Infrastructure Protection) 신뢰성 기준을 승인하였고, 2006년에는 NERC를 전력신뢰성기준작성기관(ERO, Electric Reliability Organization)로 지정한 바 있다.

[표 3-3] NERC가 마련한 8가지 CIP 신뢰성 기준

신뢰성 기준	내 용
중요 사이버 자산 확인	리스크 기반 평가방법을 통해 해당기업의 중요 자산과 중요 사이버 자산 확인
보안관리 통제	확인된 중요 사이버 자산을 보호하기 위해 보안관리 통제방법을 개발하고 실행
적정 인사배치 및 교육	인증작업과 범죄확인 등을 위해 중요 사이버 자산에 접속할 수 있는 직원을 갖추고, 별도의 직원교육 시행
전자적 보안 경계보호	전자적 보안경계와 접속점을 확인하고 보호(전자적 보안경계는 확인된 중요 사이버 자산 포괄)
중요사이버 자산의 물리적 보안	전자적 보안경계 내에 있는 모든 사이버 자산이 물리적으로 안전할 수 있도록 계획을 세우고 관리
시스템 보안관리	전자적 보안경계 내에서 사이버 자산으로 인식되는 시스템의 보안을 강화하기 위한 방법과 절차 정립
사고 보고와 대응책 기획	중요 사이버 자산과 관련된 사이버보안 사고를 확인, 분류, 대응, 보고
중요 사이버자산의 복구계획 마련	기존 기업의 재난 복구 기술 및 지침을 통해 주요 사이버 자산 복구 계획 마련

FERC는 NERC의 보안기준을 승인하면서 추가적으로 사이버보안을 보다 강화하는 방향에서 NERC가 보안기준을 수정할 것을 요구하였다. 그리고 NERC가 NIST의 사이버보안 표준개발 및 집행 과정을 점검하고, NERC가 마련한 기준보다 나은 것이 있다면 그것들을 수용하도록 하였다. 강제력이 있는 그 신뢰성 기준에는 전력시스템의 특정 사용자, 소유자, 운영자가 통제 시스템에 물리적, 전자적 접근 시 안전성을 지킬 수 있는 지침, 계획, 절차를 세우게 하고 있고, 보안전문가 육성, 보안사고 보고, 사고를 대비한 준비태세 유지 등의 의무를 부여하고 있다.

4) 스마트그리드 사이버보안의 다섯 가지 원칙

FERC는 지속적으로 전력 인프라의 사이버보안을 강조하고 있다. FERC가 2009년 3월에 작성한 스마트그리드 표준정책 및 액션플랜에 스마트그리드 표준화에서 보안지침이 다른 표준화 원칙들과 조화되도록 요구하였다. 그리고 FERC는 스마트그리드 기술이 다음의 다섯 가지

원칙을 지켜야 한다고 강조하였다.

이 다섯 가지에는 ① 전송되는 데이터의 무결성, ② 통신의 인증절차 포함, ③ 비인가된 수정 조치 금지, ④ 스마트그리드 장비의 물리적 보호, ⑤ 스마트그리드 장비의 비인가된 사용 시 잠재적 영향 평가가 포함되어 있다.

5) NIST, 스마트그리드 사이버보안 가이드라인 발표

미국의 NIST(National Institute of Standards and Technology)는 미국이 개발 중인 스마트그리드에 안전한 디바이스 구축을 위해 필요한 가이드라인을 발표했다. 이 가이드라인은 사이버공격으로부터 주요 인프라를 보호하기 위해 마련된 NIST의 SP(Special Publication) 800-53, 연방정부 시스템 및 조직을 위한 보안통제 권고안과 국토안보부(DHS)와 북미전력 신용기업(North American Electric Reliability Corp.) 등의 표준을 결합한 것이다. 동 가이드라인은 보안위협 사전방지 및 탐지, 대응 및 복구 등으로 구성되어 189개의 보안기준을 포함하고 있으며, 이들 기준은 전체 스마트그리드에 적용하거나 시스템 특정 부문에 적용되어 기업과 조직이 사이버공격과 악성코드에 의한 침입, 그리고 다양한 위협 등에 대한 대비책으로 활용할 수 있다.

NIST 스마트그리드 상호연동 패널 중 사이버보안 워킹그룹 책임자인 메리안 스완슨(Marianne Swanson)은 NIST의 지침을 통해 어떻게 스마트그리드를 안전하게 보호할 것인가에 대한 기초적인 대비책을 마련할 수 있으며, 이 지침을 통해 스마트그리드를 관리하고, 시스템의 개별 사항을 구축하는 계량기 Vendor와 소프트웨어 개발기업에 대한 지원책이라고 밝힌다. 한편, 미국 회계감사원(GAO, Government Accountability Office)은 연방에너지규제위원회(FERC)와 표준기술연구소(NIST)의 스마트그리드 사이버보안 요건 작성 및 보안내용에 대한 검토를 완료했다. 실제로 NIST는 2010년 8월에 발간된 스마트그리드 가이드라인 첫 번째 버전에서 크게 해결된 사이버보안의 핵심요소, 즉 사이버보안의 위험요소 및 스마트그리드 시스템이 요구하는 보안요건에 대한 세부내용과 관련한 종합적인 내용을 포함하고 있다.

그러나 NIST가 양면공격(망의 물리적 보안 및 사이버보안 양측에서 동시 발생)의 위험요소 해결에 실패해 스마트그리드를 안전하게 구현하는데 위험이 증가할 것이라는 GAO의 의견에 대해 NIST 측은 가이드라인의 결점을 해결하기 위한 계획을 수립하였으며, 이러한 신규 가이드라인을 발표할 예정이라고 밝혔다.

FERC는 스마트그리드 표준화 및 가이드라인의 개발과 채택을 조정하는 임무를 맡고 있으며, GAO는 2010년 초 위원회에서 상호운용성 및 사이버보안 표준 채택 관련 작업을 시작하였으나 진전된 사항이 없다는 의견이다. 규제기관이 전력회사의 요금청구를 감독하지 않는다면 표준화는 계속해서 자발적으로 진행될 것이며, FERC는 업계가 자율적으로 스마트그리드 표준을 따르고 있는지 여부를 모니터하기 위한 다른 규제기관들과 조율된 접근방식을 개발하지 않았다.

GAO는 FERC가 규제에 따른 격차를 해결할 방법을 강구하는 것뿐만 아니라 유틸리티와 제조사에서 자율적 표준을 따르고 있는지 검토하기 위해 주 규제기관들과 협업할 방법을 찾도록 권고했다. 또한 FERC가 다른 규제기관들과 이러한 조율된 접근방법을 통해서도 해결할 수 없는 내용을 해결하기 위해 이 사실을 국회에 보고해야 한다고 언급했다.

6) OASIS, 보안/프라이버시/정책 통합 담당

여러 스마트그리드 표준화 프로젝트에 참여하고 있는 국제 오픈스탠다드 컨소시엄 OASIS는 프라이버시, 보안, 정책 통합 문제도 담당하게 된다. Privacy Management Reference Model (PWRM) 기술위원회는 'Privacy by Design'을 헬스케어, 파이낸스 및 다른 산업뿐만 아니라 스마트그리드 네트워크 애플리케이션에 통합하는 방법에 관한 오픈 스탠다드 프레임워크를 제안할 예정이다. OASIS PWRM은 다양한 온라인 프라이버시 보호정책과 시행의 호환을 위해 오랫동안 기다려왔던 정책일 뿐만 아니라, 툴로서 전자상거래 및 전자정부의 시행에서 다양한 활용방안을 찾을 것이다. 대부분 프라이버시와 보안정책은 공정한 정보처리와 원칙에 초점을 맞춘 것이지만 구현시스템을 구축하는 IT 전문가에게 많은 도움이 되지 못한다. PWRM은 IT전문가들에게 프라이버시 이슈 관련 솔루션 개발을 위한 템플릿을 제공하게 될 것이다.

7) 캘리포니아 주, 스마트 미터 사용자 정보보호규정 제정

캘리포니아 주 공공시설위원회(CPUC, California Public Utilities Commission)는 가정 부문 소비자들의 전력소비 데이터가 전력회사와 제3의 기업 간 공유되고 저장되는 방식을 결정하는 차원에서 프라이버시 규정을 제시했다. 채택된 프라이버시 및 보안규정은 유틸리티 운영을 돕는 기업인 PG&E, SCE, SDG&E와 유틸리티와의 계약업체, 인터넷이나 스마트 미터를 통해 유틸리티에서부터 고객 데이터까지 접근할 수 있는 권한을 획득한 기업에 적용된다.

CPUC는 3대 투자자 소유 전력회사들이 가정 부문 전력소비 데이터를 단지 그들의 고객들에게 뿐만 아니라, 그 고객들에게 에너지 관리 서비스를 제공하는 기업들에도 제공해야 한다는 규정을 공포한 바도 있다. 각 유틸리티는 90일 이내에 정책, 사례 및 채택된 프라이버시와 보안규정을 따르는 적용 가능한 요금과 관련된 어드바이스 레터를 제출해야 하고, 고객 편의를 위해 소비자에게 가격, 사용량, 요금 데이터를 제공해야 한다.

PG&E, SCE, SDG&E는 실시간 또는 실시간에 가까운 요금정보를 소비자에게 제공하는 방법에 대한 파일럿 조사를 6개월 이내에 시작해야 한다.

8) GridGlo, 스마트 미터 데이터 관련 사업 시작

미국 GridGlo 사는 2011년 5월 스마트 미터와 기타 소스에서부터 유틸리티와 소프트웨어의 개발까지, 관련 애플리케이션과 데이터 수집을 위해 비영리 리서치센터 CUBRC에서 120만 달러를 펀딩으로 투자받아 사업을 시작했다. 현재 유틸리티들은 설치된 수백만 대 스마트 미터를 가지고 많은 정보를 얻지만 모든 내용을 이해할 수 있는 툴이 부족하다. 이에 GridGlo는 현재 미국 6개 유틸리티와 관련된 세 개 프로그램을 가지고 미터데이터와 공개적으로 이용할 수 있는 인구데이터, 재무기록 및 위성사진을 조합한 서비스를 제공한다. 이 정보들은 더 정확한 전력수요 예측이나 소비자의 에너지소비를 줄이는 데 사용될 수 있다. 데이터는 피크타임 동안 에너지 사용을 줄이기 위해 유틸리티가 소비자에게 비용적으로 인센티브를 주는지에 대한 DR 프로그램의 효과측정을 위해 사용될 수도 있다. 또한 GridGlo는 다음의 조건 하에서 유틸리티에 애플리케이션을 팔거나 그들의 데이터를 이용하도록 할 계획이다.

- 제 3기업이 데이터를 사용할 수 있도록 하거나 고객 애플리케이션을 만들 것으로 예상
- 시스템은 프라이버시 모듈로 설계하여 전체 데이터가 개인정보에 드러나지 않도록 함

CHAPTER 4

사물인터넷의 애플리케이션

Section 1 사물인터넷 적용 분야

1. 사물인터넷의 주도권 전쟁

농장의 비닐하우스에 센서를 설치해 온도 · 습도 · 생육상태 등 정보를 실시간으로 취합하며, 이를 인공지능이 분석해 '작물이 잘 자라는 최적의 환경'을 찾은 뒤 모든 비닐하우스에 적용하고, 자동으로 제어한다. 여기에 토질, 기후변화, 세계 농작물 거래현황까지 분석해 다음에는 어떤 농작물을 재배하면 좋을지도 알려준다. 사물인터넷의 주도권 전쟁은 이미 시작되었다. 사물인터넷이 적용되는 분야가 워낙 넓다 보니 다양한 업체들이 사물인터넷 시장에 합류하면서 그 전쟁이 격화되고 있는 양상이다.

삼성이나 구글 같은 국내 · 외 주요 대기업들은 사물인터넷 시장에서 플랫폼 역할을 할 수 있는 기업들을 외부 소싱하고 있으며, 이는 빠르게 변하는 IT 기술을 따라잡기 위한 방편으로 미래의 사물인터넷 시장의 주도권을 잡기 위한 몸부림으로 이해해야 한다.

2. 사물인터넷의 적용 분야 및 주요 제품

다음 표에서도 보듯이 사물인터넷의 적용 분야는 에너지, 공장, 환경, 안전, 자동차, 교통, 헬스케어, 홈케어, 건설, 농업, 엔터테인먼트 게임 등 이루 말할 수 없이 많다.

누구나 마음만 먹으면 사물인터넷 시장에 진출할 수 있다. 물론 누구나 성공한다는 보장은 할 수 없지만 본격적인 사물인터넷 전쟁 전에 사물인터넷의 적용 분야 및 주요 제품은 어떻게 구성되고, 참여업체들이 어떤 그룹에 속하며, 어느 분야에 강한지, 향후 어떤 방향으로 갈지를 분석해보자.

[표 4-1] 사물인터넷 적용 분야 및 주요 제품

분야	내용	주요 제품
에너지	중앙전원통제, 고압전력 원격검침, 전력신청 및 공급, 에너지 하베스팅	스마트 미터, 위모(WeMo), 스마트그리드(누리텔레콤)
공장	자동화 장비, 물류 로봇	공정 자동화 장비 및 물류로봇 제작(에스엠코어인수-SK), 물류 플랫폼기업(FSK L&S),
환경	야생동물 위치확인, 위험물질 위치 파악	네탓모(Netatmo), 불법 벌목방지, 스마트 에셋트레킹(SKT)
안전	재난예측, 재해 조기감지, 실시간 화재 및 침입경보 서비스	스마트 원격관제 서비스(KT), 안심마을Zone서비스(LG유플러스)
물처리	날씨나 온도 측정센서,	온도 · 물관리시스템(ARM)
자동차	텔레매틱스, 무인자동차, 스마트 카, 커넥티드카, 차량 원격관리	OnStar(GM), Sync(포드), 블루링크(현대차), 무인자동차(구글), 스마트 오토모티브(SKT)
교통	교통안전, 국도 모니터링, 배기가스 실시간 감지, 디지털 운행기록관리	지능형 교통서비스, 지능형 주차서비스, SF Park(샌프란시스코)
헬스케어	건강 보조도구, 혈당 측정, 건강정보 송신, 원격진료, 헬스케어 애플리케이션	핏빗 플렉스(핏빗), 픽스(코벤티스), S헬스서비스(삼성전자), 2Net(퀄컴), 트윗피(하기스)
홈케어	도어/조명 등 제어, 지능주택 관리, LBS방범, 스마트 홈서비스, 가상현실(VR)	스마트 홈, 스마트 싱스(Smartthings), 스마트 라이프(SKT), 지인 시뮬레이션(LG하우시스), VR 쇼룸(KCC), 바스플랜(대림바스), 3D 큐브캐드(한샘)
건설	건물/교량 원격관리서비스, 시설물 관리, 스마트 시티	가로등 밝기 자동조절, 건물에너지효율화(미국 Valarm사), 송도 스마트 시티(시스코)
농업	실시간 작물상태 모니터링, 온도/습도 감지 및 조정, 농작물 수확 재고 관리	스마트 팜(SKT), 지능형 파종서비스(일본 신푸쿠청과), 젖소 관리 서비스(사프크드)
엔터테인먼트 게임	재미, 오락	스마트 워치(소니), 구글 글라스, 스마트 기어(삼성전자), 퓨얼밴드(나이키), 조본업(조본)

출처 : ETRI, 사물인터넷 적용 분야 및 향후 추진방향, Local informatization magazine,2014

3. 국외 사물인터넷의 시장동향

이미 우리는 스마트폰의 확산으로 24시간 365일, 언제 어디를 가든 인터넷에 연결된 '상시접속(Always-on)의 삶'을 살고 있으며, 여기에 스마트 워치와 같은 착용 가능한(Wearable) 기기까지 나오면서 이런 추세는 더욱 가속화되고 있다. 이렇게 인터넷에 연결해 사용하는 스마트폰스마트 워치 등을 '커넥티드(Connected) 기기'라고 하며, 미래에는 자동차, 냉장고, TV 등은 물론이고 의류까지도 인터넷에 연결된다. 2020년이 되면 1인당 최대 6.3개의 커넥티드 기기를 보유할 것으로 예상된다. 사람과 사물, 서비스 등 모든 것이 연결된 초연결사회(Hyper-connected Society)가 머지않아 구현된다. 글로벌 사물인터넷 시장은 2020년까지 6238억 달러(약 700조 원)로 성장할 것으로 전망되며, 향후 잠재적인 미래 경제가치는 자그마치 14조 달러(약 1경 5680조 원)라고 추산한다.

1) 타이어 제조사 미쉐린

타이어와 엔진에 센서를 부착해 수집된 데이터를 바탕으로 고객에게 차별화된 서비스를 제공하며, 특히 센서를 통해 연료소비량과 타이어의 공기압 · 기온 · 속도 · 위치 등의 데이터를 수집해 이를 중앙 컴퓨터로 전송한다. 또한 미쉐린의 전문가들이 이런 데이터를 분석해 운송회사가 적설한 타이어 공기압을 유지하도록 도울 경우 주행거리 100km당 최대 2.5리터의 연료 절약이 가능하다.

2) 미국 오파워(OPower) 에너지컨설팅 기업

전기계량기에 통신장비를 탑재해 실시간으로 얻는 에너지 데이터로 수익을 창출하며, 이런 계량기 정보를 분석하는 소프트웨어를 전력사업자에 판매해 연간 1억 1000만 달러(약 1230억 원, 2014년 기준)의 매출실적과 고객의 평소 전력소비 습관을 파악해 효율적인 전기 이용방법을 알려준다. 이를 통한 불필요한 전력낭비를 줄이고 갑작스러운 정전사태도 방지할 수 있다.

3) 국외 IoT 시장

삼성전자뿐 아니라 구글 · 애플 · 시스코 · IBM · GE · 아마존 등 글로벌 ICT(정보통신기술) 기업들도 일제히 사물인터넷 관련 인수합병과 연구개발 투자를 확대하고 있다.
국외 IoT 시장은 2015년 3000억 달러에서 2020년 1조 달러로 급성장할 것으로 추산했다(자료 : 마키나리서치, 스트라콤).

4. 국내 사물인터넷의 시장동향

4차 산업혁명 시대를 맞아 사물인터넷, 클라우드(Cloud), 빅데이터(Big data), 모바일(Mobile), 보안(Security)으로 대변되는 'ICBMS'가 국가 핵심 경쟁력으로 급부상하고 있다. 이미 주요 선진국들은 ICBMS를 주축으로 하는 지능정보기술을 제조업 등 다양한 산업과 융합해 지금까지 볼 수 없었던 새로운 형태의 제품과 서비스, 비즈니스를 개발하고 있다.
인터넷에 연결된 수많은 사물인터넷 기기들이 수집한 데이터는 클라우드에 모인 후 빅데이터 분석을 통해 의미 있는 정보로 만들어진다. 과거에는 알 수 없었던 새로운 정보를 언제 어니서나 모바일로 공유하면서 새로운 가치사슬(Value Chain)을 창출한다. 이 모든 과정은 안전하게 보안이 유지되는 상태에서 이루어져야 한다.

1) '대역(NB)-IoT vs 로라' 시장 선점 경쟁

2020년 1조 달러 규모로 예상되는 국제 사물인터넷 시장선점을 놓고 국내 1위 통신사업자인 SK텔레콤과 2, 3위인 KT, LG유플러스 합동군 첨예한 대결구도를 형성하고 있다.
국내 IoT 시장도 글로벌 IoT 시장과 같이 단일 기술표준이 없다. 2020년 1조 달러 규모로 예상되는 국제 사물인터넷 시장선점을 놓고 국내 1위 통신사업자인 SK텔레콤과 2, 3위인 KT, LG유플러스 합동군과 첨예한 대결구도를 형성하고 있다.

2) 삼성전자와 국내기업의 IoT 행보

삼성전자는 2016년 6월 미국 워싱턴DC에서 인텔과 공동으로 '국가 사물인터넷 전략협의체'를 창설한다고 발표하였고, 2014년 사물인터넷 플랫폼 기업 '스마트 싱스(Smart-Things)'를 인수하고, 최근에는 클라우드(가상저장공간) 서비스 기업 '조이언트'를 사들이는 등 활발한 인수 · 합병(M&A)에 나서고 있다. 2016년 10월에 상장한 핸디소프트 사는 '클라우드(가상 저장공간) · 사물인터넷으로 2020년 매출 1000억 원'을 달성할 계획이라고 한다.

3) SK 텔레콤

SK텔레콤은 다국적기업인 로라얼라이언스가 주도하는 '로라(LoRa)'사물인터넷 전용통신망을 표준으로 채택하고 있다. 소량의 데이터를 저전력으로 전송하는데 특화돼 보다 작은 단위의 정보전송이 필요한 소물인터넷(IoST)에 주로 활용된다. 2016년 SK텔레콤은 로라전국망을 구축하며 스마트빌딩, 반려동물케어, 전자검침, 물품분실방지 등 광범위한 분야로 확산되고 있다.

4) KT, LG유플러스 합동군

KT와 LG유플러스는 합동으로 'NB-IoT'를 기술표준으로 채택하고 있다. 양사는 2018년 1분기까지 상용화 및 전국망 구축을 목표로 국내외 주요 IoT제조사들과 적극적으로 협력하여 칩셋, 모듈, eSim, 단말 등 핵심부품을 공동 소싱하고 있다. 'NB-IoT'는 LTE 전국망을 기반으로 하고 있어 다른 IoT 기술보다 촘촘함 커버리지와 안정적인 서비스 품질을 제공하는데 유리하다. 이런 장점으로 현재 T-모바일, 차이나텔레콤, 보다폰 등 글로벌 대형통신사들이 이를 활용한 사물인타넷시장진입에 열을 올리고 있는 추세이다.

Section 2 사물인터넷 생태계

1. 칩벤더의 유형 및 주요업체

통신칩은 무선으로 들어오는 신호를 데이터 형태로 변환해 기기 내 정보처리장치에 전달한다. 물론 반대로 기기에서 생산한 데이터를 무선으로 변환해 내보내기도 한다. 통신 연결선 없이 인터넷 등으로 외부와 연결되는 기기에는 모두 장착돼 있다고 보면 된다. 휴대폰과 노트북 정도에만 사용되던 통신칩은 사물인터넷의 발달과 함께 시장이 커지고 있다.

5세대(5G) 무선통신 상용화가 눈앞으로 다가오는 등 개별기기가 처리해야 할 데이터 양이 급증하면서 중요성이 더욱 커지고 있다. 어떤 업체가 커넥티드카 시대의 통신칩 경쟁에서 승리할지는 예단하기 어렵다. 훨씬 오래 시간 가혹한 환경을 견뎌야 하는 차량용 반도체는 스마트폰과는 완전히 다른 영역이다. 4G에서 5G로 통신기술 업그레이드도 동시에 진행이 되어 과거 경쟁우위가 얼마나 유지될지 장담하기 어렵다.

시장조사기관 가트너의 제임스 하인즈 연구원은 "2020년이면 신규 출시 차량의 80%에 커넥팅 기능이 들어가 각종 기기와 연동시킬 반도체 수요가 급증할 것"이라며, 커넥티드카는 스마트폰보다 훨씬 많은 정보를 처리해야 하는 만큼 새로운 기술의 반도체가 필요하다고 할 수 있다.

1) 퀄컴(Qualcomm)

인텔의 반격에 맞선 퀄컴은 470억 달러(약 54조 원)를 들여 차량용 반도체 1위 업체인 NXP를 인수했다. 이는 통신칩의 가장 큰 시장인 커넥티드카 시장 선점을 위해서다. 통신칩은 초고속 인터넷으로 정보를 주고받는 커넥티드카에서도 핵심 역할을 담당한다. 현재 50%의 시장 점유율을 보이고 있다.

2) 대만 미디어텍(23%)

미디어텍(Mediatech)은 중화민국의 팹리스 반도체기업으로 무선통신기기, 광학저장기기, HDTV, DVD 등의 칩셋을 설계 및 판매하고 있다. 미디어텍은 1997년 설립되었으며, 본사는 대만에 있다. 디지털 이미지 칩셋에서 2008년에는 아날로그 디바이스의 오델로(Othello) 라디오 수신기와 소프트폰(SoftFone) 베이스밴드 칩셋라인을 3억 5천만 달러에 인수하여 휴대폰과 무선 통신 분야로 사업을 확장했다. RFWS 모바일 칩셋분야에서는 퀄컴 다음으로 세계 제 2위이다.

3) 삼성전자(12%)

삼성전자도 커넥티드카 경쟁에서 살아남기 위해 2016년 11월에 하만을 인수하였다.

4) 기타(15%)

아이폰7에는 기존 퀄컴외에 인텔 통신칩이 사용되나 성능이 떨어지는 것으로 확인되었다. 인텔은 2010년 인피니언(Infineon)을 인수하며 통신칩 기술을 확보해 아이폰7에 공급하기 시작해 그동안 4G의 롱런에 LTE 원천기술을 바탕으로 70~80% 이상 시장을 점유한 퀄컴의 아성이 허물어지고 있다는 분석이다.

[표 4-2] 사물인터넷 생태계 및 주요 업체

가치사슬	유 형	주요 전문업체
칩벤더	무선 송수신칩, 센서, 마이크로컨트롤러 등을 생산하는 제조업체	(국외) Qualcomm, Texas Instrument, Intel, ARM (국내) 삼성전자
모듈/단말업체	IoT 모듈(무선송수신칩+마이크로컨트롤러), 다양한 IoT 단말 등을 생산하는 제조업체	(국외) Sierra Wireless, E- device, Telular, Cinterion, Telit, SIMCOM
플랫폼/솔루션업체	IoT 플랫폼 소프트웨어나 IoT종합관리 솔루션을 개발하여 제공하는 업체	(국외) Jasper Wireless, Aeris Wireless, Qualcomm, Datasmart, Inilex, Omnilink (국내) 멜퍼, 페타리, 브레인넷, 엔티모아, 인사이드M2M

가치사슬	유 형	주요 전문업체
네트워크/ 서비스업체	기본적인 유무선 네트워크를 제공하고, 보다 전문적인 M2M 서비스를 제공하는 업체	(국외) AT&T, Sprint, Voda -fone, T-Mobile, Verizon, BT
		(국내) SKT, KT, LGU+

출처 : 한국인터넷진흥원, 사물인터넷, 인터넷 & 시큐리티 이슈, 2013

2. 보안은 기업 생존 '필수조건'

스마트 시대의 사람들은 태블릿PC, 스마트폰 등을 통해 정보를 검색하고, 업무를 보고, 상품을 구매한다. 자동차는 스스로 시동을 걸고 정체구간을 피해 목적지까지 주행한다. 병원을 직접 방문하지 않아도 스마트폰, 태블릿PC 등으로 연동해 원격진료와 처방을 받는다. 군사용으로 개발된 드론(무인항공기)이 물건 배송, 방송 촬영 등에 활용되고 있다.
글로벌 IT 기업인 델 EMC에 따르면, 커넥티드 디바이스 수가 2015년 80억개에서 2031년에는 2000억 개로 급증한다. 이를 인구수로 나누면 1인당 1.1개에서 약 7개로 늘어나는 셈이다. IT가 발달할수록 사이버 보안의 중요성도 커진다. 보안에 대한 대비가 뒷받침되지 못하면 정보가 유출되고 시스템이 마비되는 대형사고가 일어날 수 있다. 4차 산업혁명이 우리사회에 가까이 온 만큼 기업들은 비즈니스 영역 전반에 걸친 사이버 보안대책을 모색하는 데 집중할 필요가 있다.

사이버 공격은 날로 증가하고 있다. 디도스(DDoS, 분산서비스 거부), 웜바이러스, 지능형 지속공격(APT) 등 해킹이나 사이버 테러를 통해 산업 또는 국가 인터넷망을 마비시키는 사이버 전쟁이 곳곳에서 일어나고 있다. 최근에는 미국 주요 웹사이트 등 1200개 이상의 웹도메인이 대규모 디도스 공격으로 2~3시간 서비스 접속이 끊기는 사건이 발생했다. 호주에서는 기상청과 통계국, 호주중앙은행에 대한 사이버 공격도 있었다. 글로벌 보안업체인 시만텍에 따르면 2015년에 4억 3000만 개 이상의 신종 악성코드가 발견됐으며, 개인정보가 유출되거나 사라진 것은 5억건 이상이라고 밝혔다. 기업들은 IoT와 빅데이터 같은 기술을 통해 새로운 성장 기회를 얻을 수 있을 것이다. 동시에 기업의 생존 여부에 영향을 줄 정도로 보안의 중요성도 높아질 것이다.

1) IoT의 난제-정보 · 유출 및 해킹 등 보안 우려

지금은 PC와 스마트폰 해킹만 걱정하면 되지만, 사물인터넷 시대에는 TV · 자동차 · 쓰레기통 등 모든 사물이 해킹 당할 수가 있다. 가령 인터넷이 연결된 자동차를 누군가 해킹해 나를 이상한 목적지로 데려가는 일이 발생할 수도 있고, 인터넷이 연결된 냉장고를 해킹해 냉장고 문을 꽉 닫은 채 열어주지 않을 수도 있고, 가정의 온도조절기를 최대치로 높이고 돈을 요구할 수도 있다. 이론적으로 가능하기 때문에 따라서 정부, 산업계 등 모든 분야에서의 정보관리가 더욱 철저해야 한다.

2) 사물인터넷 사용 시 가장 우려하는 부분이 보안

델 EMC에 따르면 전체기업의 39%가 사물인터넷을 사용할 때 가장 고민되는 문제가 보안이라고 여기고 있다. RSA 사이버 보안 취약지수 보고서에서는 세계 878명의 IT 담당자 중 75%가 자신의 조직이 보안역량 부족으로 위험에 노출되어 있다고 답했다.

3) 미국 정부

2017년 IT 투자예산을 전체 예산 4876조 원 중 약 107조 원으로 책정했다. 그중 사이버 보안 관련 예산은 전년보다 35% 늘어난 23조 원이다.

4) 안전 및 보안의 새로운 정의

사이버 보안이 지금까지는 주로 엔드 유저 컴퓨팅에서 네트워크, 데이터센터에 집중되어 있었다. 이제는 보안의 정의와 대상범위가 달라져야 한다. 4차 산업혁명이 실현되는 가까운 장래에 종합적인 보안대책이 필요하다. 생산현장의 기계든, 의료기기든, 플랜트 설비든, 자율자동차든 최종적으로 사람에게 서비스를 제공하는 비즈니스의 모든 과정과 범위, 데이터를 생성하거나, 주고받는 모든 과정이 보호돼야 한다.

5) IEC 62443 같은 새로운 규격 준수가 필요

IEC 62443은 국제전기표준위원회(IEC)가 만든 네트워크와 시스템 보안 관련 국제표준 규격이다. IEC 62443은 산업자동화 시스템에 대한 보안방법을 정의하고 있으며 총 4개의 파트와 세부항목으로 구성되어 있다. 독일을 중심으로 일본, 한국 등에서 관심을 보이고 있으며, 규격화가 이뤄지고 있다.

6) 지멘스는 세계 최초로 IEC 62443-4-1 인증 획득

세계적인 전자전기 업체 지멘스는 티유브이슈드로부터 세계 최초로 IEC 62443-4-1 인증을 받았다. 산업자동화 및 제어시스템 보안 인증 서비스를 제공하는 티유브이슈드는 규격의 요구사항에 따라 시험 및 검사 등을 거쳐 지멘스에 인증을 부여했다. 나아가 지멘스는 시스템 보안절차 요구사항과 보안 레벨(IEC 62443-3-3), 산업자동화와 제어시스템 서비스 제공자를 위한 보안 프로그램 요구사항(IEC 62443-2-4)에 대한 인증절차도 준비하고 있다.

Section 3 사물인터넷 적용 사례

1. 스마트 에너지 : 에너지자원을 순환 이용한 복합플랜트

2011년 국내 에너지 통계연보에 의하면 우리나라는 소비에너지의 97%를 해외 수입에 의존하고 있으며, 산업을 제외한 가정, 산업, 공공 용도 건물의 에너지 소비량은 국가 전체의 약 20%를 차지하고 있다. 현재 국내 대다수 건물들이 기존에 건축된 점을 감안하여 실제로 건물에서 소비되는 에너지의 형태와 현상에 대해 분석하고 에너지절감이 가능한 방향에 대해 평가하는 것이 중요하다. 건물에너지관리시스템(BEMS)은 실제 건물에서 소비되는 에너지 상황을 분석하고 에너지를 절감할 수 있는 실효성 있는 체계적인 실천방향을 제시하여 주어 해당 건물의 에너지 관리를 통해 에너지 절감이 가능하다. 특히 건물에너지관리시스템은 제1의 물리적 공간(Physical Space), 제2의 기술과 전자통신 공간(Cybermetic Space), 이와 결합한 제3의 가상의 공간 또는 감성적 공간(Emotional Space)으로서 건설기술(CT)과 전기전자 · 정보통신(IT) 및 에너지기술(ET)를 융합한 첨단 융 · 복합기술이다.

건설기술연구원(KICT)에서는 도시에서 발생하는 쓰레기, 음식쓰레기, 슬러지 등의 폐자원을 복합연료로 재활용하는 복합플랜트를 대상으로, 지역사회의 사용자가 소비하는 에너지의 수요 패턴을 계절별, 시간별로 분석하고 이에 대해 효율적으로 대응하기 위한 BEMS 기반 운영시스템을 개발하고 있다.

[그림 4-1] 도시자원을 활용한 복합플랜트의 모의도

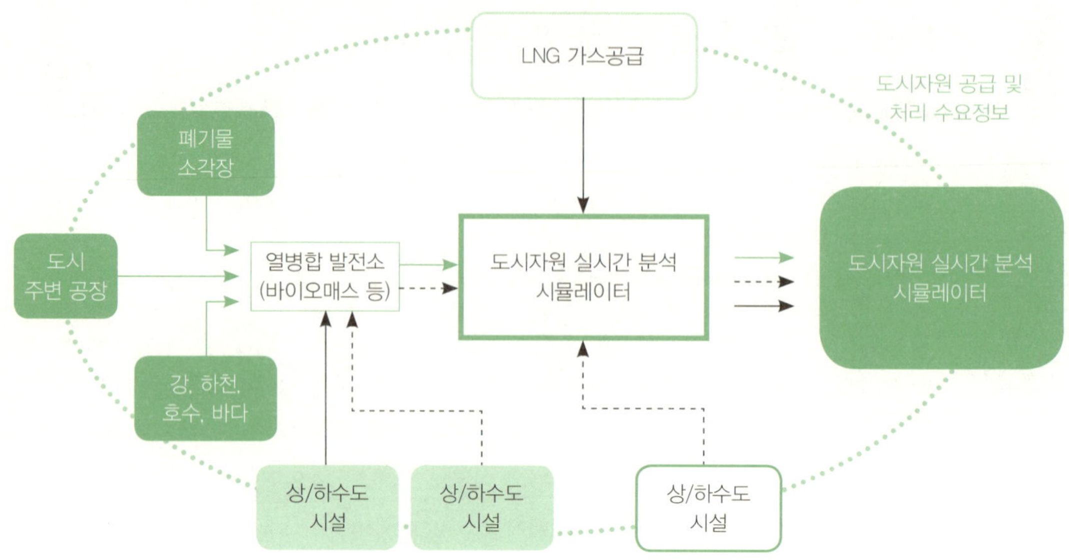

출처 : Smart City, KICT

1) 기술 내용

최근 복합플랜트의 생산성과 효율성을 극대화하기 위한 방안으로 생산된 에너지의 효율적 활용을 위하여 수요자의 에너지 부하량 변화를 예측하고 이를 반영한 전기 및 열 생산량을 제어함으로서 에너지 생산단계부터 에너지 활용단계까지의 전반적인 과정을 예측 · 제어하는 시스템을 필요로 하고 있다. 이에 BEMS를 기반으로 수요자의 에너지 사용량을 실시간으로 분석하고 이를 반영해 공급해야 할 전기 및 열에너지의 생산량을 제어함으로써 복합플랜트가 수행하는 전 공정이 최적화된 예측 제어시스템을 구축한다.

⑴ 도시모델에 따른 복합플랜트 모델 설정

- 도시모델별 복합플랜트의 구성요소에 대한 분석과 모델을 설정한 후, 도시자원 공급처리 수요패턴에 대한 분석 및 모델을 설정한다.

⑵ 도시자원 공급 기본시스템 구성

- 도시자원의 공급처리 계통에 대한 분석과 정보화시스템 구축방안을 수립하고 도시자원의 공급처리 계통을 실시간으로 감시, 분석 및 관리를 하기 위한 시뮬레이터 설계 및 제작을 수행한다.

⑶ 도시자원 공급 및 운영 최적화 시스템 구성

- 도시자원의 공급처리 계통을 분석하고 관리하기 위한 최적 알고리즘을 개발하고 도시자원의 공급처리 계통을 실시간으로 모니터링 및 관리하기 위한 시스템을 구축한다.
- 복합플랜트의 모니터링 및 운영관리를 위한 HMI를 구축하고 구축된 복합플랜트의 최적 운영관리시스템을 개발한다.

2) 국내 · 외 기술 및 시장동향

국내에서는 아직 도시기반 순환형 복합플랜트에 대한 구체적인 사례를 찾아보기 어려우며 정부의 주도로 시범사업 추진을 기획하는 단계이다. 미국, 유럽 등 관련기술 선진국의 경우 폐기물의 에너지 회수를 목적으로 오래 전부터 기술개발을 통하여 이미 사회 전반적으로 폐기물에너지 회수율을 높여놓은 상태이다. 미국은 0.7~2.5톤/MWh, 일본은 0.6~2.8톤/MWh, 유럽은 0.9~5.29톤/MWh 수준으로 에너지회수 효율의 최고수준은 0.6톤/MWh이다. 특히 일본은 폐기물 에너지 이용의 고효율화를 위해서 폐기물 발전효율을 20% 이상 달성할 수 있는 보일러 및 주변설비 개발을 시행하고 있으며, 오무타발전소의 경우 효율이 30%로 최고효율을 기록하고 있다. 세계 폐자원 에너지화 시장은 2008년 207억 달러에서 2015년 300억 달러로 연평균 5.5% 성장되었고 분야별로 열처리(63.7%), 물리적 처리(19.2%), 생물학적 처리(17%)로 구성되었다.

부문별로는 바이오매스 발전시설, 생활폐기물 매립가스 발전시설, 생활폐기물 전처리시설이 유망할 것으로 예상된다.

3) 에너지자원을 순환 이용한 복합플랜트 정리

본 기술을 통해 국내의 기존 국토파이프라인을 연계한 에너지 및 자원의 합리적 순환체계가 확보될 것이다. 또한 신도시 건설 및 도심 재개발 등과 관련사업 진행 시 토지이용과 에너지 이용이 함께 고려된 신개념 개발방향과 차별화된 국제적 신도시 개발 모델이 확보될 것으로 기대된다.

2. 스마트 워터-차량센서-강수 기반의 도로 기상정보

1) 차량센서 기반 도로 기상정보 개발배경

교통사고 발생에 대한 효과적인 대응 및 교통혼잡비용 절감을 위해서는 각각의 사고원인에 맞는 대응책을 수립해야 할 뿐만 아니라, 특히 안개, 눈, 비와 같은 기상변화에 대한 감지 및 미기상정보의 신속성 및 정확성 제고, 공간적 범위 확장이 필요하다. 즉 차량센서 기반 기상관측 및 산정기술 개발이 필요하며, 기상 관측 시 가장 효과적인 레이더 센서와 차량기반 기상관측 및 산정 시에 우선적으로 진행되어야 할 기상자료 확보와 분석이 용이해야 한다. 향후 지속적인 실험자료 확보와 도로기상 실측을 통해 자료 분석 및 신호처리 기술을 개발하여 도로기상 관측 정확성을 향상시킬 계획이다. 또한 기존 기상산업 분야에서 초고해상도의 기상정보 제공, 대형 기상레이더 음영지대 보안은 물론 무인자율주행차량의 핵심기술과 교통정보 융 · 복합기술의 개발을 통해 도로 분야의 기술적 비전을 제시할 수 있다.

[그림 4-2] 도로상 레이더 센스의 데이터 수집 개념도

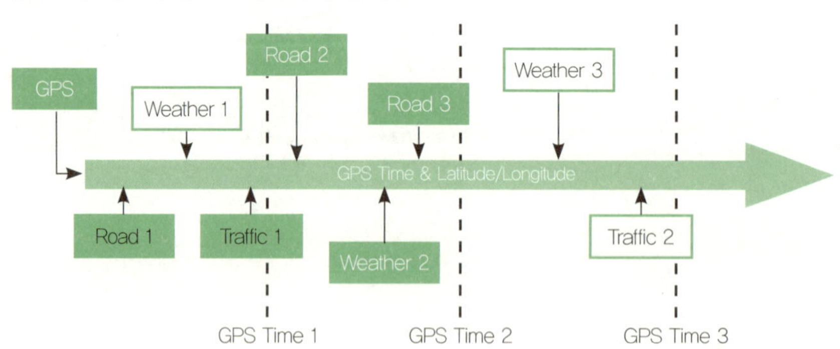

출처 : Smart City, KICT

2) 기상정보 산정기술 개발

⑴ 하드웨어 시스템 개발

차량 안전운행의 첨단 요소이며, 기상관측에서 가장 효율적인 장비인 레이더 및 레이더 신호처리장치를 직접 개발함으로서 저수준 관측신호 분석하고 기상정보를 추출할 수 있도록 하였다.

⑵ 강수추정 소프트웨어 개발

차량레이더로부터 추출된 기상 신호로부터 정량적 강수량을 추정하는 알고리즘을 개발함으로써 위험기상을 판단할 수 있도록 한다.

⑶ 애플리케이션 개발

레이더 및 다양한 센서로부터 획득된 기상정보들을 통합하여 GIS상에 실시간 표출함으로써 사용자에게 직관적인 서비스를 제공한다.

3. 스마트 인프라 : 사물인터넷을 이용한 지하시설 모니터링 및 관리기술

도시의 지하공간은 지하철, 상가, 보도, 주차장 등의 사람이 드나드는 시설과 전기, 통신, 가스, 상하수도 등의 생활을 유지하기 위한 공급 시설들이 설치되어 있다. 도시가 발전함에 따라 도시민의 편의를 제공하고 생활을 유지하기 위한 시설물은 계속 늘어나, 지하공간이 포화상태에 이르게 되며, 새로운 시설을 설치하거나 기존의 시설을 교체하기 위한 반복적인 굴착공사나 오래된 시설물의 파손 등으로 인해 제대로 성능을 발휘하지 못하게 되거나 심각한 경우 땅 꺼짐 현상 등으로 인한 재산피해나 인명피해를 유발하기도 한다. 이러한 피해를 줄이고, 개별적으로 관리되는 각각의 시설물에 대한 관리 체계를 통합하여 지하공간의 변화를 추적하는 관리기술 개발이 필요하다.

사물인터넷 기술은 인터넷을 기반으로 모든 사물을 연결하여 사람과 사물, 사물 간의 정보를 상호 소통하는 기술로서 지하에 존재하는 주요한 시설물에 대한 정보를 실시간으로 수집하여 통합적인 관리가 가능하며, 이러한 정보를 바탕으로 땅 꺼짐 현상과 같이 복합적인 이유로 발생하는 재난재해 사고를 조기에 감지하고 미연에 방지할 수 있는 선진화된 관리체계 구축이 가능하다.

1) 사물인터넷 플랫폼을 활용한 지하시설물 관리시스템

사용 용도와 구조적 특성이 상이한 다양한 시설물에 대해 표준화된 관리기준을 설정하고 통합적으로 관리하는 것은 현실적으로 많은 어려움이 따르지만, 각각의 시설물이 서로 영향을 끼쳐 발생하는 성능 저하나, 최근 송파에서 발생한 지반함몰 재난 등에 대처하기 위해서는 여러 시설물을 포함하고 있는 지하공간을 대상으로 한 별도의 관리방안을 새롭게 모색할 필요가 있다. 현재는 각각의 시설물 유지관리를 위해 수집되고 관리되는 정보(Legacy Data)의 형식이 서로 달라서 여러 시설물들로부터 다양한 정보를 얻어서 땅 꺼짐과 같은 새로운 현상을 예측하거나 다양한 시설물을 통합하여 관리하는 데는 어려움이 있는 실정으로, 시설물 정보의 형식을 표준화하는 연구가 우선되어야 하며, 다양한 정보들을 공유할 수 있는 플랫폼이 구축된다면 기존의 관리 체계에서 해결하지 못한 다양한 사회 현안을 해결하기 위한 효과적인 도구로 활용 가능하다.

(1) 지하공간 관리 사물인터넷 플랫폼

사물인터넷은 다양한 분야에서 사물을 네트워크로 연결해 정보를 공유하는 환경을 말한다. 사물인터넷을 지하 공간 관리에 활용하기 위해서는 각각의 시설물에서 수집되는 다양한 정보들이 네트워크를 통해 공유되어야 하며, 수집된 다양한 정보들을 다양한 방식으로 활용할 수 있도록 표준화되어야 한다. 마지막으로 유의미한 정보들을 분석하여 시설물 상태 변화를 예측할 수 있는 올바른 해석모델을 만들어야 한다.

(2) 지반함몰 위험도 평가시스템

지반함몰의 전조인 지하공간에서 발생하는 공동 현상은 상 · 하수관의 누수뿐만 아니라 지하 굴착 공사, 지하 구조물 손상, 지하수위 저하 등 다양한 영향인자에 의해 발생할 수 있으며, 이로 인한 지반 함몰의 위험을 인지하고 피해를 방지하기 위해서는 다양한 공동발생 위험 영향인자들을 정량화하고 지수화하여 분석할 필요가 있다.

지반함몰 위험도 평가시스템은 지반함몰 발생 빈도가 가장 높은 상·하수도를 중심으로 기존의 유지관리 정보와 공동 발생 영향인자와 관련한 다양한 정보를 수집하고, 이를 기반으로 한 위험도 평가모델을 개발하여 지반함몰의 위험을 GIS 기반으로 가시화하여 제공하기 위해 설계된 시스템이다.

2) 지하시설 모니터링 및 관리기술의 정리

도심지 지하 시설물의 과밀화 및 노후화 현상으로 인해 시설물의 피해의 위험이 커지고, 지반함몰과 같은 2차 피해가 급증하고 있다. 여러 시설물들에서 기인한 복합적인 요인에 따른 지하공간의 변화를 관리하고 변화를 예측하기 위해서는 각각의 시설물 상태에 대한 광범위한 정보를 토대로 한 통합관리 시스템을 구축할 필요가 있으며, 이를 위해서는 ① 수집 정보의 표준화, ② 현상을 예측하기 위한 정확한 평가 모델 개발, ③ 정보를 수집하고 제공하기 위한 플랫폼 구축이 이루어져야 한다.

4. 스마트 모빌리티 : 블루투스, WiFi 센서 기반

전통적으로 도시교통체계 효율화를 위한 검지체계로 루프, 영상, 레이더 등 검지기가 사용되었는데, 이들 검지기는 노면파손, 별도의 지주설치, 많은 전력소모 등으로 에너지 효율성을 중요시하는 스마트 시티 교통정보 수집체계로 적절하지 않다. 또한 시각장애인을 위한 스마트 보행신호체계가 필요한데, 기존의 검지체계로는 불가능한 서비스 항목이다.
다음은 KICT에서 개발한 블루투스와 와이파이 센서로 지그비 기반의 메시 통신 네트워크와 결합해 도시교통 실시간 모니터링, 신호시간 제어, 시각장애인을 위한 보행신호 스마트 화 등의 다양한 서비스를 제공할 수 있다.

1) 블루투스-와이파이 센서의 장점

지그비 기반 메시 통신 네트워크와 결합할 경우 세 가지 장점이 있다.

- 전력요금이 전혀 들지 않는다. 블루투스-와이파이 센서는 기존 센서에 비해 극히 적은 전력을 소모하기 때문에 소형 태양전지와 배터리만으로도 충분한 전력공급이 가능하다.
- 지그비 기반 메시 통신 네트워크 사용으로 인해 통신비가 현저히 절감된다. 기존에는 개별 장비마다 전용통신망을 설치하였지만, 본 센서는 수십개의 센서 데이터를 한 개의 게이트웨이에 모아 전송할 수 있기 때문에 통신비가 기존에 비해 수십분의 일로 줄어들게 된다.
- 본 센서는 기존 장비(30㎏)에 비해 무게가 5㎏으로 가볍기 때문에 별도의 지주 없이 기존 신호등 지주에 설치가 가능하다. 설치비용 절감은 물론 도시미관 저해를 방지한다.

2) 블루투스-와이파이 센서의 스마트 교통서비스

본 센서를 이용하여 구현이 가능한 스마트 교통서비스는 세 가지로 구성된다.

- 실시간 교통정보 서비스 분야이다. 익명의 맥어드레스 데이터 매칭을 통해 구간 통행시간을 실시간으로 수집 및 제공이 가능하다.
- 교차로 방향별 통행속도 기반의 신호시간 최적화가 가능하다. 센서에 설치된 지향성 안테나를 통해 교차로 방향별(좌회전, 직진) 통행속도 수집이 가능한데, 이를 이용하여 최적의 교통신호 운영이 가능하다. 기존의 지점검지기가 수집하는 데이터와 비교하여 교차로 지체가 약 12% 감소하는 효과가 있다.
- 본 센서를 이용하여 시각장애인을 위한 보행신호 스마트 화가 가능하다. 블루투스-와이파이 기능이 있는 휴대기기를 소지한 시각장애인이 보행신호 앞에서 요청버튼을 누를 경우, 해당 보행신호기는 잔여 녹색시간, 교차로 크기, 진행방향 등의 정보를 전송하게 된다. 이로 인해 교차로에서 시각장애인 보행사고를 미연에 방지하고, 교차로 통행 심리적 안정성을 향상시킨다.

5. 스마트 공장(스마트 팩토리)

스마트 공장 시장을 주도하고 있는 지멘스, GE 등 글로벌 기업들은 하드웨어와 소프트웨어를 융합하는 전략으로 승부하고 있다.

1) SK(주)가 공정자동화 기업 에스엠코어 인수

에스엠코어의 하드웨어 역량에다 인공지능, 사물인터넷, 빅데이터 분석 등 소프트웨어에 강한 SK(주) 기술력이 융합되어 해외에 진출할 전략으로 추진하고 있다. SK(주)는 최근 폭스콘 물류 자회사인 저스다와 합작해 정보통신기술 기반의 물류 플랫폼 기업인 FSK L&S를 설립한 바 있다.

[그림 4-3] 스마트 공장 산업의 개념도

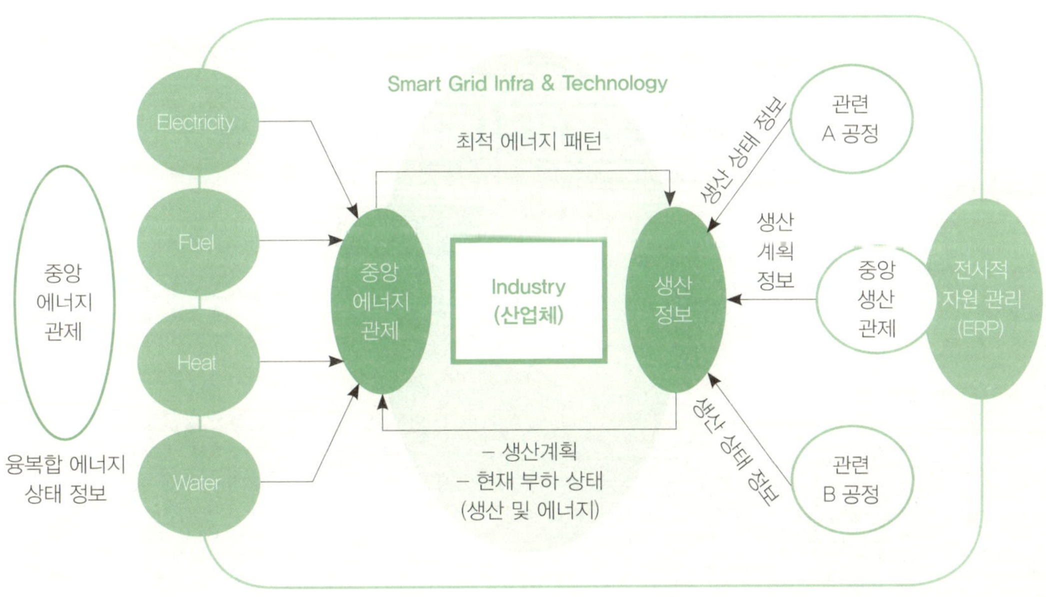

2) 포스코의 스마트 공장

[그림 4-4] 사물인터넷 기반 스마트 공장의 FEMS

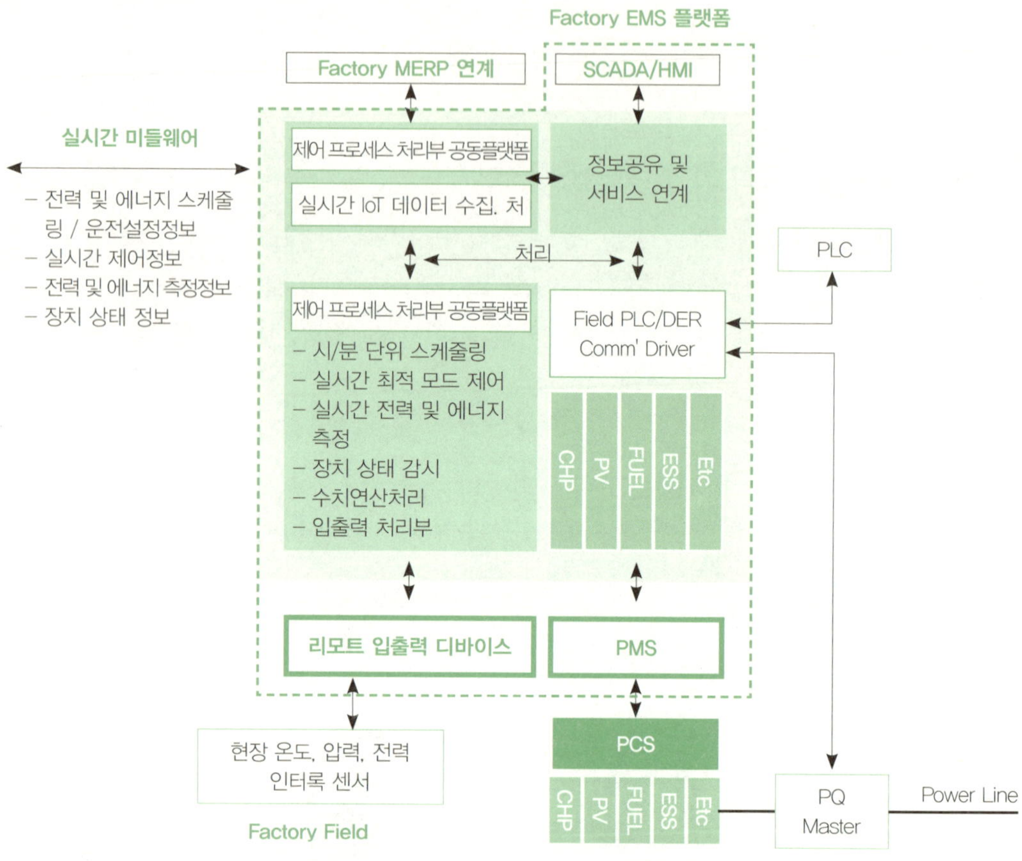

6. 스마트 빌딩(홈), 스마트 그린빌딩

최근에는 건물에너지 절감, 수요관리 및 온실가스 감축 노력의 일환으로 그린빌딩 및 제로에너지 건물과 더불어 IT 기술을 접목한 스마트 그린빌딩에 관한 관심이 고조되고 있다. 스마트 그린빌딩은 환경 친화적인 그린빌딩 기술과 IT 기술이 유기적으로 통합하여 에너지효율을 최적화한 빌딩으로 정의할 수 있으며, 다음 그림이 에너지의 최적화, 건물에너지 성능 측정 및 평가(M&V)와 커미셔닝, 시스템의 제어, 지속적인 모니터링 및 디자인의 혁신에 대한 내용과 개념을 보여준다. 또한 스마트 그린빌딩은 신재생에너지의 이용 및 거주자의 역할 변화를 통하여 에너지절감 및 온실가스 감축에 기여할 수 있으며, 건물 및 각종 시스템의 통합을 통하여 비용절감, 기능의 확장 및 기술의 진보 등을 기대할 수 있다.

한편 사물인터넷 기반 스마트 홈/빌딩에 대한 관심이 증대되고 있으며 일부 주거용 건물의 가전제품(TV, 냉장고 등)을 스마트폰과 연동하여 제어하는 기술이 국내 · 외에서 상용화되고 있다. 하지만 아직까지 전 세계적으로 상업용 건물의 냉 · 난방 에너지관리 및 최적 제어를 위한 연구개발은 초보단계에 머물러 있다.

최근 사물인터넷을 바탕으로 빅데이터를 획득하고, Machine-Learning/시뮬레이션 기술을 통해 의사결정에 필요한 정보를 지능적으로 제공할 수 있는 기술이 지속적으로 발전하고 있으며 특히, 건물에너지의 효율적인 관리 및 운영의 관점에서 그 중요성이 증대되고 있다.

사물인터넷을 기반으로 각종 모니터링 및 제어장치로부터 건물의 사용자 정보 및 시스템의 운전 정보 등에 관한 데이터를 수집하고, 이를 효과적으로 분석, 처리, 제어함으로써 건물의 실내환경을 쾌적하게 유지하고, 냉난방 및 전기에너지를 최소화할 수 있을 것으로 기대된다. 결론적으로 사물인터넷을 기반으로 하는 스마트 그린빌딩 시장은 지속적으로 확대될 전망이며, 향후 국내 · 외 시장을 선도하기 위해서는 보다 적극적으로 관련 기술의 경쟁력을 확보할 필요가 있다.

7. 스마트 거버넌스 : 사물인터넷 기반 인프라 유지관리

사물인터넷은 사람, 사물, 공간, 데이터 등 모든 것이 인터넷으로 서로 연결되어 정보가 생성, 수집, 공유, 활용되는 초연결을 말한다. 특히 사회간접자본(SOC)의 유지관리에 많은 관심이 집중되면서, 사물인터넷을 활용한 유지관리 시스템이 필요로 하게 되었다.

1) 센서 기반 구조물 모니터링 시스템 개발

구조물의 장기 모니터링에 사용할 수 있는 하이브리드 센서보드 시작품을 KICT에서 그림과 같이 개발하였다. 이 보드의 특징은 센서 노드 간의 데이터 동기화를 위하여 고가의 동기화하드웨어를 사용하지 않는 데 있다. 각 노드에서 수집된 데이터를 인터넷상에서 GPS의 시간 데이터를 사용하여 동기화하도록 하였다.

2) 사물인터넷 기반 인프라 유지관리 시스템 구성

사물인터넷 기반의 다채널 센서 모니터링 시스템 구축을 위하여 다수의 센서보드와 하나의 게이트웨이를 사용하였다. 특히 웹기반 클라우드 센서 모니터링 플랫폼을 통하여 다양한 장비에서 센서의 모니터링이 가능하도록 시스템을 구성했다.

웹 기반의 클라우드 데이터베이스 및 양방향 사용자 화면(UI)을 사용하여 실시간으로 다양한 장비에서 손쉽게 센서의 상태를 모니터링할 수 있다. 또한 클라우드 저장소에 저장된 데이터를 분석 툴을 활용하여 시간별, 일별, 월별, 년도별 통계자료를 손쉽게 파악할 수 있으며, 컴퓨터로 데이터 저장도 용이하다. 이 시스템은 포장가속시험기(APT)의 테스트베드에 설치하여 다양한 장비에서 실시간으로 포장의 상태를 모니터링할 수 있다.

3) 활용 및 발전방향

본 기술은 시설물 유지관리 및 안전진단, 구조물상태진단(SHM, Structure Health Monitoring) 분야에서 활용도가 높다. 특히 개발된 시스템을 활용하여 각 센서의 특성별로 데이터 수집보드를 설치하고 게이트웨이를 통하여 클라우드 서비스로 데이터를 취합하여 다양한 기기에서 손쉽게 데이터의 수집 및 활용이 가능하다.

8. 스마트 컨스트럭션(스마트시티 구현 시) : 사물인터넷 고려사항

건설은 서비스 구현 시 데이터 컨텐츠를 담고 있는 도로, 교량, 터널, 빌딩, 구조물, 시설물의 개발과 운영을 담당하고 있다. 각 건설 객체들은 서비스 맥락에 맞는 정보를 얻기 위한 중요한 데이트 소스가 된다. 최근 사물인터넷 기술의 발달로, 건설 분야가 하드웨어 뿐만 아니라 소프트웨어 비즈니스까지 확장할 수 있는 기회가 만들어지고 있다. 특히 스마트 시티 트렌드는 건설이 컨텐츠화할 수 있는 좋은 기회이다. 스마트 시티 서비스 구현의 핵심인 사물인터넷 적용 시 고려해야 할 사항을 알아보자.

1) 사물인터넷 기술요소와 고려사항

사물인터넷은 그림과 같이 통신, 보안, 센서, 데이터 전송, 객체 간 연결 및 서비스를 구현하기 위한 API(Application Program Interface) 플랫폼으로 구성된다. 이를 기반으로 다양한 IoT 서비스를 구현할 수 있다.

[표 4-3] BIM-GIS-이기종 데이터 연계기술 기반 도시 시설물 서비스 개발

IoT Service	Smart Home, Smart Mobility……
IoT API	Amazon IoT, Azure IoT(MS), Sensor Things (OGC), oneM2M
Object Connection	ODS(Object Directory Service), ONS(Object Naming Service)……
Sensor Data Transfer Protocol	Data Transfer Protocol
Sensor	Temperature, Humidity, Image, IR, Strain/Stress Light, Air Quality……
Communication + Security	ZigBee, Bluetooth, WiFi, IPv6, uCode, EPC (Electronic Product Code)

출처 : Smart City, KICT

2) 스마트 시티 프레임워크와 사물인터넷

스마트 시티는 도시 시민 삶의 개선을 목표로 하므로, 이에 도움이 되는 유스케이스 발굴이 매우 중요하다. ICT 기술은 철저히 이를 지원해 주는 도구가 되어야 한다. 이때 도로와 같은 건설 객체는 중요한 컨텐츠 소스가 될 수 있다.

스마트 시티 목적을 달성하기 위해, ISO와 같은 표준기관은 요구사항, 유스케이스, KPI, 성숙도 모델을 도메인(Domain)별로 정의한 스마트 시티 프레임워크를 만들어왔다.

[표 4-4] 글로벌 City Indicator(ISO TC 268)

Education	Student/Teacher Ratio
Fire and Emergency Response	Number of Firefighters per 100,000 Population
Health	Number of In-patient Hospital Bed per 100,000 Population
Safety	Number of Police Officers per 100,000 Population
Transportation	㎞ of High Capacity Public Transit System per 100,000 Population
Water	Percentage of City Population with Portable Water Supply Service
Energy	Percentage of City Population with Authorized Electrical Service
Governance	SOC Platform- Administration, Traffic Control, Welfare Service based on Cloud
Urban Planning	Jobs/Housing Ratio
Technology Innovation	Number of Internet Connections per 100,000 Population

출처 : Smart City, KICT

스마트 시티를 추진하는 선진국들은 표준을 준용해, 기술을 적용할 유스케이스를 발굴해 가고 있다. 표준과 관련된 공식적인 문서 중 하나인 ISO/IEC, JTC 1 Smart Cities 보고서는 스마트 시티의 대표적인 분야와 대표적인 지표를 뽑아서 표시한 것이다.

사물인터넷 기술의 적용은 상기와 같은 스마트 시티 표준 프레임워크에 포함된 목표, 유스케이스, KPI를 고려할 필요가 있다.

3) 향후 발전방향

스마트 시티와 사물인터넷의 관계, 기술 적용 시 고려사항 등을 정리해 보면 사물인터넷 기술 적용은 철저히 사용자 중심적이어야 성공할 수 있다. 건설은 사물인터넷 기반 센싱의 중요한 데이터소스가 될 수 있으나, 사용자 유스케이스에 철저히 부합하지 않은 사물인터넷 기술의 적용은 무의미한 것이 된다. 그러므로, 스마트 시티의 유스케이스가 무엇인지, 그리고, 이에 필요한 정보와 데이터가 무엇인지 규정하는 작업이 필수적이다.

CHAPTER 5

스마트그리드

Section 1 스마트그리드 개요

1. 스마트그리드 정의

스마트그리드란 기존 전력망에 정보기술(IT)을 접목하여 에너지 효율을 최적화하는 첨단전력기술이다. 또한 기존 공급자 위주의 단방향 전력운용시스템에서 소비자도 참여하는 양방향 운용시스템으로 융·복합화하여 전력시스템과 중전기기를 디지털화, 지능화하고 전력서비스를 고부가 가치화하는 똑똑한 전력기술망(Smart Grid)을 총칭하며, 《코드 그린》의 저자인 토마스 프리드먼이 예측한 대로 마이크로그리드와 함께 미래 에너지 부문의 인터넷 역할을 넓혀가고 있다.

1) 스마트그리드의 요약

공급자 중심의 전기 공급구조에 정보통신 기술을 접목하여 공급자와 소비자가 실시간 정보 교환을 통해 에너지 생산 및 소비를 최적화시켜주는 차세대 전력망으로, 이는 전력망에 ICT(양방향 통신, 센서, 컴퓨팅) 기술을 도입하여 전력 생산 및 소비 정보를 관리하고 분산자원을 효율적으로 관리한다. 광의의 의미로 스마트그리드는 기존 전기, 냉·난방, 가스, 상·하수도 등 각각의 에너지로 관리하는 산업시대를 정보와 산업 간 통합 및 에너지와 정보, 환경과 에너지, 정보와 환경이 융합된 복합에너지의 총체적인 에너지관리시스템으로 구축하는 것이다.

2014년 2월 26일 세계경제포럼은 미래를 바꿀 신기술 열 가지 중 하나로 스마트그리드를 선정했고, 에디슨의 전기발명 이후 '제2의 전기혁명'이라 할 수 있는 스마트그리드 시장의 중심축에 한국이 세계 선도국가가 되었던 것은 단군 이래 '한강의 기적'에 이어 두 번째로 의미가 깊은 전환점이라 할 수 있다. 2010년 초 미국 타임지는 '제5의 에너지'를 발표했다. 불·석유·원자력·신재생에너지에 이은 제5의 에너지가 바로 '에너지 절약'이었다. 한계에 이른 에너지 절약도 스마트그리드에 의해 퀀텀점프가 가능하다. 중세시대를 마감한 14세기 르네상스를 '제1의 르네상스'라 한다면, 혼란한 열강 제국시대를 마감한 1779년 영국의 제임스 와트가 증기기관을 개발하면서 시작된 산업혁명을 '제2의 르네상스'라 할 수 있다. 그 후 1946년 미국 펜실베이니아대학 연구팀이 최초의 전자식 컴퓨터 에니악(ENIAC)을 만들어내고, 1969년 미 국방성이 '네트워크들의 네트워크(Network of Networks)'로 불리는 인터넷을 선보임으로써 인류는 고도화된 탈공업사회, 즉 정보화 사회로 진입하게 되었다. 한마디로 정보혁명을 이루어낸 '제3의 르네상스'라 할 수 있다. 그리고 이 새로운 미래시대에는 산업시대와 정보시대를 아우르고, 산업 간 통합 및 에너지와 IT가 융합된 스마트그리드가 미래에너지 혁명을 주도할 것으로 미래학자들은 예측하고 있으며, 이를 '제4의 르네상스'라 할 수 있다.

[그림 5-1] 스마트그리드의 개념도

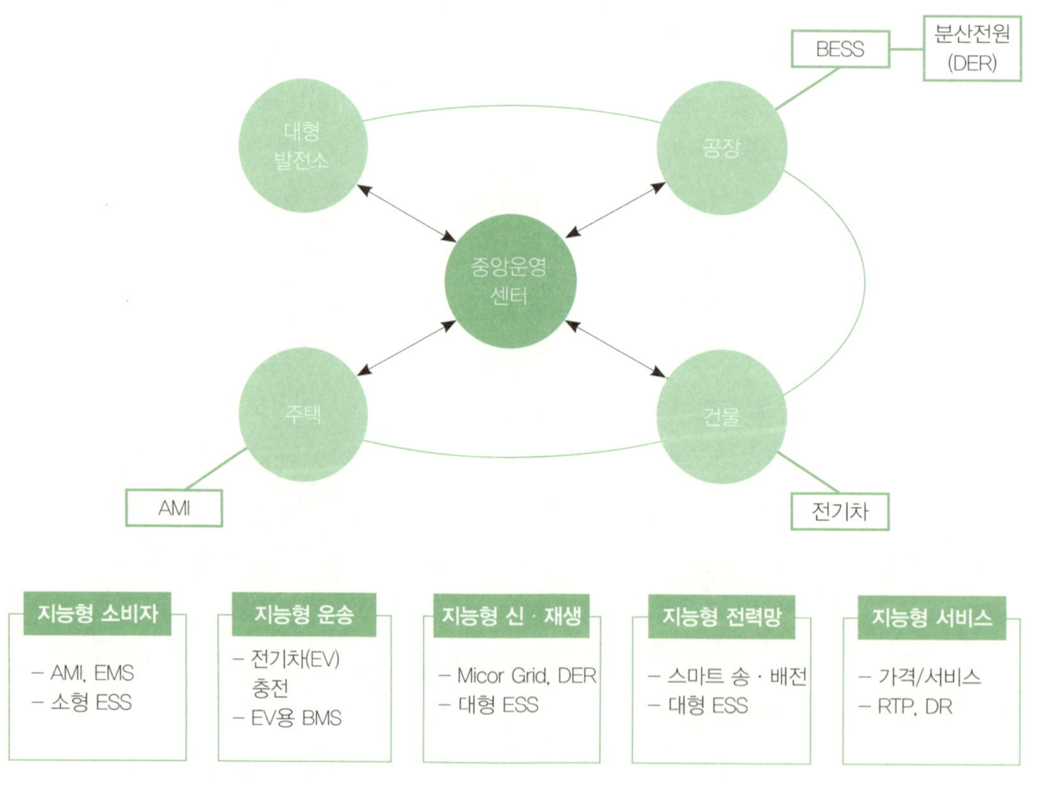

출처 : 서울대 문승일 기초전력연구원장

스마트 산업(SOC)은 크게 다섯 가지로, 플랫폼, 즉 인프라가 되는 스마트그리드, 스마트 트래픽(Smart Traffic), 스마트 에듀(Smart Education), 스마트 헬스케어(Smart Healthcare), 스마트 에코(Smart Eco.)의 다섯 가지 종류로 나눈다.
기존의 SOC가 타율적(Dependent), 일방적(Unidirectional), 대응적(Reactive)이었다면, 스마트 산업은 자율적(Autonomous), 쌍방향적(Bi-directional), 선제적(Proactive)이다.

[표 5-1] 기존전력망과 스마트그리드의 비교

구분	기존 전력망	스마트그리드
통신	단방향	비실시간 양방향
소비자와 소통	제한된 범위	다양한 범위
미터링	전자 기계적 미터링	디지털 미터링, 실시간 요금제 가능
운전	수동감시/정기적 유지보수	자동감시/상태 기반 유지보수
발전	집중식	집중식+분산전원
전력제어	제한적	자동, 광범위
신뢰도	신뢰도 낮음/사고 파급/수동 대비	신뢰도 높음/자동치유/자동대비
복구	수동	자기복구
시스템 Topology	수지상/정해진 방향 전력 흐름	네트워크/다양한 전력 흐름

출처 : IEEE, Institute of Electrical and Electronics Engineers 미국전기전자학회

2) 스마트그리드의 기대효과

스마트그리드의 기대효과는 다음과 같다.

(1) 기후변화에 대응

- IEA 기후변화대책 보고서인 「ETP2015」에는 2℃ 시나리오(2DS)의 달성을 위해서는 저탄소 전기 공급 가속화와 청정에너지 기술혁신에 대한 확신이 기후변화 대응을 촉진할 수 있음을 보여주고 있으며, 풍력 발전과 태양광 발전을 매우 높은 수준으로 활용하기 위해서는 전력수요를 통합하고, 에너지 저장 및 스마트그리드 인프라로 혁신해야 함을 강조
- 미국의 FERC는 스마트그리드를 통하면 전력 사용이 가장 많은 피크 타임 시 20%의 절전 효과를 가져올 수 있다고 발표
- 한국 정부는 2030년까지 스마트그리드를 통해 국가 에너지의 3%(피크 전력 6%)를 절감하고, CO_2 배출은 4100만 톤을 줄일 수 있을 것으로 기대하고 있으나 선행 과제가 산적

(2) 전력서비스의 안정성 확보

- 미국 전력 인프라는 건설된 지 65년이 넘어 2001년 캘리포니아주 대규모 정전사태 혹은 60억 달러의 피해가 집계된 2003년 8월 중동부지역 정전사태 등으로 스마트그리드의 필요성이 크게 대두하였다. EU도 2006년 발표한 '스마트그리드 비전과 전략' 보고서에서 전력설비가 45년을 초과해 대규모 교체가 필요하다고 밝힘

(3) 에너지의 효율적 이용

- 현재의 전력시스템 하에서는 오전 시간대 보다는 오후 시간대가, 계절적으로는 여름의 전력소비량이 많아 이때 가동되는 예비 발전설비의 전력생산 비용이 기저 발전설비 비용의 2.7배에 달하는 등 발전설비 효율이 낮은 상황이다. 스마트그리드는 전력 수요의 분산 및 실시간 제어를 통해 에너지 이용 효율과 전력서비스의 안정성을 향상시킴
- 스마트그리드와 연계하여 가정 내 스마트 분전반을 설치하면 시스템 스스로 전기요금이 싼 심야에 자동 운전토록 하고 기존 홈 네트워크 시스템과 연동하여 다양한 기능 수행 가능

(4) 기존산업 전반에 연계된 차세대 신성장산업 창출과 신재생사업의 투자를 촉진

- 전력과 중전은 물론 통신, 가전, 건설, 자동차, 에너지 등 산업 전반과 연계하여 고부가가치 녹색 일자리 및 다양한 신 비즈니스 모델 창출
- 2013년 Pike Research는 마이크로그리드 핵심인 분산전원이 2012년 764 MW에서 2018

년 4000MW로 증가, 2020년에는 미국 57억 달러, 유럽 53억 달러, 아시아 · 태평양 57억 달러의 세계시장 증가

- 태양광, 풍력, 바이오, 수소연료전지 등 신재생에너지에 의한 분산형 전원의 최적 운용시스템을 제공하며, 궁극적으로 발전설비의 효율 제고와 태양광, 풍력 등 불규칙한 전력을 공급하는 신재생의 안정화를 통해 활용 촉진

(5) 차세대 신성장산업으로 CCS, 마이크로그리드 및 ESS사업 부상

- IEA는 오늘날 진행되고 있는 개발 및 프로세스에 따라 2050년에는 산업에서 직접 배출되는 CO_2가 30% 감소할 것으로 예상하고 있으며, 주된 역할은 CCS가 할 것으로 보고 있다.
- ESS와 관련된 기술에는 대표적으로 Power Conversion, Software & Control, 그리고 System Integration Services 등이 있으며, 2024년에는 총 220억 달러 규모로 성장할 것으로 2015년 수행한 Navigant Research에서 예상함
- 2013년 산업부 통계자료에 의하면 2013년 827억원 수준이었던 국내 ESS 시장규모는 2020년에는 약 9000억원 규모의 시장이 형성될 것으로 전망함
- 2016년 기준 전세계 마이크로그리드 시장은 27조원의 시장에서 2020년 81조원, 2025년 117조원의 시장으로 성장 예상되며, 연평균 성장률은 14.3%로 높은 성장률을 기록할 전망임(SNE 리서치사 자료)

2. 스마트그리드 분류

지능형 전력망(Smart Power Grid), 지능형 소비자(Smart Consumer), 지능형 신재생(Smart Renewable), 지능형 운송(Smart Transportation), 지능형 전력서비스(Smart Electricity Service)의 다섯 개 분야로 분류된다.

[표 5-2] 스마트그리드의 분류

분 야	내 용
지능형 전력망	• 지능형 송전 · 디지털 변전 · 배전 자동화 등 전력망 고도화를 위한 기술실증 및 신재생에너지, 전기차 등 불규칙한 전력공급과 수요에 대한 능동적 대응 시스템 마련 • 지능형 송 · 배전 기술 : 지능형 전력기기를 이용하여 고장 진단, 자동 복구 등이 가능한 차세대 전력망 • 지능형 전력통신망 : 지능형 전력기기 및 전력망 감시를 위한 전력통신망
지능형 소비자	• 소비자와 전력공급자 간 실시간 정보교환을 기반으로 전력의 공급과 수요를 최적화하는 관리시스템 구축 및 활용 • AMI : 소비자와 공급자를 양방향으로 연결해 주는 기술로 통신장비와 스마트 미터, 스마트 가전 등으로 구성 • EMS : 에너지 사용에 대한 모니터링 및 제어 기술
지능형 신재생	• 대용량 배터리 활용을 통한 신재생에너지원의 계통안정성과 실시간 요금 환경에서의 효율향상시스템 구축 · 검증 • 마이크로그리드 기술 : 소규모 에너지 공급체계 및 통합관리 기술 • 에너지저장 기술 : 대용량 배터리에 대한 충 · 방전 운영 기술 • 전력품질보상 기술 : 발전원의 출력 변동 안정화 및 전력 품질 유지기술
지능형 운송	• 전기자동차 충전인프라 구축을 위한 요소기술 개발 및 다양한 충전모델 실증을 통한 신규 비즈니스 모델 창출 • 부품 · 소재 기술 : 스마트그리드 환경에 맞는 배터리 관리 시스템 등 전기차 부품 • 충전인프라 기술 : 급 · 완속 충전기 개발 및 전기차 통신 시스템 개발 • 전력망연동기술 : 전력망과 전기차 배터리를 연동하는 차세대 기술
지능형 전력서비스	• 통합운영센터 구축을 통한 실증단지 모니터링, 실시간 요금제도, 실시간 가상 전력거래시장 및 수요관리시장 운영 • 전력거래 기술 : 전력시장에서 잉여전력 등을 거래하기 위한 관련기술 • 스마트그리드 전력시장 운영 기술 : 지능형 요금제, 수요반응 활성화 등 다양한 제도 검증이 가능한 탄력적 시장운영기술 개발

Section 2 스마트그리드 국내 · 외 동향

1. 스마트 시티(탄소제로도시)의 확산

최근 영국, 일본, 스페인, UAE, 중국, 캐나다 등 세계 곳곳에서 탄소제로 도시 프로젝트가 붐을 이루고 있다. 탄소제로 도시는 이산화탄소 순배출량이 0(Zero)인 도시를 의미한다. 에너지 절감형 건물(에너지 효율화)을 짓거나 친환경 교통시스템을 도입, 폐기물 재활용 등의 방식으로 탄소배출량을 최대한 줄이고, 그래도 발생하는 탄소는 나무를 심거나 탄소배출권을 구입함으로써 상쇄(Offset)하여 실질적인 탄소배출을 0으로 만드는 것으로 화석연료 기반의 전기를 사용함으로써 발생하는 간접적 탄소배출(Indirect Emission)을 신재생에너지로 대체하여 감축하는 것이다.

[표 5-3] 스마트 시티(탄소제로도시)의 확산

추진 목적	주요 배경
기후변화 대응	선진국은 교토의정서 발효에 따라 온실가스를 의무적으로 감축해야 하며, 우리나라도 2015년 신기후조약에 따라 BAU기준 37%를 감축하기로 약속함 ※ '탄소배출권거래제' 시행으로 탄소배출량이 경제적 가치 보유
녹색산업 주도권 강화	탄소제로 도시 개발을 통해 환경 · 에너지 관련 기술 및 시장주도권을 장악 ※ 도시개발은 복합시스템 사업으로 다양한 산업에 파급효과가 큼
도시경쟁력 제고	녹색경제(Green Economy)시대를 맞아 저탄소 · 저에너지가 도시 경쟁력의 핵심요인으로 부상 ※ 오염이 없는 쾌적한 도시환경을 구현하여 거주민의 만족도 제고
친환경이미지 제고	환경오염국의 이미지를 탈피, 친환경이미지를 높이기 위해 탄소제로 도시를 건설하고 대외적으로 홍보(중국의 예)

출처 : 최동배 저, 「알기쉬운 스마트그리드」, 인포더

도시의 수명을 고려할 때 탄소제로 도시개발은 장기적 · 거시적으로 상당한 편익을 제공한다는 견해가 지배적이다. 우리나라는 '에너지 다소비 국가'이면서도, 에너지 대외의존도가 97% 이상인 현실을 감안할 때 스마트 시티 건설이 더욱 절실한 입장이다. 게다가 2015년 12월 파리협정에서 채택된 신기후조약에 따라 우리 정부가 약속한 2030년까지 온실가스배출량을 전망치 BAU 대비 37%의 감축 등을 위해서라도 '저탄소 도시'로의 전환이 매우 중요하다. 특히 신도시 · 재개발(뉴타운) · 보금자리주택 등 친환경 도시를 건설할 때 탄소제로에 맞먹는 특단의 탄소저감 방안을 적용할 필요가 있다.

앞으로 본격적으로 개막될 '그린 컨버전스' 시대를 주도하기 위해서도 테스트베드 의 역할을 할 수 있는 스마트 시티 건설이 필수이다. 또한 국내기업들이 해외에서 스마트 시티 개발을 수주하기 위해서는 탄소제로 도시를 개발했던 경험(Track Record)이 있어야 한다는 점도 무시할 수 없는 과제이다. 대표적인 스마트그리드 위주의 탄소제로 도시는 다음과 같다.

- 영국 베드제드(BedZED) 탄소제로 시범단지, 글래스고의 스마트시티, Milton Keynes시의 Data Hub 등
- 덴마크의 크로스로드 스마트시티
- 네덜란드의 스마트에너지, 교통, 환경 스마트시티 프로젝트
- 스페인의 바로셀로나 디지털도시, 말라가섬 스마트시티
- 독일 프라이부르크의 태양 녹색도시, 메레지오(Meregio), Smart Home/Smart
- Grid 유럽공동과제, NOVEL, Open Gate Way System인 OGEMA 개발, E-Mobility 등 일본, 요코하마 등 4개 도시에서 스마트그리드 실증
- 미국 뉴멕시코주시카고 스마트시티, 텍사스주 피칸 스트리트, 태양광 · 스마트그리드 실증단지, 군마현 오타시 펠타운 시범사업
- UAE 아부다비 마스다르(Masdar) 프로젝트
- 중동 두바이 기술미디어 자유구역
- 인도 스마트시티인 IFFCO Kisan SEZ
- 남미 브라질의 사이언스 파크의 스마트시티
- 아프리카 남아공화국 요하네스버그 스마트시티
- 오세아니아 호주 'Smart Grid, Smart Citie' 프로젝트
- 캐나다 Dockside Green

- 중국 동탄(東灘) 탄소제로도시, Chongming, Hongqiao, Nanjing, Shenyang, Tianjin, Yangzhou 스마트시티

2. 국내 · 외 스마트그리드 로드맵

국내 스마트그리드 추진은 미국 등 해외 선진국가들보다 출발은 늦었지만, 정부의 녹색성장 정책 등의 노력과 더불어 최근 빠른 속도로 추진 중이다. 한국은 국토가 좁다는 이점으로 2030년까지 전 국토에 걸쳐 지능형 전력 네트워크가 도입되는 세계 최초 국가단위의 지능형 전력 네트워크 구축 목표, 2030년까지 국가단위 스마트그리드 구축을 목표로 실증단지 운용, 7대 광역별 스마트그리드 거점도시 구축(2016)을 추진하고 있다.

3. 국내 스마트그리드 실증사업 현황

제1차 지능형 전력망 기본계획(2012~2016)은 AMI, ESS, 전기차 충전시설의 확충을 강조하고 있으며, 제주 실증단지에서 2013년까지 총 5개 분야(지능형 전력망, 지능형 전력시장, 지능형소비자, 지능형 운송, 지능형 신재생에너지)의 실증을 추진하였다.

1) 제주 스마트그리드 실증사업

(1) **지역 : 제주도 구좌읍**(제주 동북부 소재) **일대** (약 6천 호) **및 제주시내 일부**

(2) **기간**

- 기초단계 : 2008년 12월 ~ 2009년 11월(기본 설계)
- 기본단계 : 2009년 12월 ~ 2011년 5월(인프라 구축)
- 확장단계 : 2011년 6월 ~ 2013년 5월(통합 운영)
- 서비스 영역에 있는 모든 지역을 통합, 북서쪽 중국의 망과 티베트의 망을 처음으로 연결해

서쪽지역의 빠른 경제발전과 개선을 달성할 수 있도록 할 것이다.

(3) 구성 : 5개 분야, 12개 컨소시엄(168개사) 참여

(4) 예산 : 정부 766억 원, 민간 1727억 원으로 총 2493억 원 투자

[표 5-4] 제주 스마트그리드 실증사업 참여기업

분 야	주도 기업	참여 기업
지능형 소비자 (96개사)	SKT	삼성전자, 일진전기 등 29개사
	KT	삼성SDS, 삼성물산 등 14개사
	LG전자	통합LG텔레콤, GS건설 등 15개사
	한국전력	대한전선, 누리텔레콤 등 38개사
지능형 운송 (43개사)	한국전력	삼성SDI, 롯데정보통신, LS전선 등 22개사
	SK에너지	SK네트웍스, 르노삼성 등 14개사
	GS칼텍스	LG CNS, ABB 코리아 등 7개사
지능형 신재생 (29개사)	한국전력	남부발전, 효성, LS산전 등 16개사
	현대중공업	맥스컴, 아이셀시스템즈코리아 등 6개사
	포스코	LG화학, 대경엔지니어링 등 7개사
지능형 전력망	한국전력	LS산전, 한전KDN 등 18개사
지능형 전력시장	한국전력 · 전력거래소	우암코퍼레이션, 바이텍정보통신 등 5개사

[표 5-5] 제주 스마트그리드 실증사업으로 도출된 대표 비즈니스 모델

분 야	비즈니스 모델
수요반응관리	전력재판매 사업
	수요반응 서비스
	수요측 발전자원 전력거래서비스
	전기차 기반 가상발전소 운영서비스
전기차 충전서비스	전기차 급완속 충전서비스
	전기차 이동 충전서비스
기타서비스	에너지 소비 컨설팅 서비스
	전기차 대여서비스
	신재생에너지 출력 안정화 및 품질개선 서비스

2) 스마트그리드 확산사업

- 「지능형전력망법」 제18조(거점지구 지정 등)에 근거하여 「제1차 지능형전력망 기본계획」(2012년 7월)의 후속 조치로서, 그간의 실증 · 시범사업 성과를 바탕으로 사업화가 가능한 사업모델을 실제 환경(주택가, 공단, 상업지구 등)에서 구현 · 확산
- 산업통상자원부에 따르면, 실증사업은 사업목적을 달성하는 데 필요한 제품 또는 시스템의 기술 검증을 목적으로 하는 제한적인 사업이라면, 확산사업은 제품 또는 시스템의 상용화를 통해 사업목적을 달성하는 보급단계의 사업을 의미
- 한국개발연구원(KDI)이 기획재정부에 제출한 「2015년 예비타당성조사 스마트그리드 확산사업」의 평가결과에 따라 사업계획이 변경되고 예산도 당초 8764억 원에서 3722억 원으로 급격히 감소
- 정부 지원의 스마트그리드 초기확산사업은 당초 2015년에 시작하여 2017년 종료하는 것으로 계획되었으나, 예비타당성조사 지연 등의 사유로 2016년부터 시행될 예정이며, 이에 따라 전국 단위의 본격 확산사업도 연기 불가피

[그림 5-2] 스마트그리드 기술의 성장방향

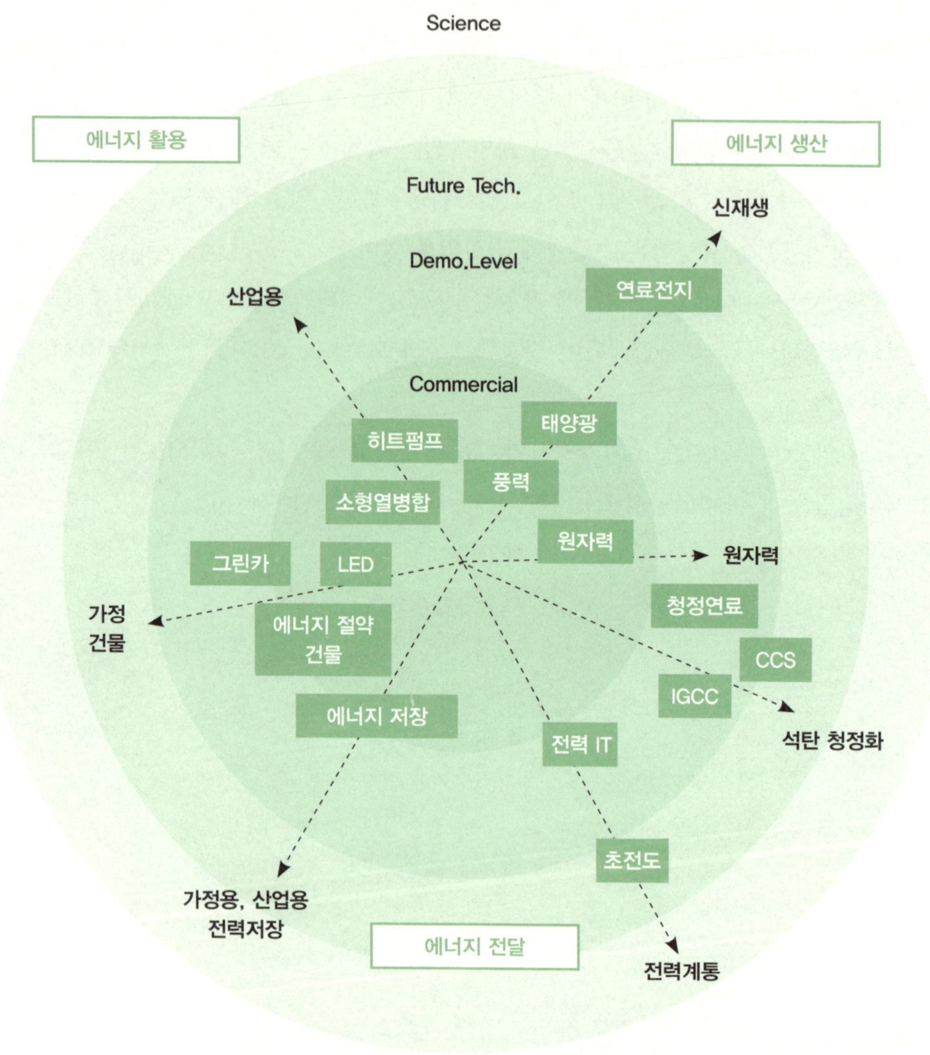

출처 : 최동배 저, 「알기쉬운 스마트그리드」, 인포더북스

3) 스마트그리드 확산사업에 대한 KDI 예비타당성조사 결과의 문제점

⑴ EMS 및 에너지효율 기반 빌딩 및 산업단지 수요관리사업, AMI 기반 전력재판매 사업, 신재생 분산형 전원사업만 진행

- ESS 기반 빌딩 및 산업단지 수요관리사업, 전기차 및 전기자동차 배터리를 활용한 VPP 운영시스템 사업, 신재생에너지 출력 안정화 ESS 사업 배제

⑵ ESS에 대한 이해 부족으로 에너지저장장치가 전력기술에서 가지는 다음과 같은 의미를 무시함

- 6개 사업 모델별로 사업계획, 경제성, 비용 대비 편익을 분석하고 계층분석방법(AHP, Analytic Hierarchy Process)을 동원해 다면평가하고 ESS의 비용추정을 추정하기 위해 에너지저장장치의 용도를 수요반응, 에너지효율화, 전력재판매, 전기자동차, 신재생에너지 안정화로 구분
- 기술적으로 전기를 4~5시간 저장이 가능하기 때문에 일반적으로 ESS의 성능은 5~4시간(0.2C~0.3C)을 기준으로 측정하고 있으나 ESS 충방전율(C-rate)을 30분~2시간(30분=2C, 2시간=0.5C)으로 설정하여 예비타당성조사보고서에서 ESS의 성능을 절반으로 낮춰 봤음을 시사
- 계층분석방법은 상위계획과의 일치성, 추진의지, 준비정도, 재원조달 가능성, 환경성을 세부항목으로 분석했으나 사업의 위험요인으로 환경성 분석을 하면서 "내용 연수가 끝난 ESS시스템에 포함된 배터리는 환경상 잠재적인 위해 요인이 될 수 있음"이라고 기술
- ESS가 기계식(플라이휠, 양수발전, 압축공기저장장치)인지 전지식(배터리)인지, 전지식이라면 납축전지(Pb), 리튬이온(LIB), 니켈수소(Ni-MH)인지 밝히지 않은 상태에서 ESS에 환경적 문제가 있음을 지적
- ESS 중 리튬이온전지나 리튬인산철이 많이 쓰이고 납축전지는 지양되고 있으며, 리튬이온전지나 리튬인산철 ESS는 리튬이라는 희유금속을 갖고 있어 도시광산 사업자가 돈을 주고 회수
- 또한 리튬이온전지나 리튬인산철 전지의 전해액은 분리막에 담지되어 있으며 5년 가량의 수명이 다할 때 즈음이면 수분이 증발해 바싹 마른 상태라 회수가 용이

⑶ 과거 가격정보에 의한 평가

- 단위기술을 AMI, EMS, ESS, EV, 충전시설, 고효율기기(LED 및 운영소프트웨어)로 세분하고 각 장치의 가격을 조사, 제시하였으나 현재 시중 가격에 비해 높은 과거의 가격 정보를 인용하여, 기술개발과 시장확대에 따른 가격 하락을 반영하지 못함

⑷ 6개 사업모델의 비용 대비 편익(B/C)과 현재가치(NPV)를 낮게 평가

- 스마트그리드 확산사업의 편익을 발전소 건설회피, 송배전건설 회피, 에너지사용 회피, 탄소배출 저감이익, 대기오염물질배출 저감편익, 기타 편익으로 나눠 분석
- 전기차의 발전소건설 회피편익, 송배전건설 회피편익이 없다고 가정하였으나 V2G 사업의 ESS 기능을 이해하지 못한 결과

⑸ 예비타당성보고서 작성자가 에너지기술에 대한 이해가 부족할 뿐만 아니라 향후 변화될 시장 전망을 무시하고 현재 시점에 국한해 분석한 결과

[표 5-6] 스마트그리드 전국망 구축계획(안)

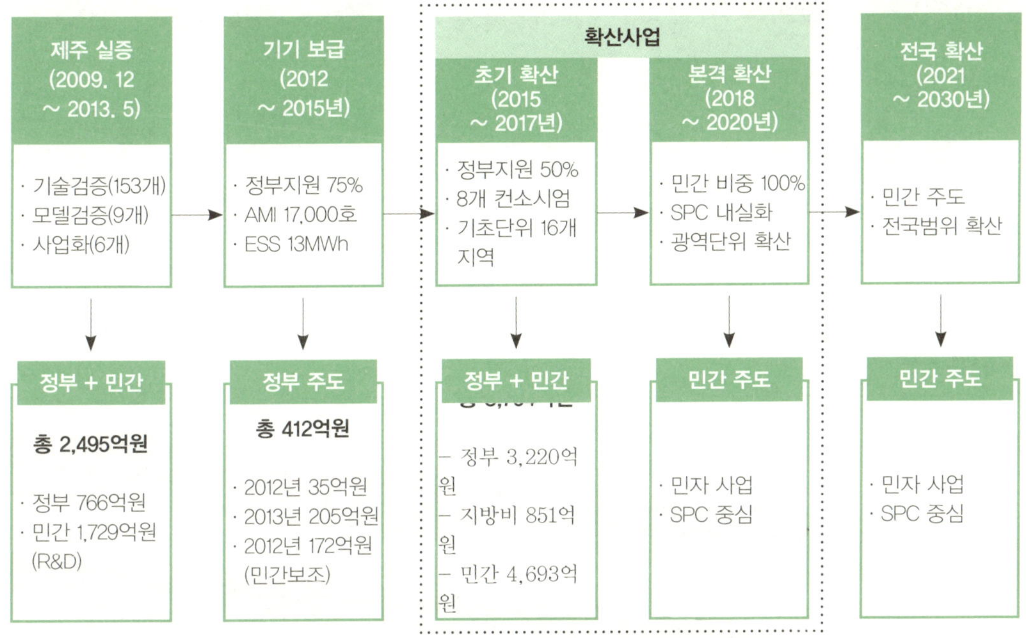

출처 : 산업통상자원부, 스마트그리드 확산사업 추진 방안, 2014

8개 컨소시엄의 단위사업들을 유사사업군으로 분류하면 [표 5-7]와 같다.

[표 5-7] 8개 컨소시엄별 단위사업의 분류

컨소시엄	ESS 기반 수요반응	EMS 기반 에너지 효율화	AMI 기반 전력재판매	전기차	신재생 분산전원	신재생 안정화
한전			재판매 에너지 컨설팅	V2G 급완속충전 이동충전		태양광 + ESS
SKT	수요반응	에너지 효율화		전거차렌트		
KT		에너지 효율화		전기버스 전기이륜차 카세어링	자립형 분산전원	

컨소시엄	ESS 기반 수요반응	EMS 기반 에너지 효율화	AMI 기반 전력재판매	전기차	신재생 분산전원	신재생 안정화
현대중공업	수요반응	FEMS 에너지 효율화			태양광	풍력 + ESS
포스코ICT		FEMS 에너지 효율화				
LS산전			전력판매			
현대오토에버		EMS 구축				
짐코	서대구					

(삭제 표시 : 계약과정에서 삭제된 단위사업)

4. 스마트그리드 성장방향

1) 에너지 생산

풍력, 태양광, 연료전지 순으로 신재생에너지가 성장되고, 저급갈탄 이용, IGCC, CCS 등 석탄청정화와 바이오에너지, GTL, SRF, RPF, TDF, 우드칩, 우드펠렛 등의 청정연료가 스마트그리드 기술과 동반 성장

해양투기가 완전히 금지되는 유기성폐기물(하수슬러지, 음식물쓰레기, 축분, 인분 등)과 폐자원을 활용한 바이오가스 및 액상연료와 고형연료 등이 급속하게 성장할 것으로 예상

2) 에너지 활용

LED, 에너지 절약형 건물, 그린카 보급이 확대될 것이며, 히트펌프, 소형열병합 등의 산업용에도 급속하게 성장할 것으로 예상

3) 에너지 전달

가정용, 산업용 ESS에 스마트그리드가 적용되며, 전력 IT, 초전도로 구성된 전력계통 확대 보급

[그림 5-3] 스마트그리드 확산사업 컨소시엄별 사업 특성

짐코
구역전기 및 집단에너지
공급기반 SG 확산사업
예산 : 총 475억원(정부 238)
지역(2) : 서울, 대구

한국전력공사
창조경제기반의 SG산업
생태계조성을 위한 지역 특성별 지능형 전력망 구축사업
예산 : 총 1,585억원(정부 719)
지역(6) : 서울, 제주 등

KT
에너지 자립 & 효율화 서비스를 위한 SG 확산사업
예산 : 총 2,775억원(정부 302)
지역(7) : 세종, 광주(수완) 등

SKT
대규모 건물 에너지관리 솔루션 기반 SG 확산사업
예산 : 총 713억원(정부 357)
지역(4) : 서울, 제주 등

포스코 ICT
SG기반 산업부문의 에너지 효율화 사업
예산 : 총 329억원(정부 148)
지역(2) : 울산, 포항

현대중공업
산업공단용 SG 확산사업
예산 : 총 414억원(정부 165)
지역(1) : 울산

LS 산전
ESS/EMS/전력판매 기반 SG확산 사업
예산 : 총 1,503억원(정부 751)
지역(1) : 부산

현대오토에버
에너지 자급자족도시를 위한 대구시 SG확산 산업
예산 : 총 847억원(정부 423)
지역(1) : 대구

출처 : 산업통상자원부

Section 3 스마트그리드 구축에 필요한 기술

1. 스마트그리드 기술영역

스마트그리드를 구성하는 기술요소는 발전, 배전부분에서 청정에너지를 생산하는 분산전원 분야, 전력망 부분에서는 에너지 효율을 높이고 외부 충격이나 고장사고에도 자가 복구가 가능한 전력망 관리 분야, 사용자(User)들의 에너지 효율을 높이고 전력품질을 향상하는 사용자 전력관리 분야, 그리고 속도별 · 전압별로 나누며 보안기술과도 접목되어야 하는 전력선통신 분야로 크게 3개 분야, 6가지 기술(18개 항목)로 나눌 수 있다.

[그림 5-4] 스마트그리드 기술영역

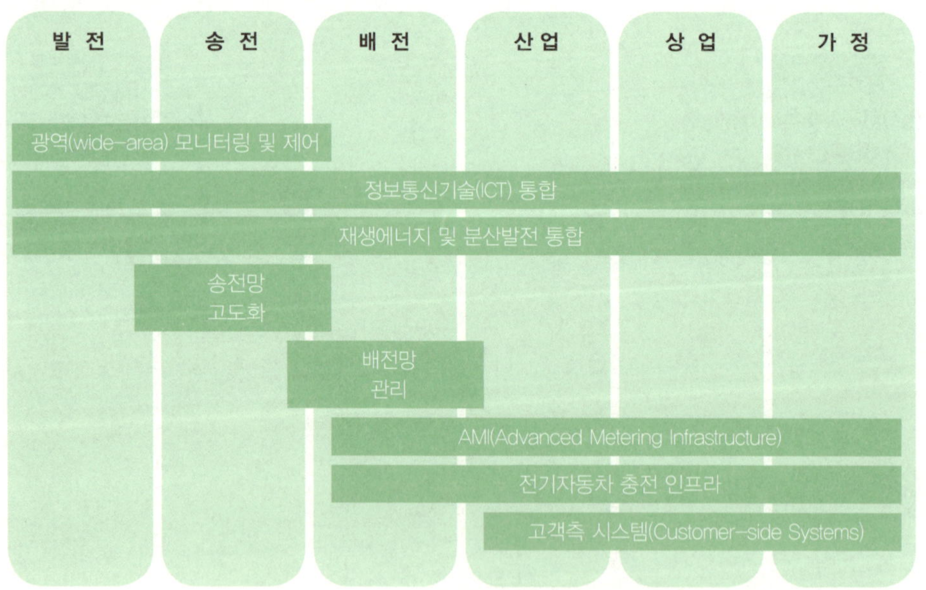

출처 : IEA, Smart Grids Technology Roadmap, 2011. 4.

2. 스마트그리드 분류체계에 따른 주요기술

1) 지능형 전력망(Smart Power Grid) : 지능형 송전(Smart Transmission)

(1) 지능형 전력망의 필요성

- 대규모 발전단지의 신설과 신재생 발전의 보급 확대로 인한 전력수요 및 발전량 증가에 따른 송전용량의 확대, 강인성 및 유연성 증대 및 수급 불균형, 천재지변, 외부공격 등에 의한 정전 예방
- 송 · 변전 손실을 최소화하여 전력의 안정적 공급과 신뢰성을 확보하고 풍력, ESS, 양수발전소, HVDC, FACTS의 송전연계 수용성 제고를 위한 지능형 EMS 필수

(2) 지능형 송전 기술

- 스마트그리드 자원 및 기술을 수용하는 송전망에 관련된 기술과 제품으로 분류

[표 5-8] 지능형 송전 기술

기 술	내 용
송전설비 고장해석 시스템	• 송 · 변전설비의 고장을 탐지 · 예방하고 이용율 향상을 위한 기술 및 시스템
디지털변전기기 기술	• 기존 아날로그 변전소에 비해 효율성과 신뢰도가 향상된 디지털 변선소를 구성하는 기기와 관련된 기술
디지털변전 상위 및 엔지니어링 기술	• 디지털변전소 운영 및 연계와 관련된 기술
가공송전 상태감시 시스템	• 가공송전선로의 상태를 실시간 On-line으로 감시하는 기술
상태감시진단 신기술	• 최신 센서기술을 융합한 실시간 송 · 변전 기기 상태 감시와 관련 된 기술
보호제어 시스템	• 실시간으로 송 · 변전설비 고장에 대응하는 기술
유연송전시스템	• 송전전력 전송 극대화와 계통안정도 향상을 위해 전력전자소자 를 이용하여 전압, 위상각, 선로임피던스 등을 제어하여 유효, 무효 전력 흐름을 제어하는 시스템 및 기술
초고압직류송전	• 초고압직류송전 시스템의 설계 및 건설 · 운영에 관련된 기술
고신뢰 변전설비	• 변전설비 신뢰도(고장방지) 향상을 위한 기술

기 술	내 용
고효율 송전설비	• 송전설비의 효율을 높이기 위한 기술
대용량 지중송전 설비	• 대용량 지중송전선로 건설을 위한 설계 및 기기제조, 운영에 관 한 기술
초고압 전력기기 요소부품	• 차단기 등 초고압송전에 필요한 요소기기의 설계 및 제조에 관 한 기술
전자계 저감형 전력설비	• 인체에 유해 논란이 있는 전자계 발생을 최소화하는 기술
Compact 송전설비	• 송전설비의 부피를 축소하는 기술
친환경 송변전기기	• SF6 대체 등 송 · 변전설비 설계 및 건설에 있어 환경에 부정적 영향을 최소화하는 기술
초전도 전력기기	• 초전도 현상을 응용하여 전력설비의 효율을 높이는 기술
초전도 선재	• 초전도용 선재의 제조에 관한 기술
초전도냉각 시스템	• 초전도 상태를 유지하기 위한 냉각기술
송전급 에너지저장시스템	• 송전망에 연계된 대용량 에너지지장시스딤의 설계 빛 제조, 운영에 관련된 기술

2) 지능형 전력망(Smart Power Grid) – 지능형 배전(Smart Distribution)

⑴ 지능형 배전망의 필요성

- 배전설비의 양방향 보호 협조, 고장 예측 등을 통해 다양한 분산전원 연계와 전기차 등 신규 대용량 수요를 위한 배전 신뢰도 확보
- 배전 분야에 신재생에너지, 에너지저장장치 등이 연계되어 운전되는 경우, 역조류 등에 의한 배전계통의 전압불안정 현상 해소, 양방향 전력조류에 의한 보호제어계통의 지능화, 마이크로그리드 접속, VPP 등 새로운 배전 계통운영 환경에서 배전계통 안정화
- 배전계통의 도심 집적화와 분산전원 및 전기차 부하의 접속은 계통의 변동성과 불확실성을 증가시킬 것으로 판단되므로 이에 대응하는 ICT 기술에 기반한 감시제어 기능 및 안정화 기술로서, DMS, 마이크로그리드 EV 충전인프라, 초전도케이블과 한류기, 배전급 에너지 저장시스템, 스마트 계량기 등에 대한 기술개발 및 보급 필요

⑵ 지능형 배전기술

- 지능형 배전은 중소규모 신재생 설비 및 저장장치, 수요반응 등 다양한 스마트그리드 애플리케이션이 연계되어, 지금의 단방향성에서 양방향성으로 변화된 배전망의 건설 및 운영과 관련된 기술로 분류

[표 5-9] 지능형 배전 기술

기 술	내 용
스마트 배전운영 시스템	• 다양한 스마트그리드 애플리케이션이 포함된 양방향성 배전망을 운영하는 시스템 및 기술
DC 배전시스템	• 교류에 의한 전력전송 손실 저감을 위해 직류 전력을 소비자에게 공급하는 시스템
스마트 배전기기	• 스마트 배전망을 구성하는 전력기기 관련 기술
배전급 에너지저장시스템	• 배전망에 연계되는 중소형 에너지저장시스템의 설계 및 제조, 운영에 관련된 기술

3) 지능형 소비자(Smart Consumer)

전력사와 소비자와의 양방향 통신 인프라 구축과 관리에 필요한 AMI, EMS 등의 시스템과 풍력, 태양광, ESS 등의 자가용 분산발전에 필요한 기술

[표 5-10] 지능형 소비자 기술

기 술	내 용
AMI	• 스마트 미터, 전력표시장치, Gateway, 전력정보 수집장치, 스마트 가정으로 구성되며 양방향 통신 제공
EMS	• 에너지 소비 주체에 대한 종합 모니터링 및 최적 제어를 통해 에너지 관리 자동화
DR	• AMI 등 양방향 통신을 통해 피크시에 수요 감축을 유도하고 공급을 시행하여 전력공급 안정화 기여
DC시스템	• 가전제품의 디지털화 등으로 DC(직류)에 대한 수요가 증가하고 있고, 에너지 효율 향상 측면에서 직류 배전을 통해 디지털 부하 관리

기 술	내 용
스마트 가전	• 실시간 전력정보에 따라 반응하여 에너지 절약 및 합리적인 에너지 사 용 유도가 가능한 가전
자가용 분산발전	• 가정용 소형 분산자원(풍력, 태양광 등) 및 소비자급 ESS

4) 지능형 신재생(Smart Renewable Energy) : 지능형 발전(Smart Power Generation)

- 태양광, 풍력과 같은 신재생에너지원에 의한 발전시설과 ESS로 구성되고, 소규모 지역에서 전력을 자급자족할 수 있는 작은 전력체계인 마이크로그리드(독립형/계통형) 또는 분산전원의 발전원 역할을 하여 지능형 전력망 공급체계의 최상위 단계에 위치함
- 대규모 신재생에너지 발전 자원의 보급 증대를 위해 발전단에 접속할 풍력단지와 같은 대규모 신재생에너지원의 구축 및 계통연계 기술 필요

5) 지능형 운송(Smart Transportation)

- 전기자동차 운영에 필요한 인프라 구축과 안정적인 전력망 연계, 전기차 시장 운영을 위한 ICT 기술을 말한다.

[표 5-11] 지능형 운송 기술

기 술	내 용
부품소재	• 전기차, 충전기를 구성하는 주요 기기로 전기 모터, 인버터 등 제품과 배터리 셀, 전력 반도체 등 부품으로 구성
충전인프라	• 전기차 충전을 위한 정보통신이 결합되어 있는 인프라로 급속 충전기, 완속충전기 등으로 구분
V2G/G2V	• 전기차의 배터리와 전력망과 연계하는 기술
전기자동차	• 전기를 주 동력으로 사용하는 이동 수단
ICT	• 전기차 충전기 위치정보 제공, 과금, 인증 등을 위한 통신 인프라

6) 지능형 전력서비스 (Smart Elec. Service)

소비자와 공급자의 양방향 의사소통을 통해 수요분산, 실시간요금제 실시를 위한 전력서비스, 전력거래시장, 시장 운영에 필요한 시스템 기술

지능형 운영시스템 분야는 전력수급 조절을 위해 전자식 전기기기와 첨단 통신 인프라를 활용하여 전력계통에 대한 제어감시, 분산전원 연계 등 전력망 운영기술에 대한 수요 증가 예상되며, 현재 HVDC, FACTS, 대량의 신재생에너지, 대용량 ESS 등의 기술개발로 인해 과거에는 실현 불가능했던 기술들이 가능해 짐에 따라 전체 전력망 운영에 있어 감시 제어 기능이 필수 기술로 부각

[표 5-12] 지능형 전력서비스 기술

기 술	내 용
플랫폼 및 운영시스템	• 이종 산업 간 기기들이 상호운용성을 기반으로 서로 유기적으로 에너지를 소통할 수 있는 통합 인프라 및 운영시스템
전력거래시스템	• 전력시장 환경과 스마트그리드 기술을 고려한 전력거래시스템
전력시장 분석모의 거래 시스템	• 전력시장의 문제점 개선 또는 신규 스마트그리드 자원의 시장진입 영향을 분석하는 기술
전력시장규제 및 위험 관리	• 전력시장에서의 문제점 예방 및 비상시에 대처할 수 있는 수단의 확보와 관련된 기술
전력수요관리 평가 시스템	• 전력수요 자원을 활용하여 전력시스템 운영의 효율성과 신뢰도를 향상시키는 기술
탄소배출권 거래시스템	• 탄소배출권을 전력거래와 융합하여 스마트그리드 자원의 활용에 따른 효용을 높이는 기술
전력시장설계	• 스마트그리드 기술을 활용한 자원이 전력시장에 참여할 수 있도 록 하는 제도, 기술
국가간 전력계통 연계 시스템	• 국가간 전력계통 연계를 계획함에 있어 필요한 기술 및 협조체계
계통연계 분석 평가 시스템	• 계통연계의 기술적 타당성 및 경제성 등을 평가하는 기술
계통연계시스템	• 계통연계에 필요한 기술의 확보 및 운용방안, 거래방식 등을 포함하는 시스템

기 술	내 용
연계계통 운영 시스템	• 연계된 전력계통을 운영하기 위한 급전기준, 협조제어 등의 운영 기준이 시행되는 시스템
분산전원 계통연계시스템	• 신재생 등 분산전원을 계통에 연계하여 운영하기 위한 시스템
Smart EMS	• 스마트그리드 신기술과 기존 전력망 자원을 실시간으로 최적 운영하기 위한 급전운영 및 신뢰도 확보 시스템
전력계통 클라우딩시스템	• 다양한 자원의 실시간으로 활용하기 위한 데이터관리 및 운영 기술
광역계통감시제어시스템	• 전력시스템의 신뢰도 제고와 효율성 향상을 위해 실시간으로 광 역 전력계통을 감시 제어하는 시스템
시스템인터페이스	• 다양한 자원 및 시스템 참여에 따른 정보 교환 기술
전력계통해석시스템	• 다양한 신기술과 자원이 활용되는 전력계통의 신뢰도를 유지하기 위해 상태를 분석하고 평가하는 시스템
전력수급 종합시스템	• 단기간 전력계통 운영계획 수립 기술
전력계통 실시간 시뮬레이터	• 전력계통 해석 및 계획 수립을 위해 필요한 전력계통을 단순하게 모의하는 기술
Self-Healing 기술	• 전력계통의 고장을 자동적으로 분리하고 복구하는 기술
전력수요예측시스템	• 신재생, 전기자동차 등 증가하는 불확실한 자원의 증가에 대응한 예측기술의 개발
지능형 통신네트워크	• 지능형전력망과 결합된 통신네트워크 기술

3. 스마트그리드 구축에 필요한 기술

에너지 효율을 높이고 외부 충격이나 고장사고에도 자가 복구가 가능한 전력망 관리 분야, 사용자(User)들의 에너지 효율을 높이고 전력품질을 향상하는 사용자 전력관리 분야, 속도별 · 전압별로 나누며 보안기술과도 접목되어야 하는 전력선통신 분야를 비롯하여 발전, 배전부분에서 청정에너지를 생산하는 분산전원 분야도 스마트그리드 구축에 필요한 기술에 포함된다.

[표 5-13] 스마트그리드 구축 기술

구 분		내 용
전력망관리	실시간 감시 (Real-time Monitoring)	• 발전소부터 송·변전소, 배전소 그리고 사용자까지의 전력 망 곳곳에 센서들을 설치하여 전력망 상태, 전력 사용량 등의 정보를 실시간으로 감시 가능하도록 하는 기술 (예 : 에너지관리시스템 EMS, WAMS 등)
	송배전 자동화 (Transmission/Distribution Auto.)	• 기존에는 전력망의 관리자가 변전소나 배전소, 전력 수요 시설의 현장에서 수동으로 처리하던 작업들을 자동으로 원격제어를 가능케하는 기술
	수요반응 (Demand Response)	• 전력 공급자와 수요자 사이의 양방향 통신을 통하여 전력망의 상태에 따라 유연하게 전력 사용량을 조절하는 기술로서, 예를 들어 전력망에 과부하가 걸릴 때, 고객은 전력사용 자제요청을 인터넷이나 각종 온라인 매체를 통해 실시간으로 받아 전력사용 절감시 요금청구서로 보상 • 스마트그리드 확산에 필요한 핵심 애플리케이션으로서, 최종 소비자가 수요반응 프로그램에 참여할 수 있도록 하는 인센티브가 관건 • 미국 DOE의 수요반응 확산을 위한 프로그램 – 가격기반 수용반응 프로그램 RTP, CPP, TOU – 인센티브 기반 수요반응 프로그램으로서 전력망 신뢰성 문제 또는 높은 발전비용이 발생하는 경우에 인센티브를 부여해 문제 해결
사용자 전력관리	스마트 미터 (Smart Meter)	• 전력사용량을 시간마다 디지털 방식으로 기록하여 원격통신을 통해 보고하는 장치 • 전력망의 전력 사용량 시간대별 변화에 따라 가격을 측정하여 피크시간 동안 전력사용을 피하게 함으로써 고객은 경제적인 보상을 받음과 동시에 전력망에 걸리는 부하를 줄일 수 있음 • 스마트 미터에 이산화탄소 저감량도 기록할 수 있는 미터 기능을 추가하여 단위 사업별, 개인주택별 온실가스 저감량을 할당할 수 있는 기후변화 관리역할도 가능

<table>
<tr><th colspan="2">구 분</th><th colspan="2">내 용</th></tr>
<tr><td rowspan="2">사용자
전력관리</td><td>스마트 빌딩
(Smart Building),
스마트 공장
(Smart Factory)</td><td colspan="2">• 프로세스, 공조 설비, 냉난방, 조명 등의 에너지 사용을 센서와 자동제어 기술을 이용해 전력망과 연결되어 건물과 공장 에너지 사용을 전력망 상태에 따라 조절
• 수요응답이 필요한 때 BEMS, FEMS를 통해 조절 가능</td></tr>
<tr><td>스마트 가전제품
(Smart Appliance)</td><td colspan="2">• 지능형 칩이 내장되어 전력망의 신호를 받아 전력망에 부하가 걸릴 때 전력사용을 줄일 수 있으며 전기요금이 저렴할 때만 작동하도록 프로그래밍 가능(온수기, 건조기, 냉난방장치에 응용)</td></tr>
<tr><td rowspan="4">분산전원
(Distributed
Resource)</td><td rowspan="4">분산전원
계통연결</td><td colspan="2">• 스마트 분산전원의 기능은 기능 구현의 난이도에 따라서 세 가지로 구분</td></tr>
<tr><td>기본기능</td><td>• 통신에 의한 분산전원의 상태정보 모니터링이나 계통 연계/차단 제어 그리고 이벤트 로그 및 리포트 기능</td></tr>
<tr><td>중급 기능</td><td>• 운전 모드나 장치 설정 등의 원격 파라미터 설정, 전압-무효전력 제어, 전압-유효전력 제어 등 미리 설정된 특성 곡선에 따른 자율적인 제어, 그리고 전압 및 주파수의 고장 복구를 위한 FRT 기능 등이 포함</td></tr>
<tr><td>고급 기능</td><td>• 동적 무료전력 보상이나 가격 또는 온도에 따른 제어 기능, 스케줄 기반 제어 등으로 구성</td></tr>
</table>

구 분		내 용	
분산전원 (Distributed Resource)	전력저장기술 (Energy Storage Integration)	• 계통의 잉여전력을 저장해 두었다가 전력수요가 급증할 때 사용하는 개념으로 풍력, 태양광 등 신재생에너지의 불안 정성을 보완하기 위한 전력저장 기능과 마이크로그리드 내에서 외부 계통 의한 전력공급 없이 전력 자급을 위한 수단으로 사용 • 전력저장장치의 종류는 다음과 같음	
		배터리	• 납축전지 • 2차 전지(리튬이온배터리, 리튬폴리머전지, 리튬인산철전지) • NaS 배터리
		축전지 (Capacitor)	• 잉여전력을 축전지에 저장, 소형화 가능
		TES	• 잉여전력으로 얼음을 생산한 뒤 냉방에 이용
		양수발전	• 잉여전력에 의한 펌프 구동으로 수력에너지 저장
		플라이휠 방식	• 회전자(Rotor), 반도체공장 무정전 전원 시설로 적용
		수소에너지 저장방식	• 신재생에너지를 이용하여 청정에너지 수소 생산, 저장

<table>
<tr><th colspan="2">구 분</th><th colspan="2">내 용</th></tr>
<tr><td rowspan="3">분산전원
(Distributed Resource)</td><td rowspan="3">마이크로그리드
(Microgrid)</td><td colspan="2">• 소규모 지역에서 전력을 자급자족할 수 있는 작은 전력체계
• 분산전원, 신재생에너지 등을 포함하는 종합에너지 공급 모델로서 현재 전력산업의 최대 관심사인 전력시스템, 전 력전자, 통신 및 제어기술이 융합된 기술
• 울릉도와 같은 섬에 설치하여 기존 디젤 발전기 대신 풍력 과 태양광, 지열 등을 연계해 에너지 자립섬 실현
• 독립형과 계통연계형으로 구분</td></tr>
<tr><td>독립형</td><td>• 에너지자립섬의 기저부하(디젤발전기) 대체 형태에 따라, ESS, 지열발전, 연료전지 발전, 바이오매스발전형</td></tr>
<tr><td>계통연계형</td><td>• 캠퍼스(대학교, 병원, 상업단지 등)와 통신 기지국, 금융기관 등과 같은 안정적인 전력공급이 필요한 곳</td></tr>
</table>

4. 국외 스마트그리드 표준화 현황

1) 국외 표준화 동향

(1) 세계 공통

IEC는 2009년에 스마트그리드 전략 그룹(SG3)을 신설, 국제 표준화그룹에서 본격적인 논의 착수했음

- IEC 전략그룹(SG3)에서는 스마트그리드 표준화를 추진하기 위해서 필요한 표준화 항목을 정리하고, IEC의 각 TC별 활동의 조정 등을 포함한 향후의 전개에 대해 논의
- 2010년 6월 IEC에서 추진하고자 하는 스마트그리드 표준화 로드맵1.0을 발표하였고, IEC 스마트그리드 표준화 로드맵에서는 일반(통신, 보안, 계획), 13개의 특화된 애플리케이션 및 기타 일반(EMC41), Low Voltage 등)으로 크게 3가지 분류로 구분하여 영역별로 적용 및 활용 가능한 표준에 대하여 기술
- IEC 표준화 추진에 있어서 개념적 모델은 NIST에서 만든 개념 모델(Conceptual Model) 기반

[그림 5-4] 미국 NIST 스마트그리드 도메인 모델

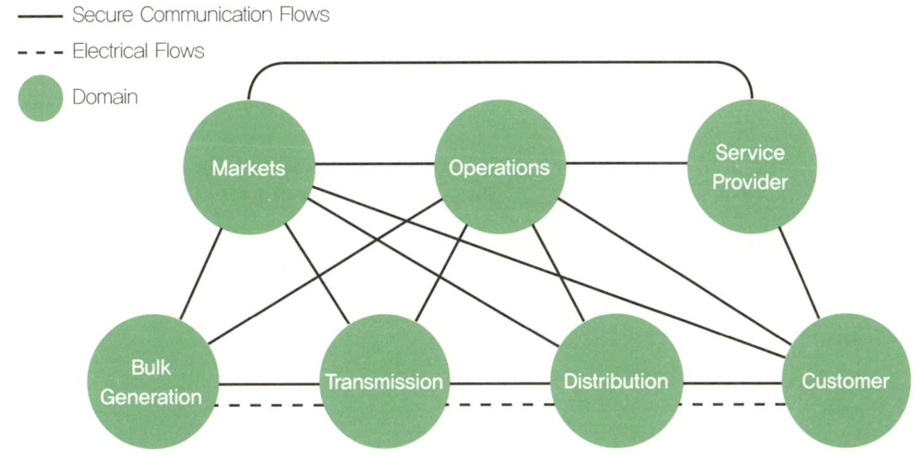

출처 : NIST

(2) 북미 지역

- IEEE에서는 NIST의 표준화 활동의 지원 이외에 관련 규격을 제정하고 있으며 2009년 3월에 스마트그리드의 상호 운용 사양을 검토하는 프로젝트 그룹(P2030)을 시작해 현재 표준화 작업 진행 중
- 미국에서는 2003년 'Grid 2030'을 수립한 이후, 2009년부터 에너지 안보확보 및 노후 전력망 현대화를 국가 Agenda로 집중 투자 하고 있다. 2009년 11월 이래로 약 620개의 공공기관 및 민영기관이 참여하여 구성된 SGIP를 통해 개방형 표준화 추진에 대한 의견을 수렴하고 표준화 추진에 방향을 제시
- 미국 NIST에서 전략적 표준화를 위한 '스마트그리드 상호 운용성 표준 프레임워크 및 로드맵 2.0' 발표(2012년 2월)

[표 5-14] Grid 2030 프로젝트

구 분	내 용
목표	• 전력설비와 통신기술이 결합된 새로운 전력시스템을 개발한다는 목표 (2007년 미의회 승인)
중점	• 노후된 전력설비를 교체하고 진보된 감지, 통신, 제어기술을 이용 하여 발전 송전 배전 및 홈 네트워크 등 양방향 인프라를 개선 • 국가의 송전망 및 배전망의 현대화, 수용가 전력 사용 효율화 등을 지원 전력망을 백본-중간본-미세본으로 나누고 각각의 역할에 따라 유기적 연결과 인공지능을 바탕으로 한 대응을 모색
참여기관	• EPRI, EDF(프랑스), 히타치, GE 및 미국의 주요 전력회사 등
2010	• 양방향통신이 가능하고 요금거래 인터페이스를 갖춘 수요자 중심의 종합에너지시스템 개발 • 전압, 주파수 등의 자동제어로 완벽한 전력품질 제공 • 원거리용 초전도 케이블 개발
2020	• Plug & Play 방식으로 전력, 냉난방, 습도조절 기능을 갖춘 수요자 중심의 종합에너지시스템 개발 • 전압, 주파수 등의 자동제어로 완벽한 전력품질 제공 • 원거리용 초전도 케이블 개발
2030	• 소비자가 원하는 안정적이고 효율성 높은 디지털화된 전력시스템 • 전국 어디서나 저탄소 청정에너지의 사용 가능 • 누구나 사용할 수 있는 에너지 저장 시스템 개발 • 국가 초전도 케이블 전력망 구축

출처 : 미국 DOE

(3) 유럽연합과 일본

유럽연합은 온실가스 20% 감축을 위해 2020년까지 신재생 발전량을 20%로 확대하는 'Climate & Energy Package 20-20-20'을 추진하면서 지능형전력량계 보급 · 확대를 위해 국제표준에 기반 한 유럽표준화 기구와 산업계간 표준화 협력을 강화하는 등 국가 간 전력거래에 중점을 두었음

- CEN, CENELEC, ETSI 3개 기관이 2010년도 5월 JWG(Joint Work Group)을 구성하여 표준화 협력을 시작한 후부터 스마트그리드 표준화가 JWG 활동을 통해 이루어졌고 2011년도 6월에 JWG는 SG-CG)로 발전하여 표준화를 진행 중
- 일본은 2010년을 기점으로 경제산업성 주도로 국제표준화 전략로드맵을 확정하고 해외사

업 및 국제표준화 대응을 위한 관민합동 대응기구인 JSCA를 결성하였고 경제산업성은 차세대 에너지시스템 국제표준화를 위한 '스마트그리드 표준화 로드맵'을 발표(2010년 1월)하는 자리에서 스마트그리드의 국제표준 7개 분야 26개 항목을 설정하고 국제표준화에 전략적으로 대응해 나간다는 방침을 천명

- JSCA는 2011년 6월 시점으로 회원사가 625개사이며 축전지, 전기자동차 배터리, 커넥터 등 5개 국제 표준화 그룹 등을 운영

5. 국내 스마트그리드 표준화 현황

2006년부터 스마트그리드 관련 IT 기반의 디지털 전력관리 표준개발과 국제표준화를 주도하기 위한 전력 IT 표준화 사업으로 전력 IT 표준화 포럼(3개 위원회 21개 작업반)을 운영하였으며 총 84종의 관련 표준을 개발하였다. 2011년 3월에는 스마트그리드 표준을 종합적으로 관리·조율하고 우리 기술의 국제표준 선점활동을 지원하기 위하여 스마트그리드 코디네이터 제도를 도입하여 국가 R&D 사업의 국가 표준화 연계를 추진하고, 국제표준화 추진 및 신시장 발굴을 위해 기술별, 국가별로 차별화된 국제 표준화 전략을 수립하였으며, 이어 2012년 3월에는 스마트그리드 표준화의 종합적인 추신을 위하여 "스마트그리드 표준화 프레임워크 1.0"을 발표하였다.

스마트그리드를 성공적으로 구축하고, 시스템 간 상호 운용성 확보를 위한 스마트그리드 표준화 활동의 종합적인 추진을 위하여 산업통상자원부 국가기술표준원의 지원하에 「스마트그리드 표준화 포럼」이 출범되었으며(2010년 6월), 스마트그리드 표준화포럼은 6개 상임 워킹그룹과 9개의 도메인 위원회 등을 운영 중이다.

[표 5-15] 스마트그리드 표준화 포럼과 기능

위원회	세부조직	기 능
운영위	• 포럼의 표준화 활동 에 대한 최종 의결기구 • 산 · 학 · 연 · 관 25인 이내로 구성	• 포럼 표준의 제 · 개정 및 폐지에 관한 사항 • 표준화 로드맵 및 기술보고서 승인에 관한 사항 • 정관의 제 · 개정 및 변경에 관한 사항 • 조정위원회의 선임 및 해임에 관한 사항 • 표준보급 및 활성화에 관한 사항
조정위	• 포럼 표준의 기술적인 사항을 검토 · 조정하기 위한 위원회로 운영위원회 산하로 운영 • 산 · 학 · 연 · 관 최대 10인 이내로 구성(사안에 따라 5인 이내)	• 신규 제안서 검토 및 채택 • 표준 수요조사 추진 및 우선순위 선정에 관한 사항 • 신규 제안서 해당 기술위원회 배정 • WG 및 위원회 등 이해당사자들의 분쟁조정
상임위	• SG 표준화 프레임워크 및 로드맵 개발, 사이버 보안 관련 활동 및 운영 • 전문인력 풀(pool)을 구성하여 워킹그룹으로 활동	• 스마트그리드 참조모델 아키텍처, 유스케이스 및 로드맵 개발 • 스마트그리드 사이버 보안 표준화 로드맵 및 표 준 가이드라인, 기술보고서 개발 • 스마트그리드 국제표준화 및 국제협력 • 시험 인증을 위한 로드맵 개발, 가이드라인, 기술보고서 개발

<table>
<tr><th>위원회</th><th colspan="2">세부조직</th><th>기 능</th></tr>
<tr><td rowspan="4">기술위</td><td rowspan="4">• 스마트그리드 6개 분야에 해당하는 표준의 기술적 사항 개발
• 전문인력 풀(pool)을 구성하여 워킹그룹으로 활동</td><td>용어</td><td>• 스마트그리드 전반적인 용어에 대한 표준 개발</td></tr>
<tr><td>송전
배전</td><td>• 송전계통의 효율적인 운영을 위한 HVDC, FACTS, CMD, STATCOM 등의 송전 분야 표준화
• 다양한 분산자원을 배전계통과 연계하기 위한 배전자 동화 표준화
• 지능형 배전을 위한 직류 배전기기, 스마트 배전기기 등의 장치 분야 표준화</td></tr>
<tr><td>발전
분산
자원</td><td>• 송 · 변전 투자계획의 효율성, 신뢰도 향상을 위한 장기 송 · 변전 최적화 시스템 기술 분야 표준화
• 마이크로그리드, 에너지저장시스템, 신재생에너지 분산전원의 계통 연계 기술 표준화
• 분산자원의 구성 요소 PCS, VPP, ESS 등의 분야 표 준화</td></tr>
<tr><td>운송</td><td>• DC, AC 충전기 충전인터페이스 등 충전 인프라 표준화
• 전기자동차와 전력계통 연계와 관련된 기술 표준화
• 전기자동차 시스템 운용에 필요한 위치정보, 과금, 인증 등의 통신 인프라 표준화</td></tr>
</table>

<table>
<tr><th>위원회</th><th colspan="2">세부조직</th><th>기 능</th></tr>
<tr><td rowspan="2">기술위</td><td rowspan="2">• 스마트그리드 6개 분야에 해당하는 표준의 기술적 사항 개발
• 전문인력 풀(pool)을 구성하여 워킹그룹으로 활동</td><td>소비자</td><td>• 첨단 계량 인프라 관련 MDMS, DLMS/COSEM, 게이트웨이 등의 통신 분야 표준화
• 전력에너지 관리 효율화를 위한 HEMS, BEMS, FEMS 등의 기술 분야 표준화
• 전력 소비기기 지능적 제어를 위한 통신 인터페이스 표 준화</td></tr>
<tr><td>시장 운영 사업자</td><td>• 전력시장 운영 효율화를 위한 실시간 수요자원 관리 및 수요반응 관련 분야 표준화
• 계통 운영 관련 Smart EMS, WAMAC, Self-Healing, 통합 운영 플랫폼 등의 기술 표준화
• iEMS, WAMS, SCADA, DAS 간의 시스템 연계 인터페 이스 표준화</td></tr>
</table>

출처 : 스마트그리드 표준화 포럼 홈페이지 (http://www.ksga.org)

Section 4 스마트그리드 국내 · 외 시장동향

1. 국외 스마트그리드 시장동향

1) 미국

- EPRI를 중심으로 배전망에 연계된 신재생에너지를 포함한 분산에너지자원의 통합운영을 위하여 Southern Company의 Smart Grid Demonstration, AEP의 Smart Grid Demonstration Project 등 다양한 실증 Pilot 프로젝트를 수행

(1) 인텔리그리드(Intelligrid)

- 2003년 미국 DOE의 지원으로 EPRI에 의해 시작되었으며, EPRI의 주도로 세계의 수많은 기업 및 연구소, 대학 등의 많은 참여로 R&D가 진행 중
- 현재 우리나라의 한국전력연구원이 연구비를 출연하고 2차 연구프로그램에 참여 중
- 사전조사에 의해 인텔리그리드의 R&D 4대 영역을 살펴보면, EPRI는 인텔리그리드 아키텍처, DER/ADA, 컨슈머 포털, FSM의 4가지 영역을 중점적으로 개발 중 미국 의회 스마트그리드 지원 법안을 연방법안으로 통과
- '스마트그리드 법률'로 알려진 2007년 에너지독립안보법(EISA)은 미국 내 스마트그리드에 대한 관심과 투자를 구체화한 법률

(2) GWA(Grid-Wise Alliance)

- 2003년 DOE의 배전 분야 부서에 의해 설립되었으며, 여러 전력회사의 대표자들로 이루어진 민간 이해관계자의 컨소시엄으로 시설, IT업체, 장비대여업체, 신기술 제공자 및 학계가 참여

(3) CPUC(California Public Utilities Commission)

- 유틸리티들이 2010년까지 개별소비자들과 그들이 지정한 공급업체에 에너지 소비데이터 접근권을 주어야 하며, 2011년까지는 얼마 정도는 실시간 방식으로 데이터를 제공하는 정책 채택
- EMS가 전력소비를 5~15%까지 줄일 수 있음에도 그동안 관련 데이터를 이용할 수 없어 EMS 활용이 어려웠으나, 기존 시스템을 EMS로 바꾸어 캘리포니아의 다양한 상업용 · 주거용 에너지 서비스를 조성

(4) Accenture

- 스마트그리드 네트워크를 통해 수백만 명의 실시간 데이터 통합 및 분석, 유틸리티 디자인, 전개, 관리를 위한 데이터관리 플랫폼 INDE(Accenture Intelligent Network Data Enterprise) 출시

(5) 인텔 – 홈 EMS

- 인텔 아톰(Atom) 프로세서는 스마트 어플라이언스, 스마트 플러그, 스마트 전력 유틸리티 미터, 가정에 설치된 센서의 모니터링 교환, 데이터 조절을 위해 디자인된 저전력 Embedded Computing 패널
- 컨셉터(Concept)는 중앙제어센터로, 이는 가족 구성원에게 하루의 활동계획, 유틸리티 비용 제어, 개인적 메시지 접근, 홈 보안시스템 작동을 돕는 정보를 제공

(6) Nations Power – 선불서비스 및 실시간 요금 제공

- 텍사스에 기반을 둔 Nations Power는 미국 유틸리티 최초로 전기 소비자들에게 선불서비스와 실시간요금 등 서비스를 제공
- 텍사스 내 100만 스마트 미터 설치 소비자들에게 제공 가능하며, 소비자는 전 달의 요금을 반영하거나 미래 사용량을 평가해 요금을 선택해 지불

(7) SGCC(Smart Grid Consumer Collaborative) 출범

- 가전 및 기술기업, 유통업체, 소비자단체, 유틸리티 등이 창립하였으며, 소비자 수용 형성과 스마트그리드 사용을 돕기 위해 스마트그리드 소비자 연합 출범

2) 캐나다

- 2008년부터 2012년까지 5년에 걸쳐 건물의 에너지 사용, 커뮤니티 열생성, 재생 및 에너지저장장치 등 19개 클린에너지사업이 수행되었고, 각 사업에 250만 달러에서 2000만 달러가 투입함
  - Calgary, Alberta주, Ontario주, British Columbia주 등에서 이루어지는 상업빌딩을 위한 스마트그리드 기술 실증, 주거용 태양열 난방을 위한 태양열 집열방식 비교 및 저장기술, 밴쿠버 아일랜드의 100kW급 조력발전 장치, Prince Adward 섬의 9MW 규모의 풍력발전 및 저장시스템 등이 포함
- New Brunswick 환경부는 스마트그리드 개발지원을 위해 NB Power에 240만 달러를 투입
  - 풍력, 태양열과 같은 예측 가능성이 적은 전력이 전력망으로 들어오는 데 있어서 상세한 변화측정과 발전과 수요의 전력 흐름을 매칭(Matching)

3) 브라질

- 송배전 중 손실전력의 증가로 스마트그리드 기술도입이 시급하여 일부 전력업체가 실증단지를 설립하고 지능형 전력망을 설치하여 스마트그리드 기술 활용을 테스트하고 있으나, 고가의 투자비용으로 인해 소수업체만 기술도입에 적극적인 입장을 견지
- 열악한 진력송배전 인프라로 인해 한해 약 56억 달러의 손해를 입고 있어서 몇 년 전부터 스마트그리드 시스템 전문가를 초청해 세미나를 여는 등 여느 때보다 스마트그리드 기술에 대해 높은 관심을 표명
- 시장은 정부가 계획한 6300만 대의 아날로그식 전기계량기 교체 프로젝트만 보더라도 약 80억 달러의 투자가 필요할 것으로 예상
- ANEEL는 최근 전기통신망 전력선통신 관련 규정을 확정함에 따라 지금까지 스마트그리드 기술 활용에 가장 큰 장애로 작용했던 통신 인프라 문제가 개선될 전망
- 브라질 대표적 전력업체인 CPFL Energia은 2009년부터 2014년까지 그린빌딩, 스마트그리드 기술 확산 등 에너지효율 제고를 위한 R&D 부문에 독일(Fraunhofer), 네덜란드(KEMA) 등 에너지 전문 컨설팅업체와 계약을 체결하여 약 2억 달러를 투자한 데 이어, 2021년까지 전국적으로 6300만 대의 스마트 미터기 설치계획을 발표

- 유틸리티에 수백만의 스마트 미터를 공급하는 스마트 미터 생산업체와 스마트그리드 네트워킹 제공업체 등이 앞으로 거대한 이익 창출 예상

4) 이탈리아

- 2005년 저속 PLC를 이용한 3000만 호 원격검침설비를 완료
- AlpEnergy는 이탈리아, 독일, 스위스, 프랑스, 슬로베니아, 오스트리아 6개 국가가 참여하는 재생에너지의 효율적 공급을 위한 국가 간 협력 프로그램을 알프스 지역 중심의 지능형전력망 구축을 시도
- ENEL(이탈리아 에너지공사)을 중심으로 유럽 11개 국가 에너지 분야 25개 유럽기업 및 연구소, 학계 등의 컨소시엄이 형성되어 1900만 유로가 투자되는 'ADDRESS(Active Distribution Networks with Integration of Demand and Distributed Energy Resource) 프로젝트'를 진행
- 이탈리아는 전 세계에서 스마트그리드를 가장 먼저 도입(2006년)하여 2009년 7월 G8 확대정상회의에서 한국과 공동으로 스마트그리드 선도국가(Leading Role)로 지정되었고, 정부에서는 100여 개의 배전사업자의 고객 중 총 95%에 스마트 미터기를 설치

5) 독일

- 독일의 전력시장은 완전히 자율화되어 있고, 전력망 등 송배전시설을 민간 기업이 소유하고 있어서 스마트그리드 구축을 위한 정부 역할은 제한적이나 독일정부는 스마트그리드를 위해 전력요금을 차등 적용하는 '전력검침제도 합리화 방안(2008)'과 연구개발을 지원하는 'E-에너지 프로젝트' 정책을 추진 중
- 스마트그리드 구축이 의무화되지 않았으나, EnWG 2009년법에 따라 2010년부터 신축건물 및 주요 개조공사를 하게 되는 건물에 스마트 미터 설치를 요구하고 있으며, 신재생에너지 발전차액제도와 연계한 마이크로그리드가 급속하게 증가 추세
- 독일 전역에 스마트 미터기를 도입할 경우 약 4000만 대를 교체해야 하며, 사업비는 AMI 사양에 따라 38~57억 유로로 추산
- M-Bus 호환기능으로 추가로 최대 4대(전기, 가스, 수도, 난방)의 미터기에서 유틸리티 관련 데이

터를 수집하여, 케이블이나 주파수를 통해 전송 가능

- Echelon '스마트 미터용 주파수 수신솔루션'은 EVB와 수도 및 난방미터제조공급자인 Hydrometer GmbH가 공동 개발하여 2010년 중반기부터 전력공급자가 사용 중
- 독일 남서부 Singen은 2030년까지 인구 20만 명인 Singen 지역 에너지를 100% 신재생에너지(풍력, 소수력, 태양에너지, 바이오가스 등)로 공급하는 스마트그리드 모델을 실시하고 있으며, 이를 위해 현재 700여 명이 시민기업의 주주로 참여, 액면가 2500유로(약 275만 원)인 주식을 1주씩 보유
- Daimler AG, RWE AG가 구축하는 세계 최대 친환경 전기자동차 조인트 프로젝트인 베를린 'E-Mobility Berlin 프로젝트'는 메르세데스 벤츠와 스마트 전기자동차 100대 및 500개 충전소 운영계획추진 중
  - 주차장 중심으로 먼저 56개 충전소를 2010년부터 운영 중이며, RWE는 충전소 인프라 운영, 전기 공급, 중앙 통제시스템 담당
- BMW 역시 Berlin에서 Vatenfall이 재생에너지로 생산한 전력을 사용해 전기자동차 실증 진행, 요금 시스템은 전기자동차와 충전소 간의 데이터교환을 통해 이루어짐
- Freiburg는 태양에너지를 활용한 세계 최초 회전형 주택 헬리오트롭(Heliotrope)을 실증한 친환경 주택단지 '보봉마을'을 구축하였으며, 또한 시민 출자로 Badenova 경기장의 태양광 발전장치를 구축

6) 영국

- 대형 풍력발전 등 다양한 재생에너지원 개발과 환경보호와 지속 가능한 성장의 관점에서 온실가스 절감과 대체에너지 보급 등에 주력하고 있으며, 스마트그리드 기술을 유력한 수단으로 인식, 스마트 미터(전자식 전력량계) 설치를 통한 파일럿 프로젝트를 추진 중이다.
- 2009년 6월 영국은 대규모 풍력발전소 건설방침에 따라 지상 송전망 연결을 위한 150억 파운드(약 26조 원) 규모의 신규 송전망 건설계획을 발표하고 스마트그리드를 추진하기 위해 영국정부와 함께 앞으로 20년간 각 가구당 전기요금에 추가로 연간 15.78파운드씩 부과해 전체 사업비를 충당
- 스마트그리드 관련 사업에 2년 동안 10억 파운드를 지원하고 있으며, 풍력발전 및 저탄소

발전을 전력망에 연결하는 인프라 구축과 그중 약 7억 파운드는 송전망 구축과 조력/파력 발전의 전력송전을 위한 스코틀랜드 프로젝트 투자

- 지능형 전력망 개발과 전기자동차 네트워크 개발을 추진 중이며, 5년 내에 전기자동차 상용화 목표로 전기자동차 충전소와 주차장 설립에 3000만 파운드를 투자하고 있으며, 스마트그리드 전문기업 RLtec와 가전 제조업체 Indesit은 영국에서 최초로 스마트 가전 시범사업을 개시하여 2009년 말부터 RLtec는 변동수요기술(Dynamic Demand Technology)에 최적화 된 냉장고와 냉장냉동고를 보급 중이다.
- British Gas는 2012년까지 200만 가구에 스마트 미터 구축을 위해 6개의 회사와 수백만 파운드에 달하는 계약을 체결
  - 소비자들의 에너지 사용정보를 자동으로 모니터링 하는 네트워크를 구축할 것으로 보이며, 보다 정확하고 자동화된 빌링시스템을 고객들에게 제공할 계획
- OFGEM은 전력생산 기업들의 신재생에너지 생산 및 온실가스 감축 노력을 평가해 친환경 전력생산이 인증된 전력업체에 녹색 에너지 라벨을 부착할 계획

7) 네덜란드

- 네덜란드 KEMA는 스마트그리드 시범도시 프로젝트에 착수, 마이크로그리드 프로젝트를 추진 중
  - Power Matching City를 컨셉트로 25가구 규모의 공동체에서 스마트그리드 도시를 구현하는 동 프로젝트는 유럽 최초의 마이크로그리드 프로젝트로 가구별 또는 공동으로 전기를 생산하는 발전설비를 갖추고 생산된 전기를 배분
  - 보유설비 및 장비는 하이브리드 열펌프, 태양열 패널, 스마트 장비, 전기 차량 등
- Amsterdam은 전기자동차로의 사업전환 장려를 위해 300만 유로를 지원하기로 하고, 2015년까지 전기자동차 1만 대를 도입 중
  - Amsterdam은 앞으로 도로변과 공원, 운행시설의 최적위치에 약 200개에 충전소를 구축할 계획이며, 에너지회사 Nuon이 충전소에 신재생에너지를 공급할 계획

8) 덴마크

- 섬주민이 자발적으로 재생에너지 시설에 개인 및 공동 소유 또는 협동조합 형태로 투자한 Samso섬은 지난 10년간 육상풍력발전 터빈 11기, 해상풍력발전 터빈 10기, 밀짚연소 난방공장 3기, 태양열 · 나뭇조각 연소난방공장 1기 등 다양한 재생에너지 시설을 건설하여 세계 최초의 탄소제로 도시에 근접
- 10년 내 100% 재생에너지의 자립섬 마을과 100% 탄소 중립섬이라는 비전을 현실화
  - 풍력발전의 비율이 이미 20%에 이르는 덴마크는 2025년까지 풍력발전의 비율을 50%로 확대시키는 동시에 Bornholm섬 방식의 스마트그리드를 전 지역으로 확산 예정
  - 덴마크는 청정에너지 사용 확대를 위해 스마트그리드 구축개발을 강화하고, EU 스마트그리드 시장은 지난 몇 년간의 경험을 바탕으로 스마트그리드 진보를 이룩해오면서 전체 전력망 자동화를 구축해오고 있으나 정보처리 상호운용 가능성 및 데이터 보안 등의 문제점으로 인해 시장 확산에 걸림돌로 작용하고 있으며 비즈니스 모델의 부족으로 대규모의 실증단지 배치와 투자지연이 야기됨

9) 스웨덴

- ABB와 Nordic Utility Fortum이 공동으로 신재생에너지로부터 발생된 전력공급을 위한 다양한 솔루션 개발 및 스웨덴 스톡홀름 내 새로운 단지에 대규모 스마트그리드 구축 및 디자인을 위해 합동개발 프로젝트을 시행 중
  - 개발목표 : 에너지효율 가구, 마이크로그리드 실현, 스마트그리드 디자인, 에너지저장, 파워 그리드
  - 개발목적 : 2020년까지 스웨덴 수도 70%의 지역에 온실가스 배출을 저감할 지속가능하고 효율적인 전력생산, 송배전에 포커스를 맞춘 도시성장을 목표로 하는 Clinton Climate Initiative의 16개 글로벌 프로젝트 중의 하나로서 스톡홀름 Royal Seaport 지역에서 저탄소 배출 전력네트워크 개념을 테스트
- 스마트 미터링 실증사업
  - 스웨덴의 SWECO 사는 시간별 미터리딩(Hourly Meter Reading)에 대한 이점을 조사하고 있으며, 독일 Erding은 GE의 스마트 미터 3만 3000개를 보급하였으며, 스웨덴 유틸리티들은

이미 스웨덴 가정에 AMR 기술을 보급하였고, 2009년 여름에는 모든 소비자를 대상으로 실제 월별 미터 검침 결과 기반의 전기요금 부과 시작

- 현재 AMR 기술로 시간별 미터 검침 가능 여부와 더 많이 보급하기 위해 업그레이드가 필요한지를 분석하기 위해 EMI(Energy Market Inspectorate)가 SWECO의 위임을 받아 시간별 미터 검침 이점 조사
- 독일 Erding의 공공사업부와 Stadwerke Erding은 3만 3000가구의 전기, 가스, 물, 난방 사용량을 보고하기 위한 스마트그리드 기술을 보급 중

10) 일본

- 고속 PLC 통신을 옥내만 허가하였고, 도쿄전력과 간사이전력 등 일본 10개 전력회사는 전력을 효율적으로 공급하는 차세대 송전망인 스마트그리드 구축을 위해 2020년까지 약 12조6000억 원을 투입할 계획
- 이외 8개 전력회사도 스마트그리드 도입을 검토 중인 것으로 알려져 2020년까지 일본 내 모든 가구에 스마트 미터기 설치가 가능할 것으로 전망
- 미쓰비시전기는 스마트그리드 실증설비 구축에 2012년 3월까지 7600만 달러를 투자하여 효고현 아마가사키 공장지역에 전기배급 시스템과 충전배터리가 포함된 4000kW 태양광 설비를 구축하였고, 와카야마 현에는 200kW 태양광 전력기기를 구축해 아마가사키 지역에서 모니터링
- 히타치는 스마트그리드를 추진하기 위해서는 IT와 전력, 환경기술의 융합 등 종합적인 능력이 필요하다며 대담한 조직재편과 M&A에 착수
- 가전업체 파나소닉은 환경 친화적인 '그린홈' 사업을 새로운 핵심 비즈니스로 육성하기 위해 약 1조 원 규모의 투자
- Japan Smart Community Alliance 설립
  - 스마트그리드 관련 유력기업 및 단체가 결집한 관민연합체로 2010년 4월 6일 설립되어 스마트그리드 관련 도시개발, 사회시스템 구축을 본격적으로 추진
  - 중전기, 전력, 가스, 자동차, 주택, IT, 대학 등 286개 기업 및 단체 참가하였으며 신에너지 NEDO(News Energy and Industrial Technology Development Organization)가 사무국이 되어 4개의 작

업분회를 설치

- JSCA를 통해 시스템 구축은 물론 국내 · 외 정세파악, 정보발신, 국제표준화, 기술개발의 행정표를 책정하고 스마트그리드를 구성하는 주택 'Smart House'를 검토

– 자동차업계, 전기자동차 및 배터리 개발에 박차

- 일본 경제산업성은 전기자동차의 본격 보급을 위해 지방자치단체와 제휴한 충전 인프라 정비를 진행하여 2010년 4월 12일에 발표된 '차세대 자동차 전략 2010' 보고서에서 2020년에 완속충전기 200만 대, 급속충전기 5000대 정비를 목표로 설정했으며, 2010년도부터 100/200V의 완속충전기를 청정에너지자동차 등 도입촉진 대책비 보조금 대상에 추가
- 정부의 적극적인 지원을 전제로 하이브리드차와 EV, PHEV로 대표되는 차세대 자동차가 일본 내의 신차판매 대수에 점하는 비율을 2020년도에 최대 50%, 2030년에는 70%로 높이기로 결정
- EV의 본격보급에 필수적인 인프라 정비는 2020년까지 국가 및 지자체 등 '관'이 담당하며, 전국에서 완속충전기 200만기, 급속충전기 5000기의 설치를 목표로 하고, 국토교통성과도 제휴해 충전인프라의 소재지를 표시하는 위치정보와 국가 · 자동차메이커 · 충전기회사 · 전력회사 · 부동산 회사 등을 중심으로 '충전인프라 등 정비 가이드라인'을 결정
- 관서전력, 미쓰비시 자동차, 미쓰비시상사, 미쓰비시 오토리스가 2009년 9월에 설립한 '관서전기자동차 보급추진 협의회'는 2010년 5월부터 전기자동차의 주행 · 충전에 관한 실태조사 연구를 개시하여 보유하고 있는 EV나 충전설비를 제공하고 2년 간에 걸쳐 전용기기에 의한 실제 운행 데이터를 파악해 나가면서 편리성, 경제 합리성 등 충전인프라 검증
- 도요타 자동차는 가정용 전원으로 충전할 수 있는 PHEV를 2011년 말부터 일반에 시판 중이며, 특히, 판매차량의 일정비율을 에코차로 의무화하는 미국 캘리포니아주에는 연간 약 1만 5천대 판매 중이다.
- 미쓰비시는 EV와 PHEV 전용 충전기능을 가진 엘리베이터식 입체 주차장(Plug In Lift Park)을 개발하였고 향후 수직 순환식 플러그인 타워 파크, 평면 왕복방식 플러그인 프레스토 파크 등에도 충전기능을 탑재할 계획이며 태양광에너지를 사용한 저에너지 부하형 입체주차장 개발도 추진 중이다.

– 일본 스마트그리드의 국제표준

- 경제무역산업성은 IEC에 자국 26개 스마트그리드 관련 기술을 세계표준으로 채택할 수

있도록 제안

- 전기자동차 국제표준 선점을 위해서 도요타, 닛산, 미쓰비시, 후지중공업 등 일본의 4개 대형 자동차회사와 전력회사 등 관련업계는 전기자동차 충전방식을 통일하고 이를 국제표준으로 만들기 위해 협회 CHAdeMO를 결성하였으며, 독일의 Robert Bosch GmbH, 프랑스 PSA Peugeot Citroen 등 해외기업 20여 곳도 공동으로 참여

11) 중국

- 중국은 2002년에 고속 PLC에 대한 정부허가로 북경 시내 인터넷 시범서비스를 하고 있으며, 스마트그리드에 대한 계획을 2020년까지 3단계로 나눠 실시 중(최소 4조 위안 투입)
- 2009년 7월에는 미-중 양국 간 그린에너지 개발을 위한 협력 필요성에 따라 미 · 중 정책협력을 위한 전략경제대화(Strategic & Economic Dialogue)에서 기후변화 및 청정에너지에 대한 MOU를 체결
  - EV, 스마트그리드 개발 등을 위한 협력 강화
  - 1억 5000만 달러를 지원해 미 · 중 클린에너지 연구센터를 건립하고 빌딩에너지 효율성, EV, CCS에 대한 양국 간 R&D 협력 프로젝트 추진
- 중국 해양석유총공사 CNOOC(China National Offshore Oil Corporation)
  - 전기자동차 배터리 충전소 건설
  - 2011년 리튬전지 생산업체인 Tianjin Lishen Battery에 50억 위안을 투자하여 전기자동차 확산에 일조

12) 호주

호주의 유틸리티 기업인 Western Power는 1만 500대의 스마트 미터를 구축

IBM은 2012년에 완료된 스마트그리드 시범사업에 50만 달러 규모의 시스템 통합, 프로젝트 운영 서비스 제공

2. 국내 스마트그리드 시장동향

1) 한국전력공사

2009년 12월 스마트그리드용 IT 융합기술 상용화를 위해 고속 PLC와 Binary CDMA 무선기술을 융합한 스마트그리드 원격검침 통신기술을 세계 처음으로 상용화

- 국내 고속 PLC는 산업통상자원부 주관의 R&D사업으로 개발한 기술로 현재 약 5만여 저압 고객 원격검침사업에 주로 활용 중이다.

산업통상자원부의 2011년 스마트그리드 활성화 계획에 따라, 한전은 다음과 같이 2030년까지 스마트그리드 사업 분야와 제도개선에 8조 원을 투자할 계획

- 송배전설비의 지능화, 스마트 미터의 교체 등을 위해 앞으로 5년간 매년 4000억 원 규모의 투자와 이후 2020년까지 2조 3000억 원, 2030년 3조 7000억 원 등 총 8조 원을 단계적으로 투입
- AMI 보급은 2016년까지 1000만 대, 2020년까지 2194만 대, 주파수 조정용 ESS 사업은 2017년까지 500MW 목표
- 태양광, 풍력 등 신재생에너지원을 11%까지 수용하고, 전력피크를 감소하여 CO_2를 감축하는 데 기여하는 한편, 전기자동차 충전 및 스마트 홈, 공장과 같은 전력소비 분야의 지능화 추진을 통해 전력설비 이용률 향상 기대

(1) 에너지자립섬 사업

- 섬지역의 디젤발전기의 연료를 청정연료로 대체하는 독립형 마이크로그리드사업
- 가파도에 이어 한전 컨소시엄으로 울릉도에 에너지자립섬 사업 추진 중이며, 이와 병행하여 산업통상자원부를 대신하여 섬지역의 에너지자립섬 마을을 공고하여 62개 중 5개섬의 컨소시엄을 확정하여 민자사업으로 추진
- 인천시 옹진군 덕적도(KT 컨소시엄), 전남 진도군 조도(LG CNS 컨소시엄)와 전남 여수시 거문도 (LG CNS 컨소시엄), 충남 보령시 삽시도(우진산전 컨소시엄), 제주도 제주시 추자도(포스코 컨소시엄)

⑵ **스마트그리드 확산사업**

- 사업지역 : 서울시, 인천시, 충남, 전북, 경북, 경기도(남양주), 강원도(강릉), 제주
- 수요반응관리(전력 재판매 · 수요반응), 기타서비스(에너지소비 컨설팅, 신재생 출력 안정화)

2) LS그룹

- 말레이시아 내무부(Ministry of Home Affair) 산하 SI 업체인 Sentient Wave 사와 스마트그리드 사업협력 MOU를 체결하였고, 이에 따라 LS 산전은 말레이시아 시장에 AMR, AMI, LED 조명, 태양광발전시스템 등 솔루션을 공급하고 Sentient Wave 사는 시장 및 기술정보를 제공하여 현지 사업추진
- 중국 최초 스마트그리드 시범단지가 조성되는 장쑤(Jiangsu)성 양저우(Yangzhou)시와 포괄적 사업협력 MOU를 체결하였고, 이로써 중국 스마트그리드 프로젝트 참여와 생산기지 및 R&D 센터 건설 시 상호협력키로 하는 내용을 담고 있어, LS그룹은 중국시장에서 유리한 교두보를 확보
- 스마트그리드 확산사업
  - 사업지역 : 부산광역시
  - ESS 기반 수요관리/가상발전소, xEMS 기반 수요관리 사업, 전력판매 사업

3) 포스코 ICT

- 엔지니어링, 프로세스 오토메이션, IT 서비스를 3대 핵심 사업으로 추진하고 스마트그리드 및 U-에코시티 등의 그린 IT를 신 성장 동력으로 선정하여 집중 육성
- 포스코 광양제철소 산소공장에 스마트그리드 인프라 구축을 완료하고, 에너지사용 효율을 극대화하기 위한 '스마트 인더스트리'라는 실증사업에 돌입
- 스마트그리드 확산사업
  - 사업지역 : 경북 포항시(포항 제철소), 울산광역시(풍산 온산사업장)
  - 에너지이용효율화, 에너지저장시스템(BESS60)), 지능형 수요관리(DR), 에너지운영센터(EOC)

4) LG그룹

– 'Green2020'을 확정하고 3대 전략과제인 그린 사업장 조성, 그린 신제품 확대, 그린 신사업 강화를 위해 2020년까지 그린사업 R&D에 10조 원, 관련 설비에 10조 원을 각각 투자
  - LG전자는 태양전지사업의 확대와 함께 차세대조명시스템, 총합공조, 스마트그리드 등에 집중
  - LG화학은 태양전지 및 LED 소재, 전기자동차용 전지, 스마트그리드용 전력저장장치 등 그린 신사업과 관련된 소재 개발에 주력
  - 스마트그리드 확산사업에는 직접 참여하지 않고, 한전에서 추진 중인 에너지자립섬 사업에 치중

5) KT그룹

– 스마트그리드 확산사업
  - 사업지역 : 세종, 전남, 광주(수완지구), 대전 KAIST, 서울 구로, 창원, 구미
  - EMS 기반 에너지 효율화 서비스, 자립형 분산전원 서비스

6) 현대중공업

– 산업공단용 스마트그리드 확산사업
  - 사업지역 : 울산광역시
  - 에너지소비 컨설팅(프로슈머 지원 서비스), 수요측 발전자원 전력거래, 수요반응

7) 현대오토에버

– 에너지자급자족도시를 위한 대구시 스마트그리드 확산사업
  - 사업지역 : 대구광역시
  - Cloud-EMS(계측 인프라 포함)(EMS 및 DRMS61)) 구축

8) SK 텔레콤

- 대규모 건물 에너지관리 솔루션 기반 스마트그리드 확산사업
  - 사업지역 : 제주, 창원, 전주, 서울
  - 에너지 효율화 사업(에너지 진단, 에너지 사용 최적화 컨설팅), 수요반응 관리

9) 짐코(GIMCO)

- 구역전기 및 집단에너지 공급 기반 스마트그리드 확산사업
  - 사업지역 : 대구 서구(집단에너지사업지역)
  - 에너지 이용 효율 극대화, 인프라 확대 및 사업모델의 상용화, 분산전원융합 및 수요반응 확장

3. 스마트그리드, 세계적인 기관의 평가

1) Pike Research의 스마트그리드시장 평가

- Pike Research는 2015년까지 스마트그리드 시장규모를 2000억 달러, 유럽의 기술투자가 2010년에서 2020년 사이 803억 달러에 이를 것으로 전망하고 있으며, 이 중 전력망 자동화 부분이 전체 스마트그리드 투자의 84%를, AMI 부문에 14%(약 2억 4000만 대), 전기자동차 부문에 2%를 차지할 것으로 발표
- 스마트그리드시장 성장의 주요인은 기존 전력망의 신뢰성, 보안, 운영 효율성 향상으로 파악되며, 전력사업자들은 스마트그리드 기술 채택으로 큰 투자수익이 기대되고 이 수익은 송전망 업그레이드 및 변전소 · 배전망 자동화 등이 전력망 인프라에 재투자될 것으로 예상
- 스마트그리드로 인한 수익은 각 정부의 지원에 따라 2013년에 절정을 보이다 점차 축소되리라 전망하고 공통의 계획과 표준의 부재, 빈약한 사업 및 규제모델, 소비자의 스마트그리드에 대한 인식 및 신뢰의 결여가 스마트그리드 시장 성장의 걸림돌

2) Navigant Research의 스마트그리드 시장 평가

- 세계 스마트그리드 시장의 수익규모를 2012년 33억 달러에서 2020년말 73억 달러까지 10%의 복합 연평균 성장률(CAGR)를 나타내며 성장 예상
- 세계 스마트그리드 시장의 양대 산맥은 아시아-태평양 지역과 북미지역이며, 이들 두 지역의 주요 분야는 중국과 미국 송전망 개선 사업과 10년 정도 이후 형성될 인도 시장을 들 수 있음
- 영국, 프랑스, 스페인에서 진행되는 20-20-20 의무사업과 대규모 지능형 미터기 보급 프로그램의 영향으로 유럽 시장이 성장할 것으로 전망
- 남미 시장은 브라질의 송전망 구축사업과 브라질, 칠레, 멕시코의 지능형 미터기 보급 사업을 반영

3) Berg Insight의 스마트그리드 평가

- 2020년까지 80%의 스마트 미터를 구축하겠다는 EU의 목표가 잘 진행되고 있을 때를 전제로 2014년까지 유럽 내 9630만 가구가 스마트 미터를 보유할 것으로 전망
- EU 국가 중 이탈리아는 스마트그리드 기술을 받아들인 유럽의 첫 번째 국가였으며, 스웨덴은 2009년에 지능형 미더를 의무화했고, 독일 등과 함께 마이크로그리드 및 전기자동차 충전소사업도 활발히 추진 중

4) 미국 ABI Research의 스마트그리드 평가

- 시장조사 업체 ABI 리서치는 하이브리드카와 전기자동차가 2010년부터 빠르게 보급되면서 인프라인 충전소 시장의 급성장을 전망
- 전 세계 플러그인 자동차용 충전소는 2015년에 300만 개소가 될 전망이며, 플러그인 자동차용 충전소 시장규모는 117억 5000만 달러에 달할 것으로 예측
- 지역별로 미국이 전 세계 충전소 시장의 절반 이상인 54%를 차지할 것으로 예측했으며, 중국이 23%로 그 뒤를 잇고 나머지 해외시장이 23%를 점할 것으로 예상

5) 미국 GTM Research의 스마트그리드 평가

- 미국 스마트그리드 시장성장의 원동력은 송전시설 현대화를 위한 연방정부의 경기부양지원금(ARRA : The American Recovery and Reinvestment Act of 2009)과 시장 내 경쟁 및 합병의 증가, IT 관련 대기업들이 스마트그리드 관련 업체에 투자를 돌리면서 발생되는 기술적 시너지 효과
- 새로운 하드웨어, 소프트웨어 및 시스템이 대거 도입되면서 송전시스템이 더욱 지능적으로 진화하게 돼 앞으로 10~15년 정도면 기존의 배전시설과 스마트그리드 간의 차이가 사라질 전망
- 당분간 스마트그리드 시장은 성장할 것이지만, 아직도 장기적인 장애물들이 적지 않은 상황으로, 대규모 통합작업을 위해서는 앞으로 20년간 약 1억 6500만 달러의 투자가 필요할 것으로 추산되며, 이를 위해서는 정부의 안정적인 지원자금과 주정부와 연방정부 단위의 명확한 정책이 뒷받침돼야 하며, 새로운 기술이 소비자에게 줄 수 있는 혜택을 효율적으로 보여주어 인식을 높이는 것도 필요

6) 미국 SBI Energy의 스마트그리드 평가

- 'Global Smart Grid Enabling Products Market' 보고서를 발간, 앞으로 5년 동안은 전력망 부품업체들이 판매실적을 올리고 전력망 공급 사슬에서 장기계약을 체결하는 과정임에 따라, 전 세계 스마트그리드 시장에서 매우 중요한 시간이 될 것
- 정부의 인센티브가 개발업체들에 중요하며, 스마트그리드 부품판매를 촉진하는 핵심 역할을 할 것

7) GTM Research : 전기자동차 보급이 스마트그리드 시장에 미치는 영향

- 'The Networked EV : The Convergence of Smart Grids and Electric Vehicles' 보고서 분석
  - 전기자동차는 기존 전력망에서 상당한 전력부하를 필요로 하므로, 전기자동차 시장은 스마트그리드 하드웨어, 소프트웨어, 통신사업자들에게 큰 시장기회 제공
  - 자동차산업의 발전이 전기자동차 시장을 형성하면서, 다양한 범위의 스마트그리드 기술

들이 점차 전력사업자가 전력망 신뢰성 및 안정성을 유지하기 위해 갖춰야 할 필수요소가 될 것

- 전 세계 누적 전기자동차 판매량이 2016년까지 380만 대에 이를 것으로 전망하며, 이러한 전기자동차의 빠른 보급은 배전자동화기술, V2G 통신, 신규 소프트웨어 애플리케이션 등의 확산 촉진
- 전기자동차를 지원하기 위한 5단계 스마트그리드 업그레이드 절차를 1단계 통신플랫폼 구축, 2단계 센서망 구축, 3단계 분석기업 · 소프트웨어 · 시뮬레이션기법 활용, 4단계 통제 및 보안 강화, 5단계 가전기기 및 기타 전력 기기와 연계로 구분
- 현재 전기자동차 인프라 투자가 충전소를 통한 전력전달에 초점을 맞추고 있으나, 공공충전소 및 가정용 충전기 보급이 보다 확대되면서 새로운 세대의 전력망장치에 대한 투자가 중심이 될 것이라고 강조
- 여러 관련 전력망제어 및 보호과제가 스마트그리드 기술의 투자를 촉진할 것으로 보이는 가운데, 전력망 통신과 배전자동화 부문의 투자가 활발해질 것으로 예상되고 차세대 변압기 탭조정기, 전압제어기, Capacitor Bank 및 Switch, 스마트 장치를 지원하기 위한 통신네트워크와 같은 스마트그리드 기술들이 새로운 수준의 전력망 최적화 및 제어를 가능하게 하여 전기자동차의 보급기반을 제공

8) EC Joint Research Center에서 조사한 유럽 스마트그리드

- 유럽의 EU15(오스트리아, 벨기에, 덴마크, 핀란드, 프랑스, 독일, 그리스, 아일랜드, 이탈리아, 룩셈부르크, 네덜란드, 포르투갈, 스페인, 스웨덴, 영국)를 중심으로 55억 유로(77억 달러)를 투자하는 총 219개 스마트그리드 프로젝트가 진행 중
- 이탈리아가 22억 유로(대부분 스마트 미터)로 가장 많고, 독일(통합시스템 분야), 핀란드(통합시스템과 미터 분야), 프랑스(스마트 미터), 영국(송전자동화 일부 및 미터 · 통합 · DA · 가전 · 저장), 덴마크(미터 · 통합 · DA · 송전자동화), 오스트리아(전력망 현대화), 스웨덴(대부분 미터와 통합시스템이며, DA · 가전 · 저장은 소량) 순

9) IHS iSuppli – 스마트그리드로 인한 리튬이온 배터리 시장

- 2012년부터 스마트그리드 부문에서 세계 리튬이온 배터리 시장은 빠르게 성장하여 2020년까지 59억 8000만 달러로 확대될 것으로 전망(2012년 7200만 달러 수준임을 감안할 때 약 80배 가까운 급성장)
- IHS는 스마트그리드가 수요변동에 적응하고, 시스템 전반에 걸쳐 전력전달을 최적화하기 위해 재충전 가능한 배터리를 필요로 한다고 강조

4. 주제별 스마트그리드 시장동향

1) 스마트그리드 사이버 보안 위협

- 전력망에 IT가 결합되는 스마트그리드에서는 정보통신 네트워크 기기에서 나타나는 보안 문제를 포함한 다양한 사이버보안 위협 발생 가능
  - NIST의 "스마트그리드 사이버보안을 위한 가이드라인"(Guideline for Smart Grid Cyber Security)에서는 SG에서 발생 가능한 잠재적인 보안 취약성을 "인력과 정책 및 절차", "플랫폼 소프트웨어 및 펌웨어 취약성", "플랫폼 취약성", "네트워크"의 네 가지로 분류
  - 보안솔루션 전문업체 Secure Computing은 전력 기반시설을 필두로 한 중요 인프라의 보안
  - 취약 요인으로 센서, 디지털 계량기, 원격접속기능 등의 활용으로 인한 액세스 포인트(Access Points)수의 증가, IP 기반 네트워크의 활용, MS Windows와 같은 범용 IP 플랫폼 선호 등을 지적
  - 다양한 사회기반시설과 연계되어 있는 스마트그리드 환경에서의 보안 위협은 단순히 전력망에 대한 위험을 넘어 사회 전반에 걸쳐 심각한 피해를 야기할 가능성 존재

[그림 5-5] 스마트그리드와 연계된 기반시설의 보안 위협

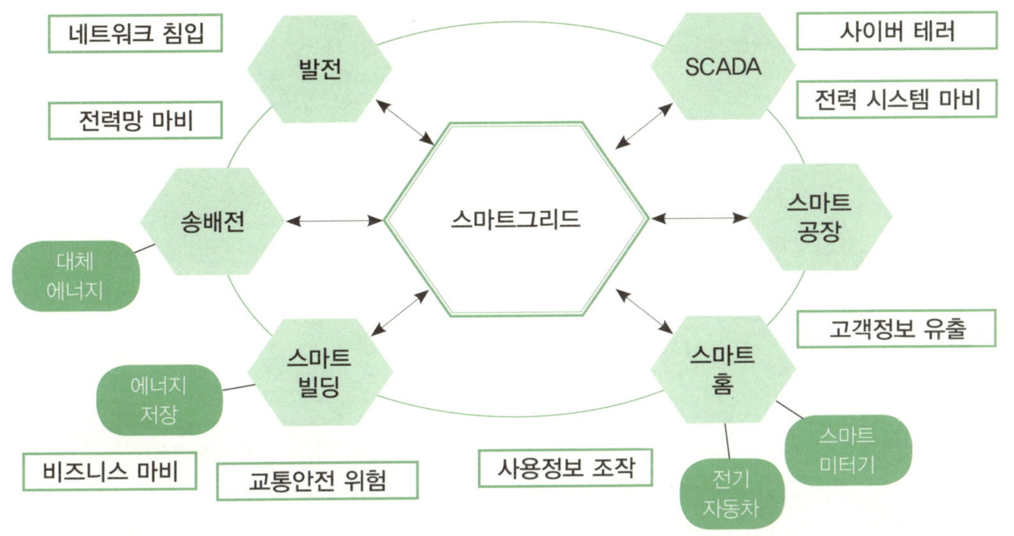

출처 : 신IT 기술 응용 확산과 디지털재난 유형 예측 연구, KISDI, 2010. 12

2) 핵심 애플리케이션으로서의 배전자동화

- AMI는 스마트그리드의 기초 인프라로서 AMI를 중심으로 스마트그리드 보급이 추진되어 왔으나 플러그인 전기차와 분산 발전 확대와 함께 배전자동화가 핵심 스마트그리드 애플리케이션으로 부상
  - 배전자동화의 도입은 전력사업자에게 운영 효율과 에너지 관리의 개선에 의한 대폭적인 비용 절감 효과도 제공
- 세계 각국은 스마트그리드 확대를 위해 배전자동화 분야에 대한 투자를 급격하게 늘리고 있는 추세
  - 각국 정부가 추진하고 있는 주요 전력사업이 배전인프라의 지능화와 제어성의 강화에 주력

3) 유럽과 중국의 AMI 보급 확대

- 영국, 프랑스, 스페인에서 총 1억 개에 달하는 스마트 미터 보급과 관련한 주요 사업들이

진행

• 영국 에너지기후변화부(DECC, Department of Energy and Climate Change)는 3000만 영국 가정 및 기업에 5300만 대의 스마트 미터 보급에 관한 전략 및 계획 발표

• British Gas는 소프트웨어 및 통신 전문기업(OSIsoft, Trilliant), 빌링시스템 공급업체(SAP), 무선네트워크 기업 (Zigbee), 휴대폰 제조업체(Vodafone) 등과 컨소시엄을 구성하여 2012년까지 200만 가정에 실시간 에너지사용 정보를 제공할 수 있는 기능을 갖춘 스마트 미터 보급

• 영국의 프로그램은 전력과 가스 양측에서 서로 다른 배전시스템 운영자를 포괄한 다양한 소매 기업들을 지원할 수 있는 공통의 통신기반을 마련하고자 한다는 점이 주목할 만하며 규제기관 입장에서는 산업계에서 소비자들을 위한 가정 내 디스플레이 기기를 공급하도록 유도

• 유럽의 대표적인 전력 네트워크 공급자인 EDF, Endesa, Iberdrola는 2010년 각각 프랑스와 스페인에서 시범 사업을 추진하였으며, 이 시범사업들이 각각의 국가에서 대규모로 진행 중

• 현재 시장의 선두주자인 Endosa와 Iberdrola가 본격적으로 작업을 추진하고 있으며 이베리아 반도의 연간 스마트 미터 설치량은 2014년에서 2015년에 각각 600만 대 가량을 기록하며 최고치에 이를 것으로 예상

– 중국은 2009년도부터 SGCC를 주축으로 스마트그리드를 구축해왔으며, 2020년까지 7억 개가 넘는 스마트 미터를 설치하려는 계획 수립

• 2015년 말까지 전력과 정보를 함께 주고받을 수 있는 시스템을 갖추며 10년 내에 스마트그리드 구축을 위해 4조 위안(약 5970억 달러) 투자 계획

4) 수요반응 시장 확대

– Pike Research에 따르면 수요반응 시장이 빠르게 성장하고 있고, 향후 몇 년간 커다란 변화를 맞이할 것으로 예상

• 에너지 수요 증가 속에 에너지가격 신호에 기반해 수요를 다른 시간대로 옮기는 수요반응 애플리케이션은 고비용의 첨두 자원 수요를 줄일 수 있는 유용한 수단

• 수요반응은 기존의 공급자 위주의 일방향적인 에너지 시장구도를 변화시키면서 기업의

광범위한 에너지 관리 플랫폼이나 서비스로서 중요한 애플리케이션이 될 전망

- 상업 및 산업 부문에서는 현재 수요반응이 자리를 잡고 있으며 수직 계열화되어 있는 수요반응 기업들은 상업 및 산업 부문 시장을 점유하기 위해 치열한 경쟁 중
  - 에너지절감 서비스 공급자(CSP, Curtailment Service Provider)는 새로운 비즈니스 모델을 제시하며 전력자원의 보다 효율적인 사용 유도
  - EnerNOC와 같은 선도적 기업들은 상업 · 산업 고객을 중심으로 광범위한 에너지 관리 서비스를 제공해주는 방향으로 그들의 비즈니스 영역 설정
  - BEMS/EMS, IT 기업들 역시 수요반응 시장을 주요 목표시장으로 설정하고 있으며 지역 내 전력사업자와 파트너십을 확대하며 에너지 효율 제품, 솔루션, 서비스 제공 시작
  - Cisco와 IBM과 같은 주요 IT 기업들은 개방형 네트워크 기반 장치와 BEMS를 통합함으로써 수요반응 서비스 기회를 확장시키고 에너지 소비 데이터의 양을 급증시킬 전망
- 수요반응 시장 확대를 위해서는 최종 소비자가 수요반응 프로그램에 참여할 수 있도록 유도하는 인센티브 마련과 가정내 홈네트워크 특성의 표준화 필요
  - 미국 DOE는 수요반응 확산을 위해 가격기반 수요반응 프로그램으로서 RTP, CPP, TOU 등의 요금제와 인센티브 기반 수요반응 프로그램 추진 중
  - 가정 내의 전원을 공급받는 시스템, 홈네트워크 방식이 다양하여 수요반응 애플리케이션들이 확산되는데 장애요인으로 자용

5) 데이터 관리 역량의 중요성 증대

- 전력사업자들이 스마트그리드를 추진할 때 당면하게 되는 도전과제 중 하나로 방대한 데이터 관리 문제가 지적되고 있음
  - 데이터 관리 및 최적화는 전력사업자에 있어 미래 과제보다는 단기적으로 해결해야 하는 과제
  - 전력사업자들은 수백만 대의 스마트 계량기로부터 생성되는 데이터를 최적으로 제어하고 활용할 역량이 상대적으로 부족한 것이 현실
  - 실제 많은 전문가들은 AMI 시스템과 기타 스마트그리드 기술을 보급하는 유틸리티들이 월별 데이터 수집에서 매 15분 간격으로 데이터를 수집하고 관리하게 됨에 따라 '데이터

쓰나미(Data Tsunami)'문제에 대해 언급

- 앞으로 스마트 미터 기반의 가전 및 사무기기가 확대될수록 에너지사용 데이터는 계속 증가할 것이고, 그에 따라 효율적인 데이터 관리에 대한 필요성도 더욱 높아질 전망

– 방대한 양의 데이터를 얼마나 효율적으로 관리하며 유용한 정보를 이끌어낼 수 있는지 또는 변화되는 환경에 맞게 기존의 비즈니스 프로세스를 유연하게 변화시키며 대응할 수 있는지 여부가 핵심 경쟁력

- 대다수 전력사업자는 여전히 자산관리, 인력관리, 정전관리, 계량기 관리, 요금청구, 고객관리 등을 위한 기존의 인터페이스와 데이터베이스를 그대로 사용
- 반면 일부 기업들은 SOA나 다른 표준 아키텍처를 사용해 통합 애플리케이션 구축 추진

6) 정보통신기업의 스마트그리드 사업 진출 본격화

– Cisco, Intel, Verizon, AT&T, Vodafone, Microsoft 등의 주요 IT기업들은 스마트그리드 사업에 진출하고 있으며 제품 출시 계획 발표

- 미국 최대 이동통신사업자인 AT&T와 Verizon 사이의 고객유치 및 시장점유율 경쟁은 현재 에너지효율화를 위한 스마트그리드 분야로 이동
- AT&T는 최근 Current Group과 파트너십을 맺고 자사의 무선 네트워크를 전력사업자의 스마트그리드 프로젝트의 통신망으로 임대하는 서비스를 제공
- Verizon Wireless는 스마트 계량기 업체(Itron), 스마트그리드 솔루션 업체(Ambient), 전자부품 업체(Qualcomm)와 파트너십을 맺고 전력사업자를 위한 스마트그리드 네트워크 제품 출시 이동통신 기업들과의 파트너십을 통해 새로운 스마트그리드 비즈니스 영역 창출

– 신생기업인 Smart Synch는 AT&T와 T-Mobile과 협력하여 전력사업자들에 이동통신 스마트그리드 네트워크 제공

- 네트워크 구축업체인 Silver Spring Networks는 AT&T와 파트너십을 맺고 스마트그리드 사업 확대 계획 발표

– 정보통신기업들은 자신들의 강점을 부각시키면서 새로운 사업 영역 개척 중

- 전력사업자들은 이동통신 고객들과 대역폭을 공유하지 않아도 되므로 통신사업자들에 구속되지 않고, 사업의 재량권을 확대할 수 있기 때문에 전력사업자들 역시 소유권이 자신

들에게 있는 스마트그리드 네트워크 구축 추진

- 통신서비스 사업자들은 자신들의 첨단기술 수준의 네트워크가 유틸리티들로 하여금 기존 사설네트워크를 포기하고 자신들의 네트워크를 사용하도록 할 수 있을 정도로 충분히 매력적일 것이라는 점을 강조
- 이동통신 사업자들은 그들의 네트워크를 고도화하기 위해 수십억 달러를 투자해왔으며 Verizon은 자사의 LTE 네트워크가 스마트그리드용으로 활용될 수 있다고 강조
- 실제 TNMP(Texas-New Mexico Power)와 같은 전력회사는 기존 휴대폰 네트워크를 활용할 수 있고, 굳이 자체적으로 이동통신 네트워크를 구축하고 운영하는 데 들어가는 막대한 비용을 피할 수 있기 때문에 이동통신회사와 협력 중

5. 국내 · 외 스마트그리드 특허 동향

기술별로는 지능형 전력망 부문의 특허 출원이 가장 많으며 수요관리 부문이 가장 적은 편이다. 스마트그리드 관련 특허는 전 세계적으로 미국, 중국, EU, 일본, 호주가 우세하며, 국내에서는 LG전자의 전력망, 소비자 부문 특허가 우세한 것으로 분석된다. 전 세계적으로 2010년부터 급증하기 시작했으며, 수요관리 분야는 2007년부터 특허 출원이 시작되었다.

[표 5-16] 세부항목별 특허 분석 결과

기 술	기 관	국 가	출원인	경향성
지능형 전력망	1. GE 2. LG전자 3. ABB	1. 미국 2. 중국 3. 한국	1. Nasle, Adib 2. Wimmer, Wolfgang 3. Bertness, Kelvin	2011년부터 급증
지능형 소비자	1. GE 2. LG전자 3. ITRON Inc.	1. 미국 2. EU 3. 한국	1. Lee, Hoonbong 2. Kim, Yanghwan 3. Lee, Koonseok	2011년부터 급증
지능형 수요 관리	1. GE 2. SPIRAE Inc. 3. 존슨컨트롤	1. 미국 2. EU 3. 호주	1. Farb, Daniel 2. Van Zwarem, Joe 3. Farkash, Anvor	2007년부터 출원 후 지속 성장
지능형 신재생	1. Sumitomo Electric 2. Kansai Electric Power 3. SGL Carbon SE	1. 중국 2. 일본 3. 미국	1. Shigematsu Toshio 2. Tokuda Nobuyuki 3. Kumamoto Takahiro	2011년부터 급증
지능형 운송	1. V2GREEN Inc. 2. UNIV TULANE 3. Witricity Corp.	1. 미국 2. 중국 3. EU	1. Kesler, Morris P. 2. Hal, Katherine L. 3. Kurs, Andre B.	2011년부터 급증

1) 국내 지식재산권 현황

한국 공개특허의 경우 1993년에 출원이 시작되어 타 국가에 비해 출원시기가 늦고 출원 건수가 낮은 편이나, 꾸준한 출원(등록)을 하고 있으며 완만하게 상승하는 추세이다.

국내 특허의 대부분이 주로 풍력, 태양광과 같은 개별분산전원의 제어, 전력변환 기술에 대한 내용으로 한국전기연구원은 운전제어 기술 분야, PCS 기술 분야, STS 기술 분야, BESS 기술 분야에서, 한국전력공사에서는 운전제어 기술 분야, STS 기술 분야, EMS 기술 분야에서 고르게 출원하고 있다.

2) 국외 지식재산권 현황

미국의 기술 분야별 출원 동향은 전체적으로는 PCS 분야와 운전제어 기술, EMS 기술 분야가 가장 활발하며 증감을 반복하고 있고 기술 분야별로 미국에서의 등록 비율을 살펴보면 PCS 기술이 41%로 가장 높고, 운전제어 기술, EMS 기술이 16%, STS 기술이 14%, BESS 기술이 5%를 차지한다.

일본의 기술 분야별 출원 동향은 전체적으로는 운전제어 기술 분야와 STS 기술 분야, PCS 기술 분야가 가장 활발하다.

BESS 기술은 일본과 스위스 출원인이 미국특허에서 높은 특허활동 지수를 나타내고 있으며 독일출원인은 유럽특허에서 비교적 높은 특허활동을 보인다.

전력저장용 BMS의 경우, 충 · 방전 관련 기술이 가장 많고, SOC/SOH 관련 기술, 배터리 회로 및 Protection 기술 순으로 출원이 많다.

EMS 분야에서 캐나다의 특허출원 실적이 미국과 유럽 등 타 국가에 비해 높게 나타나고 있으며 최근 V2Green사가 EMS 분야에 다수 출원을 하고 있다.

스마트 신재생 기술 분야 주요 연구주체는 Renewable Power 및 EMS 연구단체를 중심으로 GE, 도시바, 히타치, Power Measurement, Capstone Turbine, ABB 및 AB 등이다.

[표 5-17] 스마트그리드 관련 국내 · 외 특허현황

국가	스마트 그리드	마이크로 그리드	ESS	스마트가전	EMS	EV	EVCS
미국	27,015	55,069	438,262	36,099	199,806	429,094	5,694
유럽	2,505	7,732	80,585	3,297	33,111	99,592	824
PCT(WO)	5,418	15,382	121,300	6,279	59,742	100,187	1,470
일본	1,709	17,374	57,437	824	12,355	143,891	4,812
중국	1,034	1,813	14,149	427	5494	38042	15
영국	2	1	39	1	25	392	0
독일	3	65	1343	11	153	18180	5

프랑스	3	28	325	1	117	6163	0
호주	9	3	136	4	106	472	0
캐나다	374	20	943	458	514	2942	4
러시아	1	17	366	1	30	2085	7
대만	14	45	316	38	193	1162	1
한국	2020	2308	2125	7545	2195	8548	237
합계	40,107	100,307	717,356	54,985	313,841	850,750	13,069

3) 스마트그리드 특허 동향 종합

- 특허평가지표 종합 최상위 기술 : 지능형 전력
- 최근 특허출원이 가장 증가하는 기술 : 지능형 전력
- 특허출원 점유도가 가장 낮은 기술 : 지능형 전력
- 특허출원 파급력이 가장 큰 기술 : 지능형 전력
- 특허장벽이 가장 낮은 기술 : 지능형 커뮤니티
- 한국국적 출원인의 특허출원이 가장 집중된 기술 : 지능형 커뮤니티

[표 5-18] 스마트그리드 특허 동향 종합 분석 결과

<table>
<tr><th>분 류</th><th colspan="2">동향 종합 분석</th></tr>
<tr><td>연도별 동향</td><td colspan="2">• 2000년 이후 2007년까지 약간의 증감이 있으나 전체적으로 증가세를 유지
• 출원 증가를 주도한 대분류 기술은 지능형전력망 분야(전체 5만 383건 중 2만 2485건 점유)
• 출원 증가에 가장 작은 비중을 차지하는 기술 분야는 지능형 커뮤니티 분야 (전체 5만 383건 중 9447건 점유)</td></tr>
<tr><td rowspan="4">기술별 동향</td><td colspan="2">• 지능형 전력망 분야가 44.6%로 가장 큰 비중을 차지하는 것으로 나타나고, 그 뒤를 이어 인프라 분야가 36.6%로 그 뒤를 잇는 것으로 나타남</td></tr>
<tr><td>지능형 전력</td><td>• 특허출원의 변동폭은 크지 않고 꾸준히 출원되는 경향을 보이며 미국이 우위에 있는 가운데 독일, 일본 등이 강 세이고 한국은 1% 정도의 비중을 차지</td></tr>
<tr><td>인프라</td><td>• 특허출원은 감소하고 있으며 미국 국적 출원인의 비중이 약 80%를 차지</td></tr>
<tr><td>지능형 커뮤니티</td><td>• 최근 특허출원이 감소세에 있어 특허부상도가 낮음
• 출원은 미국 외에 일본의 강세가 나타나고 한국은 1.6% 정도의 비중을 차지</td></tr>
<tr><td>국적별 동향</td><td colspan="2">• 미국 국적 출원인은 이 산업의 특허출원에서 약 60.0%를 점유하고 있어 이 산 업을 선도하는 출원인으로 나타남.
• 유럽이 11.8%로 그 뒤를 이었고 일본이 10.1%이며 한국은 2.4%이고 기타 국가 는 15.8%로 나타남</td></tr>
<tr><td>출원인별 동향</td><td colspan="2">• 특허출원건수의 비중에서 IBM이 산업 분야의 최상위 출원인으로 나타남.
• 그 뒤를 이어 MICROSOFT, GENERAL ELECTRIC, HITACHI 및 삼성전자 등이 있음.
• 대체로 지능형 전력망, 인프라 및 지능형 커뮤니티에 고른 출원 경향을 보이 고 있음</td></tr>
<tr><td>특허기술 사이클</td><td colspan="2">• 전력 산업은 현재 성장기에 해당하는 것으로 분석되었고 성장기 말기에 있어 근시일 내에 성숙기로 접어들 것으로 예상됨</td></tr>
</table>

Section 5 스마트그리드 정리

1. SWOT 분석

[표 5-19] 우리나라 스마트그리드 사업 SWOT 분석

강점(Strength)	약점(Weakness)
• 인터넷 통신 및 ICT산업의 경쟁력 – 세계 1위의 인터넷통신 국가 • 주요 기술인 통신과 전력산업 기술강국 • 관련 전방산업(전자 · 자동차 · 통신산업) 글로벌 경쟁력 • 수평 및 수직계열화를 통한 Captive 마켓 확보 • 제주 실증단지의 축적된 노하우와 연구 인력 보유	• 기초 부품소재 및 핵심장비 기반 취약 • 원천기술 및 특허 부족 • 전자 & 통신산업을 제외한 관련 산업 취약 • 경쟁 심화에 따른 국내 업체 간 지식, 기술 력 및 정보공유에 대한 폐쇄성 • 중소기업의 자체 기술개발 추진 한계성
기회(Opportunity)	**위협(Threat)**
• 마이크로그리드, ESS, 신재생에너지, EV 충 전소 등 스마트그리드 관련 산업에의 관심 증대 • 전력선통신, 반도체 등 국내경쟁 기술이 아 직 없음 • IoT, 빅데이터와 맞물려 스마트그리드의 신 규 수요 창출 가능성 많음 • "지능형전력망 촉진법" 육성 등 국가 정책 에 의한 시장의 활성화 및 국가 지원	• 중국, 인도 등 후발국가의 기술경쟁력 향상 및 저가 공세 • 중국의 공격적인 투자로 인한 공급 과잉 우려 • 해외 국가의 자국 산업 보호 및 육성을 위한 적극적인 자국 업체 지원책 추진 • 컨트롤타워의 부재 • 스마트그리드 확산사업 등 국가 지원예산 축소

2. 스마트그리드는 '4차 산업혁명'의 핵심 플랫폼

지능형 전력망, 태양광 · 풍력 · 바이오매스 및 폐자원 에너지화 등 유기적인 환경, 신재생에너지 및 마이크로그리드와 융합하여 다양한 비즈모델을 양산할 것이다. 기존 전기, 냉 · 난방, 가스, 상 · 하수도 등 각각의 에너지로 관리하는 산업시대를 정보와 산업 간 통합 및 에너지와 정보, 환경과 에너지, 정보와 환경이 융합된 복합에너지의 총체적인 에너지관리시스템으로 구축하는 스마트그리드 사업은 마이크로그리드, 신재생에너지, ESS, 전기차 충전사업 등이 시스템적으로 통합될 때 성공을 보장할 수 있다. 국내 · 외 스마트그리드 추진현황을 요약하면 다음과 같다.

- 스마트그리드 시장은 2014년 약 100억 달러에서 2020년 405억 달러 규모에 달할 것으로 전망되며, 이 중 마이크로그리드는 독립형을 중심으로 2014년 약 5900만 달러에서 약 8%로 성장하여 2020년 6.2억 달러 규모에 이를 것으로 전망
- 국내에서는 비전문가가 작성한 KDI의 예비타당성보고서로 에너지효율 사업만 남은 스마트그리드 확산사업이 난항을 겪을 것으로 예상되나 8개 컨소시엄 사업 대부분은 산업통상자원부와 업무협약을 체결하여 진행하고 있으나 주요사업인 ESS와 EV사업이 제외되어 결과는 미지수
- 스마트그리드 확산사업 계획에 따라 진행하면 서비스 가격산정이나 성과지표 도출에 문제는 있으니 본 사업과 별개로 ESS와 전기차 충전기 보급사업으로 확산사업에서 누락된 부분을 보완해가는 방법으로 추진
- 각국은 시장 선점을 위해 스마트그리드의 구축 · 운용, 관련기기 적용 등의 성과를 보여주는 실증 및 시범사업을 경쟁적으로 추진 중이며 기술 표준화를 위해 노력 중
- 2011년 이후 주목해야 할 스마트그리드 개발 경향성은 사이버보안 시장 성장, AMI에 이어 배전자동화 시장 부상, 유럽과 중국의 성장 가속화, 수요반응 시장의 확대, 데이터관리역량의 중요성 증대, IT 기업들의 스마트그리드 사업진출 본격화 등을 들 수 있음

한국은 기존 전력망과 광역인터넷 경쟁력을 바탕으로, 스마트그리드 분야 또한 선점에 나서고 있으나 스마트그리드 확산사업의 성공 불확실성 등 정책상의 미비점과 한정된 예산으로 선진국은 물론 후발주자인 중국의 공격적인 시장 진입이 위협요인으로 작용하고 있다. 복합에너지

융합과 국제표준 선점이 스마트그리드의 핵심전략이며 다음과 같이 요약된다.

- 상호 운용성, 국제특허 등의 국제표준 선점이 스마트그리드 핵심전략이다. 이를 위해 국제표준에 공동 대응하는 자세, 전기, 냉난방, 오일, 가스법 등 상위의 에너지특별법 제정, 일관된 정책을 집행할 컨트롤타워(최소 부총리급 이상)가 필요함
- 해외 스마트그리드 실증단지 분석결과 19개 항목을 3개의 핵심전략인 기후변화(천시), 상호 운용성(인의), AMI 보급(지리)으로 나누어 가중치를 산정한 후 경제성 및 에너지절감 측면에서 시나리오 추이를 분석한 결과 전기 단일에너지로 스마트 시티를 추진하는 것보다 복합에너지로 추진하는 것이 평균 2배 이상의 절감 효과를 나타냄
- 스마트그리드는 통신, 가전, 건설, 자동차, 에너지 등 산업 전반의 차세대 신성장산업 창출과 신재생에너지사업 투자를 촉진하여 다양한 신 비즈니스 모델을 창출하고 있음
- 세계 각국은 스마트그리드 시장을 선점하기 위해 스마트그리드의 구축 · 운용, 관련기기 적용 등의 성과를 보여주는 노력의 일환으로 실증단지 및 시범사업을 경쟁적으로 추진 중이며 스마트그리드 기술 표준화를 위한 노력 중
- 한국은 2005년부터 전력 IT를 중심으로 R&D사업을 추진해 왔으며, 전력 IT 기술개발 성과를 기반으로 스마트그리드 핵심 기술개발을 위해 스마트그리드 실증사업, 확산사업, 보급사업을 포함하여 2030년까지 약 7조 원의 투자를 계획하고 있음
- 2011년 이후 주목해야 할 스마트그리드 개발 경향성은 사이버보안 시장 성장, AMI에 이어 배전자동화 시장 부상, 유럽과 중국의 성장 가속화, 수요반응 시장의 확대, 데이터관리역량의 중요성 증대, IT기업들의 스마트그리드 사업진출 본격화 등을 들 수 있음
- 스마트그리드 부문의 사이버보안 시장은 IEEE, IEC, NERC 등을 중심으로 국제표준화가 추진되고 있음
- 스마트 미터 보급이 빠르게 이루어지면서, 차세대 애플리케이션으로 배전자동화가 주목받고 있으며, 2014년 이후부터 관련시장이 급팽창
- 유럽연합은 2012년까지 27개 모든 회원국이 스마트 미터 보급계획에 대한 국가적 행동계획 제출하였고, 중국은 2020년까지 7억 개 이상의 스마트 미터 보급 계획이 논의되는 등, 북미 지역에 이어 유럽과 중국이 AMI의 주요 시장으로 부상할 전망
- EnerNOC와 같은 기존 수요반응 업체 뿐만 아니라 BEMS/EMS, IT기업까지 수요반응시장을 주요 목표시장으로 설정하고 있으며, 지역 내 전력사업자와 파트너십을 확대하며 에

너지 효율 제품, 솔루션 및 서비스 제공 시작

- Cisco, Intel, Verizon, AT&T, Microsoft 등의 주요 IT기업들은 모두 스마트그리드 사업에 진출하면서 자신들의 특화된 제품 및 서비스 판매에 주력
- 새롭게 제기되는 현안과 향후 변화방향을 이해하는 것은 스마트그리드 정책 마련과 사업 추진에 필수요소이다.
  - 사이버보안, 새로운 시장, 사업활성화 장애요인 등에 대한 심층적인 분석과 대응책 마련이 요구됨
  - 스마트그리드가 전력뿐만 아니라 가스 부문에서도 확산될 가능성이 높은 가운데, 장기적으로 가스 부문이 스마트그리드 관련 산업을 활성화시키는 매개체로 작용할 전망
  - 스마트그리드 관련기술이 전력산업, 가스산업 뿐만 아니라 물산업, 자원개발 산업에서도 적용범위가 확산되고 있는 현재, 에너지 지능화 차원에서 스마트그리드를 재해석할 필요가 있음
  - 앞으로 에너지산업은 지속적으로 지능형 기술의 도입 범위를 넓혀나갈 것이며, 이는 에너지산업의 가치사슬, 시장역학 등을 재편하면서, 다양한 정책 이슈를 만들어낼 것으로 보임

- 민간의 스마트그리드 투자 활성화를 위해 정부는 R&D 전주기를 포괄하는 기술개발 정책추진, 공정경쟁 환경 조성 노력이 필요하다.
  - 민간 부문이 중심이 되어 기술개발 및 시장 창출을 이끌고 정부는 중장기 기술개발 과제를 중심으로 예산을 지원하고, 단기 상용화 가능 분야는 실증 등을 통해 민간투자 활성화 지원
  - 민간 투자를 확대하기 위해서는 민간 기업들이 스마트그리드 실증 및 시범사업 참여를 통해 신규 비즈니스 모델을 시험하고 수출 산업화할 수 있는 환경을 조성해야 함
  - 기술개발-표준화-실용화에 이르기까지 전주기적 기술개발 정책 추진이 필요함

CHAPTER 6

사물인터넷 정리

Section 1 사물인터넷의 과제

사물인터넷의 눈 · 코 · 귀 · 피부라고 할 수 있는 센서 기술의 낙후로 인해 우리나라는 센서 · 디바이스 · 플랫폼의 3박자로 구성된 사물인터넷 전쟁에서 살아 남을지는 미지수이다.
현재 한국의 센서 기술력은 미국의 63% 수준으로 첨단 센서를 생산하지 못해 국내 수요의 대부분인 80% 이상을 수입에 의존하고 있다. 아래 표와 같이 센서 기술력 부족으로, 세계 센서 시장에서 한국의 시장 점유율은 중국보다 낮은 1.7%에 불과하다.

[표 6-1] 세계 센서 시장 국가별 점유율(2013년 기준)

구 분	미국	일본	독일	영국	프랑스	중국	한국
시장 점유율(%)	31.8	18.6	12.2	6.3	4.3	2.9	1.7

출처 : 전자부품연구원

국내 업체들은 센서 기술이 열악해 국외 업체를 중심으로 알아봐야 하는데, 국외 업체와의 커뮤니케이션을 하는 데 너무 많은 시간이 걸린다는 것 역시 문제점으로 대두됐다. 더군다나 사물인터넷을 추진하는 업체는 기존 IT 업체와는 거리가 있는 곳이 많은데, 이들에게는 세상에 어떤 센서들이 있는지 확인하는 것도 어려울 뿐만 아니라, 제품이나 서비스를 개발하기 위해 센서 선진국에 비해 시간과 자금 투자를 많이 해야 하는 실정이다.

1. 플랫폼 사업자와 현업 사업자 간 소통의 어려움

센서기술은 국내 기술의 낙후로 어쩔 수 없다고 하더라도, 플랫폼 사업자와 현업 사업자 간의 소통이 어렵다는 점도 사물인터넷 사업영역에서 여러 업체들이 협업하는 데에 어려움으로 남아 있다. 소통부재의 가장 큰 요인은 이해관계자들 간의 주도권 경쟁이며, 상품이나 서비스를 출시했을 때 발생할 수 있는 책임 소재이다. 기업은 활동으로 수익을 내야 한다는 점을 감안하면, 4차 산업혁명의 초산업 시대인 만큼 수익구조를 어떻게 설계할 것이며, 비용구조를 어떻게 배분할 것인지는 매우 민감한 사안이다. 용어도 다르고 이해관계까지 걸려 있어 답답한 마음이 들 수 밖에 없는 상황이지만, 네트워크와 플랫폼 시장에는 강점을 가지고 있는 국내 실정을 감안하여 지금이라도 차근차근히 부족한 부분을 메어 나가야 한다.

센서 시장에서 한국과 유사한 시장 점유율(2.9%)을 확보하고 있는 중국은 중국판 경제발전 5개년 계획이라고 할 수 있는 '12차 5개년 규획'에 사물인터넷을 집중 어젠다로 포함함으로써 사물인터넷을 집중적으로 육성하기 시작했다. 정부의 강력한 육성책 이후, 중국의 사물인터넷 사업은 '기업 주도'로 급격히 변화하기 시작했다. 정부의 지원책도 본격화된 점도 있지만, 중국내 IT 기업들의 발빠른 행보로 기술표준단체들에 합류하여 관련 기술들을 습득하고 있는 상황이다. 중국의 유명 가전업체인 하이얼은 올신얼라이언스와 애플의 홈킷에도 참여하고 있다.

게다가 중국의 기업들은 대기업집단 간 사물인터넷 관련 사업들이 합종연횡해 사업의 진척 속도를 가속화시키고 있다. 중국의 메이디 그룹은 사물인터넷에 30억 위안을 투자해 스마트 가구 R&D 센터를 설립하고 알리바바와 연계한 사물인터넷을 추진하고 있는 중이다. 또한 스마트폰 업체인 샤오미는 중국의 부동산업체인 화룬완상과 손잡고 스마트 홈 플랫폼을 공기청정기부터 에어컨 가습기 등 다양한 설비와 함께 화룬완상의 고급건물에 적용하고 있다. 국내 센서 기술이 떨어지는 상황에서 불확실한 사물인터넷 시대에 우리나라가 어떻게 대비해야 할 것인가를 자문해보면, 국내 영화업계로부터 답을 얻을 필요가 있다.

국내 영화 업계에서는 수많은 투자집단들이 십시일반으로 여러 영화에 투자하는 모습을 보인다. 영화의 흥행가능성을 예상하기 어렵기 때문이다. 사물인터넷 역시 불확실성이 크기 때문에 여러 표준에 폭넓게 접근하는 지혜가 필요하다.

어떤 표준단체가 기술표준이 될지 아무도 알 수가 없으나, 그렇다고 해서 시장을 선점하기 위한 노력을 게을리할 수는 없다. 따라서 우리나라의 사물인터넷 산업을 위해 슈퍼스타가 등장하길 기다리는 것보다는 많은 기업들과 사물인터넷에 대해 함께 고민하여 답을 찾는 편이 바람직할 것이다. 가령 국내에서는 스타트업 성장을 가로막는 규제들이 있다. 이는 P2P 금융, 차량공유, 비대면인증 등이며, 탄핵정국에 묻힌 스타트업들의 호소를 들어주는 것이 급선무이다. 굴뚝산업 중심의 대기업만으로는 한계가 분명하다는 게 전문가들의 공통된 의견으로 젊고 열정 있는 인재들이 새로운 비즈니스를 만들고 고용을 창출할 수 있는 환경을 조성해줘야 한다.

2. 사물인터넷 시대의 10가지 조언

삼성전자의 개혁을 이끌었으며, 《제4차 산업혁명》의 저자 요시카와 료조는 위기에 처한 국내 경영자들에게 다음과 같은 10가지 조언을 제시하였다.

1) 주특기 사물인터넷부터 뛰어들어라.
2) 거대 밸류체인 자율수행차를 차세대 성장동력으로 키워라.
3) 5세대(5G) 이동통신과 단말기 주도권을 잡아라.
4) 반도체 시장, 제2의 부흥기로 이끌어라.
5) 다양한 제품군이 있는 스마트 홈, 승산있다.
6) 요소기술을 갖춘 로봇시장 더 이상 늦추지 마라.
7) 기술력에서 앞서있는 헬스케어, 도전할 만하다.
8) Creative Society, 소프트웨어 · 서비스산업을 키워라.
9) 전형적인 글로벌 산업, 게임을 키워라.
10) 2018년 평창 동계올림픽을 홍보의 장으로 최대한 활용하라.

스마트그리드라는 플랫폼 시장을 위해서는 상기 10가지 국내 경영자에게 조언한 모든 사항들이 사물인터넷과 관련이 있다. 2016년에도 '사물인터넷'이라는 단어가 모든 산업에 걸쳐서 가장 많이 언급된 한 해였다. 각 산업에서 사물인터넷 기술이 적용된 새로운 서비스가 속속 등장하면서 사람들에게 쉽고 편리한 서비스를 소개했다. 사람들은 이러한 사물인터넷 서비스를 통해서 좀 더 가치 있는 삶을 구체적으로 상상할 수 있게 되었으며, 사물인터넷 서비스 사례를 통해 스마트 시티, 스마트 홈, 스마트 카, 스마트 헬스케어 등의 산업이 재편되고 갖가지 시도들이 이루어지고 있다.

최근 SK텔레콤, KT, LG유플러스 등 통신업체 직원들 사이에서 'IoT 지식능력검정'시험 준비 바람이 불고 있다. 이 시험은 2015년 한국사물인터넷협회가 만든 것으로, 사물인터넷 개요, 플랫폼, 네트워크, 디바이스, 비즈니스 모델 등에 대한 50문항이 출제된다. 이는 사물인터넷이 통신업계의 새로운 성장동력으로 부상하고 있기 때문이다.

3. 자율주행차의 풀어야 할 과제

자율주행차의 미래가 장밋빛인 것만은 아니다. 가장 큰 우려는 '과연 기계를 믿고 운전대를 맡겨도 되느냐'는 것이다. 2016년 5월 전기차 테슬라의 자율주행 기능으로 미국 플로리다 주의 고속도로를 달리던 40대 남성이 대형 트레일러와 충돌해 사망한 사건 이후로 이 같은 우려가 더욱 커졌다. 당시 테슬라 승용차는 교차로 맞은 편에서 좌회전하던 흰색 트레일러 옆면과 마주하고 있었지만, 이를 맑은 하늘의 흰색과 구분하지 못해 결국 치명적인 사고를 냈다. 차량의 카메라와 센서가 오작동했지만 사고 책임은 테슬라 운전자에게 돌아갔다. 문제는 대부분의 운전자가 자율주행 모드로 차를 전환하면 도로에 집중하는 대신 낮잠을 자거나 한눈을 팔 가능성이 크다는 것이다. 완벽한 자율주행 기능을 과신한 운전자들의 희생이 뒤따를지도 모른다.

자동차 해킹도 큰 위협이다. 미국 IT 전문 매체 와이어드는 지난해 해커 두 명과 함께 약 16㎞ 떨어진 SUV '지프 체로키'를 해킹해 원격 조종하는 영상을 공개했다. 고속도로를 시속 110㎞로 달리던 차량의 속도를 갑자기 줄이고, 에어컨을 갑자기 틀었다가 앞유리의 와이퍼를 작동시키고 세정액을 내뿜어 시야를 가렸다. 핸들도 자유자재로 돌렸다. 결국 지프가 도로를 벗어나 구덩이에 처박힌 뒤에야 해커들은 노트북을 손에서 놓았다. 손님을 태우고 달리는 자율주행 택시를 납치 목적으로 누군가 해킹해 의도치 않은 곳으로 끌고 가는 것도 얼마든지 가능하다는 얘기이다. 그러므로 누가 사고를 책임져야 하는지, 해킹당할 가능성이 없는지 등이 가장 먼저 해결해야 할 과제이다.

Section 2 결 언

사물인터넷은 기술이 아니라 비즈니스와 일상을 새롭게 바꾸는 문화이다. 기술적인 차원에서 사물인터넷을 정의하기는 어렵지 않지만, 사물인터넷이 세상을 어떻게 변화시킬 것인지에 대해 규정하기는 매우 어렵다. 사물인터넷이 가져올 변화에 대해 규정하려고 하면, 사물인터넷은 마치 손가락 사이로 흘러내리는 모래처럼 자취를 감추고 만다.

각자가 처한 환경에 따라 사물인터넷에 대해 생각하는 바가 다르고, 사물인터넷과 주변의 것들을 쉽게 연결시키지 못하기 때문이다. 주변의 것들이란 모바일, 공유경제, 인공지능, 센서, 빅데이터 등을 말한다. 사물인터넷은 기존의 비즈니스를 변화시킬 것이다. 사물인터넷은 단순한 기기에 스마트 함(문화)과 연결성(Connected)을 부여함으로써 하나의 시스템 안에서 다양한 기기를 효율적으로 운영할 수 있다. 단순히 제조만 하는 것이 아니라 시스템을 만들고, 다양한 시스템과 데이터의 연결을 통해 시스템 오브 시스템으로 도약할 수 있는 새로운 비즈니스 기회를 만들어 낼 것이다. 현재 플랫폼 사업자들은 이러한 관점에서 사물인터넷 제품을 만들어 내지는 않지만, 시스템 오브 시스템으로의 사물인터넷 플랫폼을 지향하는 것으로 보인다. 사물인터넷 전쟁은 이미 시작되었다. 이 전쟁에서 우리가 관심을 가지고 지켜봐야 할 주요 분야는 스마트 시티, 스마트 홈을 중심으로 한 표준 전쟁이다.

구글과 아마존은 인공지능이 탑재된 '구글 홈'과 '에코' 음성인식 스피커를 각각 출시하였고, 애플은 미국 건설사와 손잡고 붙박이 스마트 홈 기기 판매를 추진하고 있다. 스마트 홈에 대한 가전업체의 주도권 싸움은 하드웨어에 국한되지 않는다. 스마트폰 시대의 구글과 애플의 OS처럼 삼성이나 LG 모두 OS 경쟁이 불가피해졌다. CES2015에서 삼성전자는 독자 OS인 '타이젠' LG전자는 '웹OS 2.0'을 내세우며 스마트 홈 운영체제 싸움에 본격적으로 돌입했다. 삼성전자는 최근 인수한 인공지능 벤처기업 '비브 랩스'의 기술을 활용해 갤럭시S8에 음성인식 인공지능 비서기능을 탑재한 뒤 TV · 냉장고 등 다른 가전제품과 연결할 계획이다. LG 전자 역시 한샘과 손잡고 스마트 홈 관련 제품과 기술도 공동으로 개발하고 있다.

새로운 세상이 열리고 있다. '4차 산업혁명'의 핵심 촉진 기술로 거론되는 사물인터넷, 빅데이터, 인공지능, 로보틱스, 나노기술, 3D 프린팅 등 다양한 분야가 서로 융합하고 상호작용하면서 세상을 변화시키고 있다. 이런 기술을 활용하는 기업이나 발 빠른 스타트업(신생 벤처기업) 중에는 시가총액이 1조 원 이상 되는 '유니콘 기업'이 세계 여기저기에서 나타나고 있다. 이제 '4차 산업혁명'은 우리의 삶을 무서운 속도로 바꿔 놓고 있다. 도시, 공장, 농장 들도 변신 중이다. 하베스트 오토메이션은 로봇과 사물인터넷을 융합해 식물 관리부터 출하까지 전 과정을 스마트 하게 처리하고 있다. 한편 성찰 없는 '4차 산업혁명'의 미래는 재앙의 출발일 수도 있으므로, 가치 있는 미래로 가기 위해서는 불확실하고 복잡한 변화에 대응할 수 있는 개방적이고 융합적인 시스템을 마련해야 한다.

참고문헌

1. Smart City(2016), 한국건설기술연구원(KICT) 이태식 외 3인, 형제아트인쇄
2. 사물인터넷 전쟁-누가 전쟁의 승자가 될 것인가?(2015. 5.), 박경수 외 1인, 동아엠엔비
3. 사물인터넷-실천과 상상력(2015. 4), 편석준 외 3인, 미래의 창
4. "4차 산업혁명", 요시카와 료조 외 4인, KMAC, 2016
5. 컨버전스 IT가 미래 Business를 지배한다(2010. 5), 이상일, 도서출판 NT 미디어
6. 토마스 프리드먼(2008) CODE GREEN 뜨겁고 평평하고 붐비는 세계, 왕윤종 감수, 최정임+이영민 옮김, 21세기북스
7. "에너지기술전망, ETP 2015", IEA, 2015

8 "한국 스마트그리드 사업단 자료", KSGA, 2014

9. "해외 스마트그리드 실증 추진현황", KSGI 국제협력팀, 2011
10. "알기쉬운 스마트그리드", 최동배 저, 인포더북스, 2011
11. "스마트그리드 세계시장 통계자료, Pike Research(시장조사기관)
12. "제주 Smart-Grid 대규모 실증단지 구축 현황" 대한전기학회 논문집, 남궁원외 4인, 2012
13. "K-MEG 에너지 통합운영관리시스템 개발 및 구축", K-MEG 요약보고서, 2011
14. "ETRI 기술개발보고서", ETRI, 2012
15. "전력시장 및 계통운영 측면에서의 스마트그리드 요소기술 구현", 기초전력연구원 전력중앙교육센터, 2010
16. "유엔미래보고서 2040", 박영숙 외, 교보문고, 2014
17. "미래디지털사회를 위한 융합의 이해", 이병욱, 생능출판사, 2011
18. "스마트그리드를 위한 상호운용성 기술적용", 조명전기설비학회지, 박창민, 안윤영, 2012

19. "암호 알고리즘 및 키길이 이용안내서", 한국인터넷진흥원, 2010
20. "전력시장 및 계통운영 측면에서의 스마트그리드 요소기술 구현", 기초전력연구원 전력중앙교육센터, 2010
21. "스마트그리드 기술 및 시장 동향", 한국과학기술기획평가원, 2011
22. "스마트그리드 환경에서의 전력품질측정/해석/보상기술", 기초전력연구원 전력중앙 교육센터, 2011
23. "Framework and Roadmap for Smart Grid Interoperability Standards Release1.0", NIST, 2010
24. "Harmonization of IEC 61970, 61968, and 61850 Models", EPRI
25. "EPRI High Voltage Direct Current Handbook", EPRI, 1st Edition
26. "표준기반 R&D 로드맵 스마트그리드", 국가기술표준원, 한국표준협회, 2014
27. "스마트그리드 확산사업 예비타당성 조사보고서", 한국개발연구원(KDI), 2014
28. 허돈(2010.6.21~6.25), 전력시장 및 계통운영 측면에서의 스마트그리드 요소기술 실현, 2010년 제7차 산업체 교육프로그램, 기초전력연구원
29. 산업교육연구소(2009.8.19~8.20), 지능형전력망(Smart Grid)사업 및 연관사업 세미나
30. "와이브로 기반의 스마트그리드 네트워킹", 이상일, 개방형컴퓨터통신연구회, OSIA Standards & Technology Review, 제3호 36권(통권74호), 2009
31. "Real Time Simulation and Testing Using IEC 61850", Rick Kuffel, Dean Ouel-lette, Paul Forsyth, Modern Electric Power Systems 2010 Poland, 2009
32. "그린에너지 전략로드맵(스마트그리드)", 한국에너지기술평가원(KETEP), 2009
33. "스마트그리드 시장 현황 및 전망", 한국수출입은행, 2012
34. "Assessment of Demand Response & Advamced Metering", FERC

- Device -
클라우드 기반의 빅데이터 활용

CHAPTER 1

빅데이터의 개요

Section 1 빅데이터의 개요

빅데이터란 말 그대로, 방대한 데이터를 분석해 새로운 가치를 찾아내는 것이다. 데이터 규모는 수백 테라바이트(TB)를 넘어서고 데이터 형태도 문자, 숫자, 신호, 이미지, 영상에 이르기까지 매우 다양하다. 우리가 사용하는 컴퓨터와 스마트폰을 통해서 매일 엄청난 양이 쏟아져 나오는데 이 데이터를 '서버'라고 부르는 대용량 컴퓨터에서 빠르게 처리하고, 여러 가지 분석기술을 통해 해석하는 것이다. 빅데이터가 기존에 해결하지 못했던 문제의 해답을 찾아주고, 산업과 사회에 새로운 가치를 창출할 것이라는 기대감이 커지면서 정보기술 핵심 키워드가 되고 있다. 모든 기기가 연결되는 사물인터넷 시대의 부상에 따라 빅데이터 시장은 급격히 성장할 것으로 보인다. 빅데이터 환경은 과거에 비해 데이터의 양이 폭증했다는 점과 함께 데이터의 종류도 다양해져 사람들의 행동은 물론 위치정보와 SNS를 통해 생각과 의견까지 분석하고 예측할 수 있으며, 금융에서 온라인 쇼핑 · 의료까지 전 산업으로 확산되는 추세이다.

1. 빅데이터의 정의와 등장 배경

디지털 경제의 확산으로 우리 주변에는 규모를 가늠할 수 없을 정도로 많은 정보와 데이터가 생산되는 빅데이터 환경이 도래하고 있다. 빅데이터란 과거 아날로그 환경에서 생성되던 데이터에 비하면 그 규모가 방대하고, 생성 주기도 짧고, 형태도 수치 데이터뿐만 아니라 문자와 영상 데이터를 포함하는 대규모 데이터를 말한다.

PC와 인터넷, 모바일 기기 이용이 생활화되면서 사람들이 도처에 남긴 발자국(데이터)은 기하급수적으로 증가하고 있다(정용찬, 2012a). 쇼핑의 예를 들어 보자. 데이터의 관점에서 보면 과거에는 상점에서 물건을 살 때만 데이터가 기록되었다. 반면 인터넷쇼핑몰의 경우에는 구매를 하지 않더라도 방문자가 돌아다닌 기록이 자동적으로 데이터로 저장된다. 어떤 상품에 관심이 있는지, 얼마 동안 쇼핑몰에 머물렀는지를 알 수 있다. 쇼핑뿐만 아니라 은행, 증권과 같은 금융거래, 교육과 학습, 여가활동, 자료검색과 이메일 등 하루 대부분의 시간을 PC와 인터넷에 할애한다. 사람과 기계, 기계와 기계가 서로 정보를 주고받는 사물지능통신(M2M, Machine to Machine)의 확산도 디지털 정보가 폭발적으로 증가하게 되는 이유이다. 사용자가 직접 제작하는 UCC를 비롯한 동영상 콘텐츠, 휴대전화와 SNS(Social Network Service)에서 생성되는 문자 등은 데이터의 증가 속도뿐만 아니라, 형태와 질에서도 기존과 다른 양상을 보이고 있다. 특히 블로그나 SNS에서 유통되는 텍스트 정보는 내용을 통해 글을 쓴 사람의 성향뿐만 아니라, 소통하는 상대방의 연결 관계까지도 분석이 가능하다. 게다가 사진이나 동영상 콘텐츠를 PC를 통해 이용하는 것은 이미 일반화되었고 방송 프로그램도 TV수상기를 통하지 않고 PC나 스마트폰으로 보는 세상이다.

트위터(tweeter)에서만 하루 평균 1억 5500만 건이 생겨나고 유튜브(YouTube)의 하루 평균 동영상 재생건수는 40억 회에 이른다. 글로벌 데이터 규모는 2012년에 2.7제타바이트(zettabyte), 2015년에는 7.9제타바이트로 증가할 것으로 예측하고 있다(IDC, 2011). 1제타바이트는 1000엑사바이트(exabyte)이고, 1엑사바이트는 미 의회도서관 인쇄물의 10만 배에 해당하는 정보량이다(Lynman, P., &Varian, H., 2003).

주요 도로와 공공건물은 물론 심지어 아파트 엘리베이터 안에까지 설치된 CCTV가 촬영하고 있는 영상 정보의 양도 상상을 초월할 정도로 엄청나다. 그야말로 일상생활의 행동 하나하나가 빠짐없이 데이터로 저장되고 있는 셈이다. 민간 분야뿐만 아니라 공공 분야도 데이터를 양산 중이다. 센서스(Census)를 비롯한 다양한 사회 조사, 국세자료, 의료보험, 연금 등의 분야에서 데이터가 생산되고 있다. 스마트 워크의 본격화도 데이터 증가를 가속화할 전망이다(방송통신위원회, 2011).

2. 빅데이터의 특징과 의미

우리가 알고 있는 빅데이터의 특징은 [그림 1-1]와 같이 3V로 요약하는 것이 일반적이다. 즉 데이터의 양(Volume), 데이터 생성 속도(Velocity), 형태의 다양성(Variety)을 의미한다(O'Reilly Radar Team, 2012). 최근에는 가치(Value)나 복잡성(Complexity)을 덧붙이기도 한다.

이처럼 다양하고 방대한 규모의 데이터는 미래 경쟁력의 우위를 좌우하는 중요한 자원으로 활용될 수 있다는 점에서 주목받고 있다. 대규모 데이터를 분석해서 의미 있는 정보를 찾아내는 시도는 예전에도 존재했다. 그러나 현재의 빅데이터 환경은 과거와 비교해 데이터의 양은 물론 질과 다양성 측면에서 패러다임의 전환을 의미한다. 이런 관점에서 빅데이터는 산업혁명 시기의 석탄처럼 IT와 스마트 혁명 시기에 혁신과 경쟁력 강화, 생산성 향상을 위한 중요한 원천으로 간주되고 있다(McKinsey, 2011).

[그림 1-1] 빅데이터 세 가지 특징

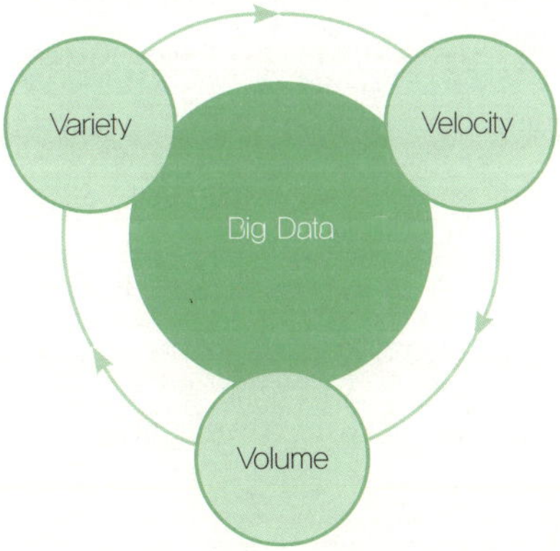

기업은 보유하고 있는 고객 데이터를 활용해 마케팅 활동을 활성화하는 고객관계관리(CRM, Customer Relationship Management) 활동을 1990년대부터 시작했다. CRM은 기업이 보유하고 있는 데이터를 통합하는 데이터웨어하우스(Datawarehouse), 고객 데이터 분석(Data Mining)을 통한 고객 유지와 이탈방지 등과 같은 다양한 마케팅 활동을 진행하는 것을 뜻한다. 기업의 CRM 활동은 자사 고객 데이터뿐 아니라 제휴회사의 데이터를 활용한 제휴 마케팅도 포함한다. 최근에는 구매 이력 정보와 웹로그(Web-log) 분석, 위치기반 서비스(GPS) 결합을 통해 소비자가 원하는 서비스를 적기에 적절한 장소에서 제안할 수 있는 기술 기반을 갖추었다. 이러한 고객분석은 빅데이터 시대를 맞이해 전환점을 맞고 있다. 분산처리방식과 같은 빅데이터 기술을 활용해서 과거와 비교가 안 될 정도의 대규모 고객정보를 빠른 시간 안에 분석하는 것이 가능하다. 트위터와 인터넷에 생성되는 기업 관련 검색어와 댓글을 분석해 자사의 제품과 서비스에 대한 고객 반응을 실시간으로 파악해 즉각적인 대처를 시행하고 있다. 소프트웨어나 하드웨어도 오픈소스 형태의 하둡(Hadoop)이나 분석용 패키지인 R과 분산병렬처리기술, 클라우드 컴퓨팅 등을 활용하면 기존의 비싼 스토리지와 데이터베이스에 기반한 고비용의 데이터웨어하우스를 구축하지 않더라도 효율적인 시스템 운용이 가능하다.

특히 빅데이터에 기반한 분석방법론은 과거에 불가능했던 일을 가능하게 만들고 있다. 구글은 독감과 관련된 검색어 빈도를 분석해 독감 환자 수와 유행 지역을 예측하는 독감 동향 서비스를 개발했다(Google.org/flutrends). 이는 미 질병통제본부(CDC)보다 예측력이 뛰어난 것으로 밝혀졌다. 데이터의 규모가 중요하다는 것을 확인시킨 사례로는 구글의 자동번역 시스템이 있다. 구글은 수천만 권의 도서 정보와 유엔과 유럽의회, 웹 사이트의 자료를 활용해 64개 언어 간 자동번역 시스템 개발에 성공했다. IBM도 캐나다 의회의 문서를 활용해 영어 · 불어 자동번역 시스템 개발을 시도했으나 실패한 경험이 있다. 이는 기술의 차이보다는 사용 데이터의 규모 차이에 의한 결과로 평가한다. 서울시장 보궐선거도 새로운 데이터 분석의 효과를 입증한 사례다. 전통적인 여론조사 결과는 선거 당일까지 박빙의 승부를 예상했지만, 트위터 분석은 당선자 측의 우위를 예측했기 때문이다. 기업의 빅데이터 활용은 고객의 행동을 미리 예측하고 대처방안을 마련해 기업경쟁력을 강화시키고, 생산성 향상과 비즈니스 혁신을 가능하게 한다(McKinsey, 2011).

공공 기관의 입장에서도 빅데이터의 등장은 시민이 요구하는 서비스를 제공할 수 있는 기회로 작용한다. 이는 사회적 비용 감소와 공공 서비스 품질 향상을 가능하게 만든다. 미 대통령 과학자문위원회는 2010년 발간한 「디지털 미래 전략(Designing a Digital Future)」 보고서에서 모든 연방 정부 기관은 빅데이터 전략이 필요하다는 사실을 강조했다. 2012년에 열린 다보스 포럼에서도 위기에 처한 자본주의를 구하기 위한 사회기술모델(Social and Technological Models)을 제시하고 빅데이터가 사회현안 해결에 강력한 도구가 될 것으로 예측했다(Vital Wave Consulting, 2012). 우리나라 국가정보화전략위원회도 2011년 「빅데이터를 활용한 스마트 정부 구현(안)」을 보고했다. 빅데이터는 민간 기업은 물론 정부를 포함한 공공 부문의 혁신을 수반하는 패러다임의 변화를 의미한다.

[표 1-1] 빅데이터 환경의 특징

구분	전문가 시스템	자율형 로봇
데이터	- 정형화된 수치자료 중심	- 비정형의 다양한 데이터 - 문자 데이터(SMS, 검색어) - 영상 데이터(CCTV, 동영상) - 위치 데이터
하드웨어	- 고가의 저장장치 - 데이터 베이스 - 데이터 웨어하우스(Data-warehouse)	- 클라우드 컴퓨팅 등 비용효율적인 장비 활용 가능
소프트웨어 / 분석방법	- 관계형 데이터베이스(RDBMS) - 통계패키지(SAS, SPSS) - 데이터 마이닝(data mining) - machine learning, knowledge, discovery	- 오픈소스 형태의 무료 소프트웨어 - Hadoop, NoSQL - 오픈소스 통계솔루션(R) - 텍스트 마이닝(text mining) - 온라인 버즈 분석(opinion mining) - 감성 분석(sentiment analysis)

하지만 빅데이터 활용을 통해 새로운 사업 기회를 만드는 일은 결코 만만치 않으므로, 분석 비용을 면밀히 따져 활용해야 한다. '어떤 데이터를 분석할 것인가', '얼마나 빨리 처리할 것인가', '어떤 분석 방법을 사용할 것인가' 등 이런 결정 하나하나에 상당한 비용이 수반됨을 감안해야 한다. 모아두면 언젠간 쓸 데가 있을 거란 막연한 생각으로 빅데이터를 쌓아 놓기만 하면 빅데이터 투자는 낭비가 될 수도 있다. 더 중요한 것은 고객 개인 정보보호로 그동안 웹과 모바일에서 적용한 것 이상으로 철저히 고도화된 정보 보안기술을 적용해야만 빅데이터 분석이 가치를 발휘할 수 있고, 관련 산업도 성장할 수 있음을 명심해야 한다.

Section 2 빅데이터 국외 동향

1. 빅데이터 국외 시장 동향

세계 빅데이터 시장은 현재도 성장 중이며, 시장조사기관마다 규모의 차이는 다소 있으나 공통적으로 높은 성장률을 예측한다. IDC의 자료에 의하면 빅데이터 시장을 크게 인프라, 소프트웨어, 서비스 등 세 가지로 분류하고 모두 성장할 것으로 전망하며, 전 세계 빅데이터 인프라 시장은 2019년 까지 486억 달러 규모(연평균 성장률 23.1%)에 이를 것으로 전망한다.

시장조사 기관인 스태티스타에 따르면 빅데이터 세계시장 규모는 지난 2011년 76억 달러(약 8조 3800억 원)에서 2016년 273억 달러(약 30조 1200억 원)로 2.5배 가량 커졌고, 10년 뒤인 2026년엔 922억 달러(약 101조 7400억 원)에 달할 것으로 예상분석 시장이 2019년까지 1879억 달러 규모(연평균 성장률 50%)로 성장할 것으로 전망하고 있다.

[그림 1-2] 국외 빅데이터 시장 및 전망

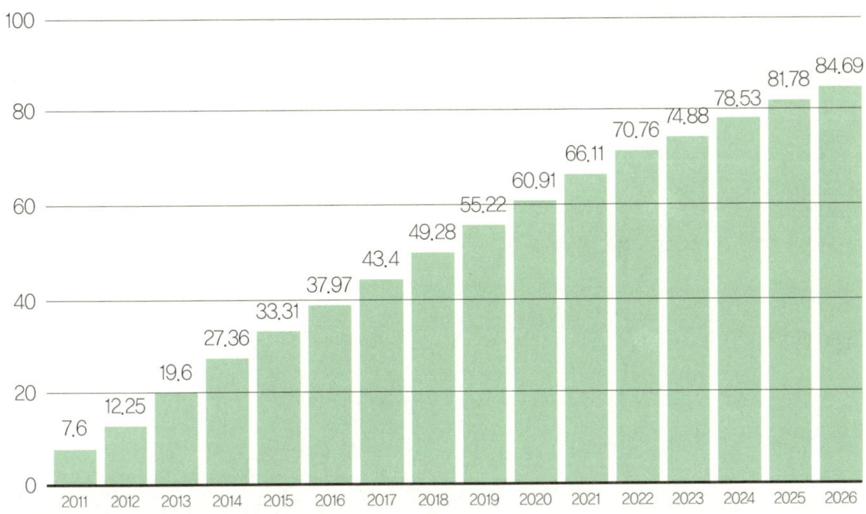

출처 : Statista, Forecast of Big Data market size, based on revenue, from 2011 to 2026, 2016 Wikibon, Big Data Market Forecast, 2011 – 2026, 2016. 재편집

Section 3 빅데이터 국내 동향

1. 빅데이터 국내 시장 동향

국내 빅데이터 산업은 아직까지는 도입 초기 수준이나 기업 전반에서 실질적인 인프라를 구현하려는 단계로 접어 들었다. 2015년 기준 국내 빅데이터 시장규모는 2014년 대비 30% 성장한 2623억 원 규모이며, 한국과학기술정보 연구원에 의하면 국내 빅데이터 시장은 2020년까지 8억 9천만 달러(한화 약 1조 원)규모까지 성장할 것으로 예측한다. 빅데이터 관련 정부투자 또한 2013년 230억 원에서 2015년 기준 698억 원으로 세 배 이상 증가하였다. 또한 관련 시장인 글로벌 IoT 시장은 2015년 기준 6558억 달러 규모에서 2020년에는 1조 7천 억 달러 규모(연평균 16.9% 성장)를 형성할 것으로 전망한다. 아시아 지역의 IoT 기기도 31억 대에서 86억 대 규모로 증가할 것이다. 빅데이터가 IoT와 결합하면서 웨어러블, 유통, 교통, 국방, 보안, 의료 등 다양한 분야에 폭넓게 적용된다. 제조업 중심의 우리나라는 스마트 팩토리와 같은 인더스트리(Industry) 4.0 구현의 중요한 시장으로 자리매김 하였다. 빅데이터 분석의 효율적인 방안인 인공지능 시스템의 글로벌 시장 또한 최대 연평균 56.1%의 높은 성장률로 2024년 412억 달러 규모로 성장이 예상된다.

[그림 1-3] 국내 빅데이터 시장 및 전망

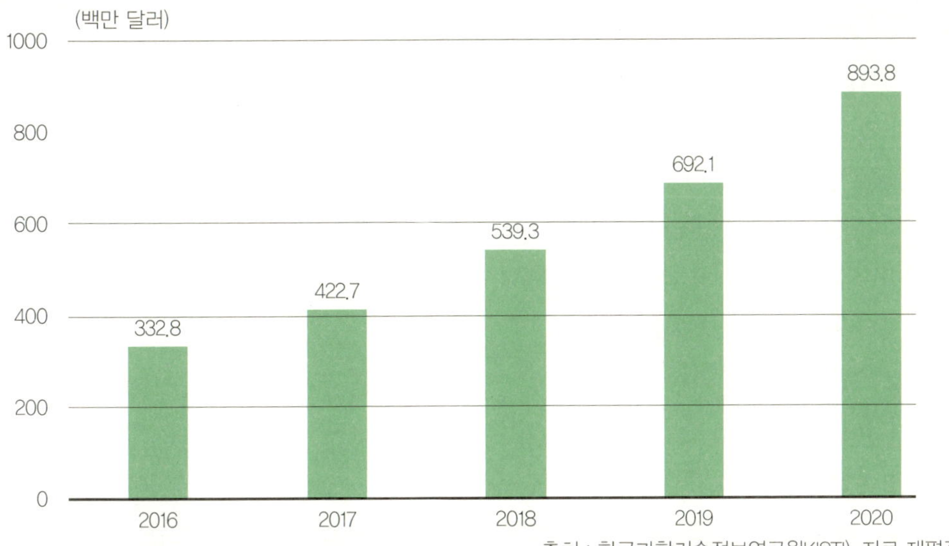

출처 : 한국과학기술정보연구원(KISTI), 자료 재편집

1) 국내 빅데이터 활용 현황

국내 기업의 빅데이터 도입율은 전체기업 기준으로 약 4.3% 수준이다. 국내 기업의 빅데이터 활용 성장률은 중대형 업체의 경우 20~25%, 중소업체의 경우 5~8% 수준이다. 반면, 외국계 IT 기업은 30% 수준의 성장세이다. 국내 기업의 향후 빅데이터 수요는 전체기업의 30.2% 수준이며, 도입 고려 시기는 2018년(77개)과 2019년(98개) 이후가 많다. 국내의 빅데이터 기술 수준은 선진국(100) 대비 62.6% 수준으로 기술 수준 격차는 약 3.3년 뒤쳐져 있는 것으로 분석된다. 국내 기업들의 빅데이터 분석 도입 수준이 뒤처지는 이유는 빅데이터 분석을 할만큼 풍부한 데이터가 부족하기 때문이다. 데이터 분석의 고도화를 위한 환경 조성의 부재이다. 또한 빅데이터 분석을 통한 성공사례가 많지 않아 레퍼런스가 부족하다.

빅데이터에 대해 국가정보화전략위원회는 '대량으로 수집한 데이터를 활용 · 분석하여 가치 있는 정보를 추출하고, 생성된 지식을 바탕으로 능동적으로 대응하거나 변화를 예측하기 위한 정보화 기술'로 보고 있다. 삼성경제연구소도 기존의 관리 및 분석체계로는 감당할 수 없을 정도의 거대한 데이터 집합으로 정리하고, 대규모 데이터와 관계된 기술 및 도구도 빅데이터 범주에 포함시켰다. 시장조사기관인 IDC에 따르면 세계 빅데이터 시장은 매년 39.4%씩 성장해 2015년 169억 달러 규모로 증가할 것이라고 전망했다. 위키본(Wikibon)은 빅데이터 시장 규모가 2012년 51억 달러에서 2017년 534억 달러로 보다 높은 성장률(연평균 60%)에 이를 것으로 예상했다. 분산 시스템 상에서 대용량 데이터 처리 분석을 지원하는 오픈소스인 하둡 287이 확산되고 있다. 빅데이터 어플라이언스 솔루션이 급격히 증가했다. 기존 데이터웨어하우스에 기반을 둔 고객관계관리(CR 188M) 등에 제한됐던 응용 분야를 넘어 다양한 산업영역에서 활용할 수 있을 것이라는 기대가 모아졌다.

산업 분야뿐만 아니라 과학기술 연구 분야에서 창출되는 방대한 규모의 데이터에 기반을 둔 빅데이터에 대한 관심도 높아진 상황이다. 세부적으로 보면 서비스 분야는 약 65억 달러의 시장을 형성할 것으로 예상됐다. 스토리지 분야는 가장 높은 성장률(61.4%)을 보일 것으로 전망됐다. 국내 빅데이터 기업들의 동향을 보면 구글과 아마존 등 글로벌 인터넷 기업이 시장을 선도하고 있다. 국내 기업들은 가격을 핵심 경쟁력으로 정해 올해 상반기까지 다양한 솔루션을 시장에 진출시킬 계획이다. 빅데이터 관련 중소기업들이 연합해 빅데이터 솔루션포럼(BIGSF)을 구성하는 등 빅데이터 협업생태계 구현에 드라이브를 걸고 있다. 국내에서는 통계나 데이터 마이닝, 기계학습, 패턴인식 등을 통한 분석 SW 등을 제공하는 그루터, 넥스알, 클루닉스 등이 있다. 다음소프트는 빅데이터 분석을 위한 인프라와 서비스를 동시 제공한다. 텍스트 의미 이해 전문 기업인 센솔로지가 소셜 분석 솔루션 등을 제공한다.

하둡 기반 솔루션 개발업체인 아크윈소프트는 빅데이터 솔루션, 클라우드 및 시뮬레이션 전문 기업인 알테어는 다양한 패키지 솔루션으로 승부하고 있다. 인메모리 기술 기반의 데이터 분석 및 처리전문인 야인소프트와 시스템통합전문기업인 에스엠투네트웍스, 소셜 모니터링 · 분석 솔루션 제공기업인 SK텔레콤은 각각 BI솔루션, 소셜 분석, 텍스트 마이닝 등의 영역에서 시장을 넓혀가고 있다. 또 빅데이터 솔루션 전문인 엔에프랩과 이씨마이너, 데이터관리기업 위세아이텍은 통합플랫폼과 오픈플랫폼, 분석솔루션 등에 관한 기술을 각각 보유했다. 이온투(플랫폼전문), 카디날정보기술(시스템운영관리), 코난테크놀로지(검색SW), 클루닉스(슈퍼컴솔루션), 투이컨설팅(컨설팅서비스) 등이 빅데이터 시장에서 두각을 드러냈다.

문영호 KISTI 정보분석연구소장은 “국내 빅데이터 시장은 지속적으로 성장해 국내 ICT 시장에서 차지하는 비중이 점점 커질 것으로 예상된다”며 “빅데이터 시장에 대한 기대를 검증할 수 있는 다양한 성공사례들이 제시되고, 기대를 현실화하기 위한 노력이 선행된다면 빅데이터 시장 성장을 위한 새로운 모멘텀으로 작용할 수 있을 것으로 전망된다”고 말했다.

Section 4 빅데이터 핵심기술

클라우드 컴퓨팅이란 정보처리를 자신의 컴퓨터가 아닌 인터넷으로 연결된 다른 컴퓨터로 처리하는 기술을 말한다. 빅데이터를 처리하기 위해서는 다수의 서버를 통한 분산처리가 필수적이다. 분산처리는 클라우드의 핵심 기술이므로 빅데이터와 클라우드는 밀접한 관계를 맺고 있다. 빅데이터 선도 기업인 구글과 아마존이 클라우드 서비스를 주도하고 있는 이유도 여기에 있다.

1. 클라우드 컴퓨팅

클라우드 컴퓨팅(Cloud Computing)이란 정보처리를 자신의 컴퓨터가 아닌 인터넷으로 연결된 다른 컴퓨터로 처리하는 기술을 말한다. 우리가 사용하고 있는 개인용 컴퓨터(PC)에는 필요에 따라 구매한 소프트웨어가 설치되어 있고 동영상과 문서와 같은 데이터도 저장되어 있다. 문서를 작성하려면 자신의 컴퓨터에 저장되어 있는 글과 같은 프로그램을 구동시켜야 한다. 그러나 클라우드 컴퓨팅은 프로그램과 문서를 다른 곳에 저장해 놓고 내 컴퓨터로 그곳에 인터넷을 통해 접속해서 이용하는 방식이다. 자동차를 사지 않고 필요할 때 빌려서 쓰거나 대중교통을 이용하는 것과 같다.

이렇게 되면 필요한 소프트웨어를 내 컴퓨터에 설치할 필요도 없고, 또 주기적으로 업데이트하지 않아도 된다. 게다가 회사 컴퓨터에서 작업을 하던 문서를 따로 저장해서 집으로 가져갈 필요도 없다. 또 자신의 컴퓨터가 고장을 일으켜도 데이터가 손상될 염려도 없다. 필요한 만큼 쓰고 비용을 지불하면 되므로 사용 빈도가 낮은 소프트웨어를 비싸게 구입할 필요도 없고,

터무니없이 큰 저장장치를 갖추지 않아도 된다.

기업도 클라우드가 도입되기 이전에는 필요한 시스템을 구축하기 위해서 값비싼 하드웨어와 애플리케이션을 사서 기업 상황에 맞게 커스터마이징(Customizing)하는 온프레미스(On-premise) 시스템을 구축하고 운영했기 때문에 시간도 수개월 이상 걸렸고 비용도 많이 들었다. 이러한 구축과 운영 비용은 클라우드의 등장으로 절감이 가능해졌다. 사회 전체적으로도 유사한 기능을 한데 모아 운영하기 때문에 비용은 물론 에너지 절감에도 기여할 수 있다. 하지만 서버가 해킹당할 경우 개인정보가 유출될 수 있고, 인터넷 접속이 곤란하거나 서버에 장애가 생기면 자료 이용이 불가능하다는 단점도 있다.

클라우드라는 이름이 붙여진 이유는 컴퓨터 네트워크 구성을 그림으로 나타낼 때 인터넷은 '구름'으로 표현했기 때문이다. 즉, 수많은 컴퓨터가 연결되어 있는 인터넷 환경이 마치 하늘 저편에 떠 있는 구름처럼 알 수 없는 존재로 여겼기 때문이다.
클라우드 방식은 새로운 개념은 아니다. 컴퓨터가 처음 등장했을 때 가격이 매우 비쌌다. 이용자가 더미터미널(dummy terminal)이라고 부르는 입출력 기능만 있는 단말기로 자료를 입력하면 중앙의 대형 컴퓨터에서 저장하고 처리했다. 클라우드 컴퓨팅과 유사한 이러한 방식은 개인용 컴퓨터가 등장하고 성능이 향상되면서 점차 사라졌다. 인터넷이 출현하면서 클라우드 컴퓨팅은 재등장하게 된다. 게다가 처리해야 할 데이터의 양이 증가하면서 개인용 컴퓨터보다는 외부에 있는 고성능 컴퓨터의 힘을 자연스럽게 빌리게 된 것이다.

클라우드를 가능하게 해주는 핵심 기술은 가상화(Virtualization)와 분산처리(Distributed Processing)다(八子知禮, 2010). 가상화란 실질적으로는 정보를 처리하는 서버(Server)가 한 대지만 여러 개의 작은 서버로 분할해 동시에 여러 작업을 가능하게 만드는 기술이다. 이를 이용하면 서버의 효용률(Utilization Rate)을 높일 수 있다. 분산처리는 여러 대의 컴퓨터에 작업을 나누어 처리하고 그 결과를 통신망을 통해 다시 모으는 방식이다. 분산 시스템은 다수의 컴퓨터로 구성되어 있는 시스템을 마치 한 대의 컴퓨터 시스템인 것처럼 작동시켜 규모가 큰 작업도 빠르게 처리할 수 있다.

2. 클라우드 컴퓨팅 서비스

- 클라우드 컴퓨팅은 하드웨어나 소프트웨어와 같은 컴퓨터 자산을 구매하는 대신 빌려 쓰는 개념이다. 어떠한 요소를 빌리느냐에 따라 소프트웨어 서비스(SaaS, Software as a service), 플랫폼 서비스(PaaS, Platform as a service), 인프라 서비스(IaaS, Infrastructure as a service)로 구분한다.

소프트웨어 서비스는 네트워크를 통해 소프트웨어를 온라인으로 이용하는 방식이다. 이용자가 필요로 하는 기능만을 골라 이용하고 사용한 만큼 요금을 지불한다. 가장 성공적인 소프트웨어 서비스 제공업체로는 세일즈포스닷컴(Salesforce.com)이 있다. 이 회사는 기업의 영업활동과 고객관계관리(CRM)에 필요한 다양한 소프트웨어를 제공한다. 구글 앱스(Apps)는 개인 대상의 서비스로 문서작성과 계산 기능을 제공하는 광고 기반의 무료 서비스다.

플랫폼 서비스란 운영체제를 빌려 쓰는 방식을 말한다. 플랫폼이란 마이크로소프트의 윈도즈(Windows)처럼 컴퓨터 시스템의 기반이 되는 하드웨어 또는 소프트웨어와 응용 프로그램이 실행되는 기반을 말한다. 구글의 앱엔진(App Engine), 아마존의 EC2, 마이크로소프트의 윈도 어주어(Window Azure) 등이 대표적인 플랫폼 서비스 상품이다.

인프라 서비스는 서버나 스토리지, 데이터베이스, 네트워크를 필요에 따라 이용할 수 있게 서비스를 제공하는 형태다. 아마존의 S3가 대표적인 서비스다. 국내 기업의 경우 삼성SDS가 서버와 스토리지, 백업 인프라를 사용한 만큼 비용을 청구하는 유즈플렉스 서비스를 제공하고 있다. 개인 대상의 서비스로는 네이버 N드라이브, 다음 클라우드 등이 있다.

한편 클라우드는 사용 방식에 따라 폐쇄형 클라우드(Private Cloud), 공개형 클라우드(Public Cloud), 혼합형 클라우드(Hybrid Cloud)로 분류하기도 한다(Barnatt, 2010). 폐쇄형 클라우드는 특정한 기업 내부 구성원에게만 제공되는 서비스(Internal Cloud)를 말하고 공개형 클라우드는 일반인에게 공개되는 개방형 서비스(External Cloud)를 말한다. 혼합형 클라우드는 특정 업무는 폐쇄형 클라우드 방식을 이용하고 기타 업무는 공개형 클라우드 방식을 함께 이용하는 것을 말한다.

3. 빅데이터와 클라우드 컴퓨팅

빅데이터와 클라우드는 떼려야 뗄 수 없는 관계다(O'Reilly Radar Team, 2012). 빅데이터를 처리하기 위해서는 다수의 서버를 통한 분산처리가 필수적이다. 그런데 분산처리는 클라우드의 핵심 기술이기 때문에 빅데이터와 클라우드 기술은 서로 보완적이다.

클라우드 서비스를 제공하는 대표적인 기업은 아마존, 구글, 마이크로소프트다. 그중에서 아마존과 구글은 빅데이터 원천 기술을 선도적으로 개발한 기업으로 그 과정에서 자연스럽게 클라우드 서비스를 외부에 제공하게 되었다.

구글은 인터넷 검색 서비스가 핵심인 기업으로 검색 서비스의 성능 개선과 이를 위한 데이터센터의 설비 증강이 가장 중요한 사안이다. 예를 들어 구글의 개인 클라우드 서비스인 구글 앱스는 이메일 기능(Gmail)과 문서도구(Google Docs), 데이터 연산 기능(Google Spreadsheet)을 제공하고 있다. 이러한 서비스는 저장용량과 처리 성능을 지속적으로 늘려야 하기 때문에 세계 각지에 데이터센터를 계속해서 건설해야 한다. 구글의 데이터센터는 오픈소스 소프트웨어를 사용하고 서버도 직접 만들어 저비용 설비 구축을 특징으로 하고 있다. 예를 들어 벨기에에 있는 데이터센터는 야외 컨테이너 박스에 서버가 설치되어 있다(岡嶋裕史, 2010). 망가진 서버는 수리하지 않고 파기한다. 설비 장소도 벽지나 한랭지를 선택한다. 데이터센터는 안정적인 전력공급과 효율적 운영이 필수적이므로 전력관리와 발전소 사업에도 진출했다. 이렇게 구축한 거대 인프라 일부를 클라우드 서비스로 제공했다.

아마존은 인터넷 서점으로 출발한 기업으로 서적 검색과 추천 기능을 통해 성장했다. 아마존은 서적뿐 아니라 방대한 상품 정보를 저장하기 위해 대량의 서버와 데이터베이스를 구축했다. 이러한 설비는 최대치를 기준으로 설계되므로 평소에는 다른 기업에게 서비스로 제공할 수 있게 된 배경이 되었다.

아마존의 클라우드 서비스는 저장 장치를 빌려주는 S3(Simple Storage Service), 데이터베이스를 빌려주는 심플DB(SimpleDB), 서버를 빌려주는 EC2(Elastic Computing Cloud)가 있다. 빅데이터 분석용 프로그램으로는 EMR(Elastic Map Reduce)이 있다.

마이크로소프트는 컴퓨터에 운영체제(OS)를 설치하는 사업모델로 성장해온 기업으로 클라우드 서비스와는 대척점에 서 있었다. 따라서 윈도어주어(Window Azure) 서비스는 기존의 사업모델을 파괴하는 것이 아니라 윈도 기반과 클라우드 기반을 연계하는 혼합형 서비스 전략을 지향하고 있다.

4. 구글의 빅데이터 처리 기술

구글은 빅데이터를 효과적으로 처리하기 위한 전략으로 컴퓨터 장비는 가능한 한 값싼 것을 사용하고 그 성능을 최대한 끌어 낼 수 있는 소프트웨어는 자신들이 직접 개발하는 전략을 선택했다. 이 과정에서 빅데이터 처리 기술인 분산파일 시스템과 맵리듀스가 새롭게 개발되었다.

1) 구글의 빅데이터 처리 기술

웹 환경은 기존의 전통 방식으로는 효과적으로 처리하기 어려운 대규모 데이터가 존재하는 대표적인 곳이다. 웹에서 검색이란 규격이 일정하지 않은 여러 종류의 데이터가 대규모로 쌓여 있는 데이터 더미에서 원하는 내용을 효과적으로 빠른 시간 안에 찾는 것이 필수적이다. 웹 검색엔진 개발자들은 이러한 문제를 해결하기 위해 다양한 시도를 했다. 구글(Google)은 대규모 데이터를 효과적으로 처리하기 위한 전략으로 컴퓨터 장비(Hardware)는 가능한 한 값싼 것을 사용하고 그 성능을 최대한 끌어 낼 수 있는 소프트웨어(Software)는 자신들이 직접 개발하는 전략을 선택했다(니시다 케이스케, 2009). 컴퓨터 성능을 향상시키기 위해서는 성능이 더 좋은 장비를 도입하는 스케일 업(Scale-up) 방식과 장비의 수를 늘리는 스케일 아웃(Scale-out) 방식이 있는데 구글은 후자를 택했다.

구글의 검색엔진 기술은 대량의 정보를 효과적으로 저장하기 위한 분산파일 시스템(GFS, Google File System), 대용량 데이터의 읽기와 쓰기를 위한 분산 스토리지 시스템인 빅테이블(Bigtable), 분산 데이터 처리를 위한 맵리듀스(MapReduce)로 요약할 수 있다. 분산파일 시스템(GFS)은 여러 대의 컴퓨터를 조합해 대규모 기억장치(storage)를 만드는 기술이다. 웹 검색엔진의 경우 전 세계에 존재하는 엄청난 규모의 웹 페이지를 저장해야 한다. 인터넷상 데이터는 그 증가 속도가 매우 빠르기 때문에 대규모 데이터를 안전하게 저장하고 효율적으로 처리하기 위해서는 다수의 하드디스크를 조합해 데이터를 저장하는 새로운 기술이 필요하다(니시다 케이스케, 2009). 분산파일 시스템은 이를 위해 개발된 구글의 독자적인 기술이다.
구글은 가격이 저렴한 하드웨어를 대량으로 이용하기 때문에 고장 발생을 전제로 시스템을 설계한다. 분산파일 시스템은 이를 위해 항상 파일을 여러 개 복사해 저장한다. 또한 파일의 내용과 위치에 대한 정보도 여러 개의 복사본을 만들어 저장한다. 이렇게 파일의 내용과 정보가 여러 대의 컴퓨터에 분산 저장되기 때문에 검색 시간도 단축되고 여러 곳에서 동시에 검색이 이루어져도 어느 한 곳에 작업량이 집중되지 않는다. 예를 들어 우리나라에 있는 이용자가 특정 단어를 검색하면 저장된 복수의 정보 중에서 이용자와 가장 가까운 곳에 있는 정보를 찾아내 검색하게 된다. 한 대의 컴퓨터가 고장이 나도 거기에 담겨 있는 정보는 다른 곳에 복사본이 존재하기 때문에 데이터 손실의 염려도 없다.

많은 자료들이어서 빅테이블은 구조화된 데이터(Structured Data) 처리를 위한 분산 스토리지 시스템(A Distributed Storage System)이다(Fay Chang, 2006). 웹 검색과 같은 대규모의 복잡한 데이터 구조에서 효율적으로 읽고 쓰기 위해 빅테이블은 기존의 관계형 데이터베이스와 달리 복잡한 구조를 가지고 있다. 관계형 데이터베이스가 테이블(Table), 로(Row), 컬럼(Column)이라는 간단한 구조로 구성되어 있는 반면 빅테이블은 컬럼 대신에 로 키(Row Key)와 컬럼 패밀리(Column Family), 타임스탬프(Time Stamp)와 같은 복잡한 구조로 구성되어 있다. 빅테이블은 이러한 기능을 이용해 테이블을 종횡으로 무한정 늘려갈 수 있다(Fay Chang, 2006).

맵리듀스는 효율적인 데이터 처리를 위해 여러 대의 컴퓨터를 활용하는 분산 데이터 처리 기술이다(Dean & Ghemawat, 2004). 맵리듀스는 이름에서 짐작할 수 있듯이 맵(Map)과 리듀스(Reduce)의 두 과정으로 구성되어 있다. 먼저 맵 단계에서는 대규모 데이터를 여러 대의 컴퓨터에 분산해 병렬적으로 처리해 새로운 데이터(중간 결과)를 만들어낸다. 리듀스 단계에서는 이렇게 생성된 중간 결과물을 결합해 최종적으로 원하는 결과를 생산한다. 리듀스 과정 역시 여러 대의 컴퓨터를 동시에 활용하는 분산처리 방식을 적용한다. 맵리듀스 처리 과정을 쉽게 이해하기 위해 어떤 문서에 존재하는 특정 단어의 숫자를 계산하는 작업을 생각해보자. 맵 단계에서는 문서의 내용을 하나하나의 단어로 분해한다. 만약 이 단어가 우리가 찾는 특정한 단어라면 숫자 1을 부여한다. 이 작업을 여러 대의 컴퓨터가 병렬적으로 처리하면 순식간에 숫자 1로 구성된 중간 결과물이 생성된다. 리듀스 단계에서 이렇게 생성된 중간 결과를 모두 합치면 원하는 단어의 개수를 얻게 된다(O'Reilly Media, 2012).

구글은 분산 데이터 처리 프로그램을 쉽게 사용할 수 있도록 소잴(Sawzall)이라는 프로그램 언어를 새로 개발했다(Rob Pike, 2005). 이 언어는 관계형 데이터베이스(RDB, Relational Database)에서 간단한 문장으로 데이터 처리를 위한 프로그램을 작성할 목적으로 사용되고 있는 구조화 질의 언어(SQL, Structured Query Language)와 유사하다. 데이터 통계와 로그 분석 등 반복 사용하는 프로그램 업무를 간단한 명령어로 처리할 수 있다.
또한 구글은 빅데이터 분석 소프트웨어인 빅쿼리(Big Query) 소프트웨어를 제공하고 있다. 빅쿼리는 온라인분석처리(OLAP) 시스템으로 테라바이트(TB)급의 대용량 데이터를 구글 검색엔진 인프라로 실시간 분석하며 구글 클라우드 스토리지와 함께 이용할 수 있다. 구글의 예측 프로그램(Google Prediction API)은 기계학습을 통해 일정한 데이터 패턴을 발견하고 이를 통해 새로운 예측결과를 제공한다. 스팸메일을 판단해 삭제하거나 자동차의 운행 경로를 찾아 주는 등 다양하게 응용할 수 있다.

2) 하둡

대용량의 데이터 처리를 위해 개발된 오픈소스 소프트웨어이다(Open-source Software). 하둡은 야후(Yahoo)의 재정지원으로 2006년부터 개발되었으며 현재는 아파치(Apache) 재단이 개발을 주도하고 있다(O'Reilly Media, 2012). 하둡은 구글의 분산파일시스템(GFS) 논문 공개 후 본격적으로 개발되었는데 구글의 시스템과 대응되는 체계로 구성되어 있는 것이 특징이다. 구글의 분산파일시스템 기능은 하둡 분산파일 시스템(HDFS, Hadoop Distributed File System), 구글의 맵리듀스는 하둡 맵리듀스(Hadoop MapReduce), 구글의 빅테이블은 에이치베이스(Hbase)가 각각 담당하고 있다.
하둡은 노란색 아기코끼리로 표현하는데 이는 하둡을 처음 개발한 더그 커팅(Doug Cutting)이 자신의 아이가 가지고 놀던 장난감 코끼리의 이름을 붙인 것에 기인한다. 2011년 야후에서 오픈소스 아파치 하둡(Apache Hadoop) 사업을 위해 분사한 기업도 코끼리가 주인공인 동화에서 코끼리 이름(Horton)을 따와 회사 이름(Hortonworks)을 만들었다.

3) 하둡의 구성 요소

구성하는 시스템 중에 하둡은 핵심 구성 요소인 분산파일 시스템과 맵리듀스 이외에 다양한 기능을 담당하는 시스템으로 구성되어 있다. 하둡 프로그램을 쉽게 처리하기 위한 솔루션으로 피그(Pig)와 하이브(Hive)가 있다(O'Reilly Radar Team, 2012). 피그는 야후에서 개발되었는데 현재는 하둡 프로젝트에 포함되어 있다. 피그는 데이터를 적재 · 변환하고 결과를 정렬하는 과정을 쉽게 처리하기 위해 만든 프로그램 언어다. 하이브는 하둡을 데이터웨어하우스(DW)로 운영할 수 있게 해주는 솔루션이다 페이스북에서 개발한 하이브는 관계형 데이터베이스에서 사용하는 SQL과 유사한 질의 언어(query language)의 특징을 가지고 있다.

에이치베이스는 컬럼 기반의 데이터베이스(column-oriented database)로 대규모 데이터에 빠른 속도로 접근할 수 있도록 만든다. 스쿱(Sqoop)은 관계형 데이터베이스로부터 데이터를 하둡으로 옮기는 도구다. 플럼(Flume)은 로그데이터를 하둡 분산파일 시스템으로 옮기는 도구다.
이 밖에 처리 과정을 조정하고 관리하는 주키퍼(Zookeeper)와 우지(Oozie)가 있다. 하둡을 대규모 데이터 처리에 활용한 대표적인 사례로는 「뉴욕타임스」가 있다. 「뉴욕타임스」는 1851년부터 1980년까지의 기사 1100만 건을 PDF로 변환하는 대규모 프로젝트를 수행하면서 하드웨어와 소프트웨어를 신규로 구매하는 대신 아마존 EC2와 S3, 그리고 하둡(Hadoop) 플랫폼을 활용했다. 하루만에 작업을 완료하고 지불한 비용은 1450달러에 불과했다.

이 소프트웨어는 많은 나라에서 무료로 이용할 수 있다는 장점이 있다. 현재 인터넷 환경에서 오픈소스로 제공되는 개발 도구로는 LAMP(Linux, Apache, MySQL, PHP/Python)가 있다. 운영체제인 리눅스(Linux), 웹 서버인 아파치(Apache), 데이터베이스는 마이에스큐엘(MySQL), 개발언어인 피에이치피/파이썬(PHP/Python)을 사용하면 저렴한 비용으로 시스템을 개발할 수 있다. 빅데이터 처리 기술인 하둡을 포함한 이러한 오픈소스 프로그램의 등장은 개방과 협업, 공유를 지향하는 웹 생태계의 특성을 잘 나타내주고 있다.

하둡은 대규모 데이터 처리가 필수적인 구글, 야후, 페이스북, 트위터 등 인터넷 서비스 기업에서 먼저 활용하기 시작했다. 최근에는 금융 서비스업, 정부기관, 의료와 생명과학, 소매업, 통신업, 디지털 미디어 서비스업 등으로 확장되고 있다.하둡은 상용 서비스로도 이용할 수 있다. 신생업체인 클라우데라(Cloudera)와 야후에서 분사한 호튼웍스, 맵알(MapR) 등이 하둡의 상용 배포판을 제공하고 있다. IBM은 자사의 인포스피어 빅인사이트 데이터 분석 패키지에 하둡을 포함시켰고, 마이크로소프트의 윈도 애저 클라우드 서비스에서도 하둡을 사용할 수 있다. 빅데이터는 방대한 양의 데이터로부터 유용한 정보를 추출하는 것을 말한다. 다음 장에서는 이러한 데이터를 효율적으로 처리 할 수 있는 프로그램인 데이터 마이닝은 기업 활동 과정에서 축적된 대량의 데이터를 분석해 경영 활동에 필요한 다양한 의사결정에 활용하기 위해 사용하는 것을 배우기로 한다.

CHAPTER 2

클라우드 컴퓨팅 기술

Section 1 추진 배경

세계적으로 ICT 활용 패러다임이 정보시스템을 자체 구축하는 방식에서 업무혁신 등을 위해 클라우드 컴퓨팅(이하 클라우드)으로 전환 중에 있다.

1. 클라우드의 개념

ICT 자원을 직접 설치하여 사용하는 방식에서 서비스 이용량에 비례하여 비용을 지불하는 새로운 ICT 인프라로 개인 · 기업 · 국가의 업무 생산성, 혁신 주도

종류 : SaaS(오피스 등 SW), PaaS(SW개발 플랫폼), IaaS(서버 등 인프라)

2010년부터 미국 등 주요국은 클라우드 우선 적용(Cloud First) 정책을 기반으로 정부 · 기업에서 클라우드 이용이 급속 확산 중이다. 미국기업의 40% 이상(2012년), 일본기업의 33.1%(2013년) 이상이 클라우드 도입 · 이용에 집중하고 있다. 반면 우리는 세계 최초로 클라우드 발전법 제정 등 정책노력을 경주 중이나 클라우드 이용률 저조(3.3%) 등 극복해야 할 과제가 산적해 있다. 법률안 국회 제출(2013년 10월) → 제정(2015년 3월)하여, 공급측면으로는 브랜드 인지도 있는 클라우드 전문기업과 기술 · 인력이 취약한 실정이다. 수요측면은 그간 정보시스템을 자체적으로 구축하는 문화로 인해 서비스로 이용하는 클라우드 패러다임에서는 장애로 작용한다. 미국 등 선진국에 비해 클라우드 육성이 5년 정도 늦었지만 'K-ICT 전략'(2015년 3월) 추진과 '클라우드 발전법' 시행(2015년 9월)을 계기로 민관의 역량을 결집하여 클라우드 선도국가로의 도약 추진이 필요하다. 범정부 차원의 법정계획인 제 1차 「클라우드컴퓨팅 발전 기본계획(2016년~2018년)」을 수립 · 시행하게 된다. 공공 · 민간 부문의 클라우드 이용 확산을 통해 비용절감 · 업무혁신을

하고 취약한 국내 클라우드 산업의 경쟁력 강화를 추진 중이다.

1) 클라우드의 개념

개념은 HW/SW 등 각종 ICT 자원을 통신망에 접속해서 서비스로 이용하는 방식이다.

2) 클라우드의 유형

⑴ 서비스 모델에 따른 분류

- 서비스 모델에 따른 분류는 ① 응용SW를 서비스로 제공하는 SaaS, ② SW 개발환경(플랫폼) 서비스를 제공하는 PaaS, ③ IT 인프라(서버, 스토리지 등) 서비스를 제공하는 IaaS로 분류한다.

⑵ 구현 방식에 따른 분류

- 구현 방식에 따른 분류 종류는 ①기관 내부적으로 구축 · 이용하는 프라이빗, ②외부 사업자의 서비스를 활용하는 퍼블릭, ③프라이빗(보안성), 퍼블릭(비용절감 · 민첩성)을 조합한 하이브리드로 분류한다.

Section 2 글로벌 환경변화 및 동향

1. 클라우드 시대 도래

전 세계적으로 ICT활용 패러다임이 HW중심 → 설치형 SW → 서비스 형태로 HW · SW를 사용하는 클라우드 시대로 전환 중이다. 특히, IoT · 빅데이터 · 모바일 등의 활성화에 따라 데이터량이 폭증(2013년 4.4조 → 2020년 44조 기가바이트, 10배 증가, EMC, 2014년)하고 클라우드를 통한 트래픽이 대부분(76%)을 차지하고 있다.

전통적인 SW 기업뿐만 아니라 인터넷 기업, 통신사 등 다양한 ICT기업이 클라우드 시장 선점을 위해 진입 중이다. MS, IBM, 오라클 등 세계적인 패키지SW 기업은 모두 클라우드 서비스를 제공하고 있으며 클라우드에 적극적으로 투자 중에 있다. IBM 클라우드 투자 규모는 2014년 12억 달러, 2015년 향후 4년간 30억 달러를 달성하였으며, 오라클은 자사 SW를 클라우드로 서비스(1/5$/월)하여 20억 달러 매출(2015년)을 올렸다. 이로써 클라우드 기반의 린스타트업이 창업의 새로운 트렌드로 부각하였다. 최근 글로벌시장에서 급성장하는 SW창업 기업들은 초기 투자비용이 저렴한 클라우드를 활용하여 창업하는 린스타트업 방식이 채택되었다.

2. 해외 정책 동향

ICT 활용 패러다임이 클라우드로 변화함에 따라 클라우드 선진국들은 공공 부문의 우선 주도를 통해 민간 확산을 추진중이다. 미국(2010년), 영국(2011년)은 'Cloud First Policy' 공표를 통해 공공 부문이 선도적으로 도입하고 클라우드 시장을 활성화하였다.

- 4~5년 만에 소기의 성과를 달성(클라우드 이용률 40% 수준)하였으며, 기준은 클라우드를 도입한 기업 · 기관의 개수

1) 클라우드 우선 도입으로 공공 부문 효율화

(1) 미국

- 클라우드 우선 도입(Cloud First) 추진, 보안정책(FedRAMP, 2012년)을 통해 공공 부문의 민간 클라우드 이용을 활성화하였다.
- 국무부, 재무부 등 7개 부처가 101개(48개가 민간 클라우드 서비스) 클라우드를 이용하고 있다.

(2) 영국

- 클라우드 이용 활성화를 위해 공공조달 거버넌스 구축(2011년 3월), '클라우드 스토어'를 개설(2012년 2월)하여 공공 부문의 클라우드 이용을 촉진한다.
- 약 2천여 기업(이 중 80%는 중소기업)의 19553개 서비스가 스토어에 등록하였다.

2) 클라우드를 활용한 국가혁신 추진

(1) 중국

- 세계 수준의 클라우드 실현을 위한 6대 핵심전략 발표(2015년 1월), 클라우드 데이터센터를 자국 내에 두는 인터넷 안전법을 발표(2015년)하여 클라우드 서비스 공급 능력 강화
- (민간 클라우드 발전), 기업 혁신역량 제고, 전자정부 발전, 빅데이터 개발 및 이용 강화, 클라우드 인프라 시설 구축, 안전보장 강화하였다.

(2) 일본

- 13개 중앙정부의 ICT 자원은 1개의 클라우드, 지자체는 3개의 클라우드로 통합 추진(2010년)되었다.

3) 클라우드 이용 환경 개선을 위한 인프라 구축

(1) **프랑스**

- 미국 클라우드 기업에 집적되는 데이터에 대한 주권 확보 및 기업 육성을 위해 클라우드 데이터센터 구축 추진(2011년)하여 민 · 관 공동으로 2개의 클라우드 인프라 프로젝트에 1억 5천만 유로(약 1800억 원)를 투자하였다.

3. 글로벌 시장 동향

전 세계 클라우드 시장은 급성장(연평균 17% 수준) 중이다. 세계는 2014년 836억 달러에서 2019년 1882억 달러(연평균 16.9%), 국내는 2014년 5.4억 달러에서 2019년 12억 달러(연평균 17.7%)로 급성장이 예상된다. 동일기간(2014년~19년) SW 시장의 연평균 성장률은 4.8% 수준이다. 세계는 SaaS(2014년 76.3%)가 시장을 주도하고 있으나, 국내는 아직 인프라에 해당하는 IaaS 비중(2014년 48.4%)이 높다.

1) 클라우드 서비스 분야별 주도권 경쟁이 치열

IaaS는 아마존(28% 점유), MS(10% 점유) 등이 시장을 주도 중이며, 최근 알리바바 · 텐센트 등 중국기업이 IaaS에 적극 투자 중에 있다. 알리윤(中)은 미국에 클라우드 데이터센터 개설을 위해 약 10억 달러 투자를 발표(2015년 7월)하였다. 국내는 KT · 네이버 등 통신사(B2B) 및 인터넷(B2C) 기업을 중심으로 IaaS를 제공(KT는 공공기관 전용 클라우드를 출시, 2015년 8월)하였다.

PaaS는 IaaS 주도권을 확대하고 다양한 SaaS를 유입하여 자사만의 생태계를 확보하기 위해 아마존, MS 등 글로벌 기업이 경쟁 중이다. 세계 PaaS 순위(IDC, 2015년) : (1위) MS, (2위) 세일즈포스닷컴, (3위) 아마존 순으로 나타났다.

SaaS는 세일즈포스닷컴 · 구글 · MS 등 미국 기업이 주도하는 가운데, SAP · 오라클 · 어도비 등 전통적인 SW 기업들도 시장 진입 중이다. 국내는 더존비즈온 · 한글과컴퓨터 등이 ERP, 오피스 SaaS를 글로벌 시장에 진출 추진 중이다. 더존비즈온은 ERP를 SaaS로 전환 후 매출

급증(2013년 53억 원에서 2014년에는 280억 원)했다. 세계 SaaS순위(IDC, 2015년)는 1위가 포스닷컴, 2위가 인튜이트, 3위가 SAP로 나타났다.

Section 3 클라우드가 국가·사회에 미치는 영향

1. 정부 등 공공 분야

공공혁신 부분은 클라우드를 통해 정부 부처 간 정보공유를 바탕으로 협업 · 소통이 확대되고 업무 효율성이 증대되고 예산도 절감된다. 클라우드는 정부 3.0(개방 · 공유 · 소통 · 협력)을 실현시킬 수 있는 ICT 인프라는 미국은 7개 부처에 22개 클라우드 서비스를 도입하여 약 96백만불 절감(2013년)했다. 공공서비스 확산 부문은 안전 · 의료 · 교육 등 국민 생활에 직결된 맞춤형 서비스를 쉽게 제공하여 국민의 생활 편의를 증진한다. 일본은 재택의료 클라우드 서비스를 제공(후지쯔, 2013년)하고 있다.

2. 산업 전반

1) 전통산업

1차 산업은 농 · 축산업 등의 경영 · 생산 · 판매 全과정에 클라우드를 적용하여 수확량 증가 등 스마트 농장 실현이 용이하다. 일본은 클라우드와 IoT를 활용하여 농업 전반의 효율성 향상 추진 중(2012년)이다. 2차 산업은 자동차 · 조선 등에 클라우드를 접목하여 제조업과 ICT 융합 촉진을 가속화하고 이를 통한 제품 경쟁력 확보가 가능 하다. 미국은 GM은 클라우드(제품수명관리, 도면 설계 등) 기반 가상제조 환경 도입 등을 통해 스마트 공장을 구현 중(2014년)이다. 독일의 지멘스는 클라우드 기반 3D 가상화 적용 등 기계자동화 공장을 추진(2014년)하였다. 3차산업은 금융, 유통(전자상거래) 등에 클라우드를 활용하여 전 세계를 대상으로 동시에 글로벌 서비스 제공이 가능하다.

- 영국은 클라우드로 은행업무를 운영하는 인터넷전문은행(Atom Bank)을 설립(2015년)하였다.
- 중국은 알리바바는 미국, 유럽 등 글로벌 서비스 확대를 위해 클라우드를 도입(2015년)하였다.

2) ICT산업

방송, 콘텐츠 등 미디어서비스가 클라우드 기반의 서비스로 전환됨에 따라 제작 및 유통 환경이 변화가 나타난다. 미디어 부문에서는 셋톱박스에 관계없이 고품질의 방송이 가능(HD방송 속도 7배 향상)하고, TV 혁신을 주도(인터넷TV → 스마트 TV → 클라우드TV)할 것이다. 클라우드 TV는 영화, 게임 등 콘텐츠를 클라우드 서버에 저장하고 실시간으로 제공되며, 넷플릭스(50개국 6천만 명 사용)가 주도, 애플 · 구글도 클라우드 TV를 제공 중이다. UHD 방송 · CG 등 제작 기간 단축, 업무 프로세스 개선을 위해 클라우드 활용 등 방송 제작 환경이 변화(테이프 → 파일 → 클라우드)되었다. KBS는 클라우드 기반 방송 제작시스템 구축(2015년 2월) 되었다.
게임 · 콘텐츠 분야는 음악, 게임, 전자책 등을 클라우드에 저장 · 활용하여 콘텐츠 유통 방식이 혁신(다운로드 → 클라우드 스트리밍)적이다. 국내(컴투스), 일본(에이밍) 모바일 게임사는 KT 클라우드를 활용, 동남아 · 중국 서비스(2013년) 중이며, KT 고객 중 게임(27%), 콘텐츠(24%) 기업이 51% 차지(2015년)하고 있다. 클라우드(Youtube 등)를 통해 개인 창작자들의 콘텐츠 유통을 연계시켜주는 MCN(Multi Channel Network) 등 새로운 사업영역으로 등장하고 있다.

네이버는 한류스타의 일상을 실시간으로 제공하는 MCN 서비스(V앱)를 출시(2015년 7월)하였다.
클라우드가 빅데이터, IoT 등 ICT 신산업의 성장과 글로벌화를 가속화하고 있다. 빅데이터는 클라우드를 통해 질병 및 소비자 구매 패턴 분석 등 거대한 데이터를 빠르게 분석하여 의미 있는 데이터로 구현 한다. 미국은 국립보건원은 다양한 질병 연구에 아마존 클라우드 활용 2012년 IoT 공장 등에서 IoT를 통해 수집된 정보를 클라우드에 저장, 처리하였다. 타이어 제조업체인 피렐리(이탈리아)는 타이어에 내장된 센서를 통해 제품의 성능에 대한 정보를 전달받아 클라우드를 통해 저장 및 분석(2014년)하였다.

3) 개인생활

문서, 사진, 음악 등 다양한 콘텐츠를 클라우드에 저장하여 스마트폰 등 다양한 단말기를 통해 언제 어디서나 이용이 가능하다. 드롭박스, i-Cloud(애플), N drive(네이버) 등을 통해 클라우드에 저장 · 활용된다. 2014년 세계 인구(72억명) 중 32%(23억명)가 클라우드를 이용 중이며, 2018년에는 인구 절반(36억명)이 이용할 것으로 전망(2014년, 주피터리서치)된다.

창의적인 아이디어만 있으면 ICT에 대한 전문지식이 없더라도 클라우드를 활용하여 사업화하고, 글로벌 서비스화도 가능하다. 미 실리콘밸리는 클라우드를 통해 1만 달러 미만 창업 활성화 중이다. 창조경제혁신센터를 통해 2개(대구, 대전)의 클라우드 기반의 창업 지원 중이다.

Section 4 현 상황 진단

1. 위협요인

가. 글로벌 클라우드(IaaS) 기업의 공격적인 국내 시장 진입

아마존('13.5월 진출)은 기술력 및 브랜드 인지도를 보유한 글로벌 클라우드 기업의 국내 시장 진출로 국내 기업과 치열한 경쟁을 벌였다. 아마존은 국내에 클라우드를 제공하기 위해 KT(목동 IDC)의 공간 및 망을 임대하여 IaaS 제공(클라우드 HW · SW는 아마존이 자체 구축, 약 2000대 수준)하고 있다. 또한 국내 중소 · 창업기업에게 SaaS 개발 등을 위한 대학교육, 개발환경 및 인프라를 제공하여 자사 클라우드에 고착화를 유도하고 있다. IBM은 국내 스타트업에게 1년간 약 1.2억원의 클라우드 인프라 및 마케팅 등을 지원 중(2014년 20여개 스타트업 참여)이다. 아마존 웹서비스는 국내 대학에 클라우드 교육 지원 프로그램 실시(2015년 7월)하였다. 국내 기업의 클라우드 경쟁력 취약 및 클라우드 이용환경은 미비한 상태이고 국내 클라우드 기업 수는 증가(2013년 149개 → 2014년 258개)하고 있으나, 글로벌 기업에 비해 기술력, 인력, 인지도 등이 열세이다. 기술력은 미국 대비 1.5년 격차가 있으며, ICT담당인력은 3100개 기업조사 결과 대기업 82.5%, 중소기업 19.6%만 보유(NIPA, 2015년)하였으며, 국내 사업체의 75.2%(271만개) 클라우드를 알지 알지 못한다고 한다(2014년, 정보화통계집).

초고속 인터넷 보급률 1위(2013년) 등 클라우드 확산을 위한 최고의 인프라를 보유 중이나, 보안, 도입 기준 부재 등으로 도입이 미흡하다. 공공기관(33.3%)은 클라우드 도입 시 데이터보호를 가장 중요하게 생각(NIPA, 2014년)하고 있다. 공공 부문은 클라우드 발전법 시행(2015년 9월) 이전에는 민간 클라우드를 이용할 수 있는 법적 근거가 부재함에 따라 이용이 없는 상황이다.

2) 기회요인

시장 규모가 가장 큰 SaaS를 중심으로 국내 기업의 클라우드 시장 진입 및 글로벌화가 가능하다. 패키지SW 시대에는 일부 기업이 시장을 독식하였으나, 클라우드 시대에는 시장이 새롭게 형성됨에 따라 국내 기업도 진입 가능하다. MS, 오라클 등 Top5 기업이 2014년 세계 SW 매출의 50% 이상 차지(Gartner, 2015년)하였다.

2. 산업 전반

1) 전통산업

1차 산업은 농 · 축산업 등의 경영 · 생산 · 판매 全과정에 클라우드를 적용하여 수확량 증가 등 스마트 농장 실현이 용이하다. 일본은 클라우드와 IoT를 활용하여 농업 전반의 효율성 향상 추진 중(2012년)이다. 2차 산업은 자동차 · 조선 등에 클라우드를 접목하여 제조업과 ICT 융합 촉진을 가속화하고 이를 통한 제품 경쟁력 확보가 가능 하다. 미국은 GM은 클라우드(제품수명관리, 도면 설계 등) 기반 가상제조 환경 도입 등을 통해 스마트 공장을 구현 중(2014년)이다. 독일의 지멘스는 클라우드 기반 3D 가상화 적용 등 기계자동화 공장을 추진(2014년)하였다. 3차산업은 금융, 유통(전자상거래) 등에 클라우드를 활용하여 전 세계를 대상으로 동시에 글로벌 서비스 제공이 가능하다.

[표 2-1] 글로벌 오피스 SW 비교

패키지SW 시대	클라우드 시대
○ MS 주도(세계시장 92.8% 점유) * 한컴 : 세계시장 0.4% (국내 25%)	○ 다수의 클라우드 오피스 출현 * 클라우드 점유율 : ('17년) 33% → ('22년) 60%
⇨ 전통적인 SW 강자가 독식	⇨ 절대강자 없음(국내 기업 진출 가능)

세계를 대상으로 하는 클라우드 사업자와 협력하여 즉각적인 해외 서비스(SaaS)가 가능, 글로벌 기업으로 성장 잠재력이 충분하다.

[표 2-2] 국내기업의 클라우드 해외시장 진출 사례

구분	주요 내용	비고
Polaris Office (오피스)	· 인프라웨어('14.4월 출시) : 출시 1년 만에 가입자가 244개국에 2600만 명(해외 이용자 2366만 명, 91%) * 아마존, 구글 등 클라우드와 연계하여 해외 진출 강화 추진	아마존, 구글 기반
Netffice24 (오피스)	· 한글과컴퓨터('15.4월 출시) : 현 가입자 330만 명 * '16년 본격 해외진출(1000만 명 가입 목표)	아마존 기반
K-System (ERP)	· 영림원소프트랩('15.4월 출시) : 일본 · 중국 진출, '16년 동남아 진출 예정	MS 기반

주로 대기업이 주도하는 국내 IaaS 시장의 경우 국내 업체가 비교우위가 있고 이를 바탕으로 글로벌 진출도 가능한 상황이다. 세계최고의 ICT인프라, 잠재적인 국내 클라우드 수요를 기반으로 동남아 등에 국내 클라우드 서비스(IaaS)도 수출이 가능하다. 초고속인터넷보급률 1위(2013년), 광대역통신망 구축상태는 3위(BSA, 2013년)를 차지하였으며, 국내 IaaS 구축 운영 노하우와 전자정 업무용 솔루션 등으로 나타났다.

3) 현 좌표 및 정책방향

(1) 클라우드 확산의 현 좌표 분석(SWOT)

【강 점】 ㅇ 세계 최고 수준의 ICT 인프라 ㅇ 세계 1위(3년 연속)의 전자정부, 아이디어 있는 전문기업 풍부	【약 점】 ㅇ 투자규모 및 브랜드 인지도 열세 ㅇ SI 중심의 직접 구축 문화
【기 회】 ㅇ 클라우드 시장(SaaS) 절대강자 부재 ㅇ '클라우드 발전법' 제정 등 정부의 클라우드 육성 의지	【위 협】 ㅇ 글로벌 기업의 국내 진입 가속 ㅇ 보안 우려, 사회전반의 인식 부족

나. 정책방향

정부의 클라우드 육성의지, 세계 최고의 ICT 인프라, 다수의 잠재적 이용자(348만여 개 기업) 등 최적의 상황을 적극 활용하여 클라우드 선도국가로 도약할 수 있도록 클라우드 산업 경쟁력을 강화하고 있다. 창의적인 SW전문기업들이 클라우드 기업으로 전환하고 글로벌 기업과 연합하여 세계적인 기업으로 성장할 수 있는 기회를 제공한다.

국내시장에서 비교우위에 있는 클라우드 서비스 사업자(IaaS)들이 글로벌 진출의 기회가 될 수 있도록 발판을 마련하였다. 이를 위해 공공 부문의 선제적인 클라우드 도입과 민간 부문 클라우드 이용확산, 클라우드 산업 성장기반 구축을 체계적으로 추진해야 한다.

Section 5

중점 추진과제

1. 비전 및 추진전략

1) 비전

비전은 2021년까지 클라우드 선도국가 도약으로 1단계 계획(2016~2018)을 통해 클라우드산업 성장 모멘텀을 마련하는 것이다.

2) 목표

목표는 첫 번째로 클라우드 이용 활성화로 2018년 클라우드 이용률을 30% 이상을 사용하는 것이다. 두 번째로 클라우드 기업 육성을 250개(2014년)에서 800개(2018년)로 만드는 것이며, 클라우드 시장은 4.6조 원(3년 누적) 형성(2014년 5000억 원)하였다.

3) 추진전략

첫 번째 추진전략은 공공 부문의 선제적인 클라우드 도입에서 세부 추진과제는 공공 부문의 민간 클라우드 이용 활성화와 정부 클라우드(G-Cloud) 전환을 가속화하는 것이다.

두 번째로, 민간 부문 클라우드이용 확산 전략은 안전한 클라우드 이용환경을 마련하는 것이며, 클라우드 친화적인 제도 개선과 중소기업 및 산업의 혁신을 지원하는 것이다.

세 번째로, 클라우드 산업의 성장생태계 구축전략은 클라우드 기술경쟁력 강화와 클라우드 해외진출 촉진과 클라우드 전문인력 양성하는 것과 클라우드데이터센터(CDC)의 경쟁력을 강화하는 것이다.

1. 전략1 : 공공 부문의 선제적인 클라우드 도입

1) 현황 및 문제점

정부 3.0 발전계획(2014년 9월) 중 「클라우드 기반의 지능정부 구현」 과제에 따라 정부부처의 클라우드 전환 추진 중이며, 「클라우드컴퓨팅 발전법」 제정으로 공공 부문에서 클라우드를 도입할 수 있는 법적 근거를 확보(2015년 9월)해야 한다. 그러나 공공기관의 민간 클라우드 이용방안 등에 관한 세부 제도가 마련되지 않아 조속히 마련할 필요가 있다. 행자부와 미래부가 협업하여 공공기관이 민간 클라우드를 이용할 수 있는 세부 기준 · 절차 마련 중이다. 클라우드를 통한 공공혁신 가속화와 함께 국내 클라우드 산업의 마중물이 될 수 있도록 공공 부문의 민간 클라우드 이용 촉진이 필요하다.

2) 대응과제

정보자원 중요도를 고려하여 민간 클라우드와 정부 클라우드를 사용, 민간 클라우드를 이용할 수 있는 제도 마련을 통해 도입을 확산한다.

3) 공공 부문의 민간 클라우드 이용 활성화

민간 클라우드 이용 확산을 통해 공공기관의 업무 혁신과 민간시장의 마중물 역할 병행 추진이 필요하다. 공공기관의 민간 클라우드 이용률은 0%(2015년)이며, 40%(2018년)로 전망하고 있다. 민간 클라우드 이용은 제도 마련(2015년)과 이용 확산(2016년)시켰다. 민간 클라우드 이용은 대규모 선도 프로젝트 추진 중이다.

(1) 공공기관의 민간 클라우드 이용 단계적 확대 (행자부 · 미래부)

- 민간 클라우드 이용 목표 및 방향을 설정하여 목표는 2018년까지 전체 이용 기관수를 기준으로 40% 만드는 것이다(시스템수 기준으로는 2020년 최대 15% 예상). 기관별 정보자원 현
- 황 분석 및 검증 이후 목표 최종 확정(2016년 상반기)이다. 방향은 기관과 정보자원 중요도에

따라 등급을 부여하고 낮은 등급 자원부터 단계적으로 민간 클라우드 이용 확대(2016년)를 시키고 있다.

[표 2-3] 정보자원 중요도에 따른 클라우드 우선 적용 원칙

대상기관	정보자원 중요도		
	상	중	하
중앙 행정기관	· G-클라우드	· G-클라우드	· G-클라우드 우선
지자체	· 자체 클라우드	· 자체 클라우드 · 민간 클라우드 검토	· 자체 클라우드 · 민간 클라우드 검토
공공기관	· G-클라우드 · 자체 클라우드	· 민간 클라우드 검토	· 민간 클라우드 우선

2016년 공공 정보화 사업 대상 클라우드 우선 적용 추진사업 선별(2015년 12월) · 공표(2016년 3월) 연도별 클라우드 전환 계획을 수립(2016년 상반기)한다. 추진계획은 공공기관의 민간 클라우드 이용지침, 보안인증제 등 제도를 완비(2015년)하고, 선도프로젝트와 병행하여 이용 확산(2016년)한다.

(2) 민간 클라우드 이용 촉진을 위한 제도 마련(2015년)

정보자원 등급분류는 기관 및 업무의 특성을 고려하여 민간 클라우드를 이용할 수 있는 정보자원 등급 체계를 마련(행자부 · 국정원, 2015년)하였다. 이용지침 마련은 계약내용, 방법 및 절차 등 공공기관이 민간 클라우드를 이용할 경우 준수할 지침을 마련(행자부 · 미래부, 2015년)했다. 보안인증은 공공기관이 안전하게 민간 클라우드를 이용할 수 있도록 클라우드 보안인증제도 마련했으며(국정원 · 미래부 · 행자부, 2015년), 공공기관 보안지침(국정원), 민간 클라우드 보안인증제도(미래부), 평가(KISA) 등 보안인증체계를 마련하고 인증실시(2016년~)를 했다. 정보화 사업 클라우드 우선 부문에서는 국가정보화 사업 추진 시 '클라우드 우선 원칙'이 적용되도록 관련 지침을 개정(2016년, 미래부 · 행자부)했다. 예산편성지침(2015년 개정 완료)과 정보화 시행계획 작성지침을 개정(2016년)하였다.

(3) 민간 클라우드 활용을 위한 조달절차 마련(2015년)

시스템구축(SI)과 상용SW 구매방식의 기존 조달체계와는 다른 클라우드 방식에 적합한 조달체계를 마련(조달청 · 행자부 · 미래부, 2015년)하였다. 사업자가 선투자로 시스템을 구축하고 발주 기관은 클라우드 방식으로 이용하며 클라우드 스토어 구축 · 민간 클라우드 등록(미래부, '15년~), 조달청 나라장터와 연계한 클라우드 조달체계 마련(2015년, 조달청)하였다.

[표 2-4] 기존 조달방식과 클라우드 조달방식의 비교

구 분	기존 조달방식	클라우드 조달방식
계약 내용	· 시스템의 개발 · 구축	· 클라우드 방식으로 이용
시스템 구축 주체	· 발주기관	· 사업자(선투자)
소요 기간	· 장기간 소요 : 약 2년 · 공고 → 제안 → 평가/선정/계약 → 개발 · 구축 → 운영	· 단기간 가능 : 약 6개월 이내 · 검색 → 평가/선정/계약 → 운영

(4) 공공 부문의 민간 클라우드 이용 활성화를 위한 추진체계 마련

정책협의체는 관계부처 합동으로 「공공기관의 민간 클라우드 이용 정책협의체」 구성 · 운영(2015년)하였으며, 기재부, 행자부, 미래부, 조달청, 국정원 참여, 정책소정 및 이행점검을 추진하였다. 지원센터는 민간 클라우드 이용 공공기관에 대한 제도 · 기술 · 적용 컨설팅 지원 등을 위해 「공공 클라우드 지원센터」를 만들어 운영(NIA, 2015년~)하였다. 사고 대응반은 침해사고, 정보유출 등 사고에 대비하여 관계부처, 전문기관 등이 참여하는 합동대응반을 구성(국정원 · 관계부처 · KISA 등, 2016년~) 하였다.

4) 민간 클라우드 이용 대규모 선도 프로젝트 추진

다수 기관의 연계 · 협력이 필요하고 국가 · 사회 혁신에 임팩트가 큰 공공 분야에 민간 클라우드 활용과 선도사업을 추진(관계부처, 2016년~)한다. 분야는 스마트 교육, 국가 R&D에 클라우드 활용 등 클라우드 특성에 적합한 분야를 우선 발굴 및 적용하고 있다. 선도 프로젝트 방식은

별도의 구축 비용이 불필요하며, 사업자가 선투자하여 구축하며, 기획 · 설계 · 민간 클라우드 연동 및 특화 서비스(SaaS) 개발 등 불가피하게 소요되는 예산은 기금변경 등을 통해 재원 확보를 추진한다. 또한 민간 클라우드 이용기관은 이용정도에 비례하여 비용을 지불한다. 계획으로 클라우드 사용 파급 효과성 등을 고려하여 대상사업을 2015년 말까지 발굴, 과제기획(2016년 상반기), 클라우드 서비스를 구축(2016년 하반기)한다. 조기 구축이 가능한 과제는 2016년 하반기부터 서비스를 하고, 분야별로 시범기관 우선 사용 후 효과성을 검토하여 모든 기관으로 사용 확대한다. 아래는 민간 클라우드 이용 선도 프로젝트(예시)를 정리하였다.

[표 2-5] 민간 클라우드 이용 선도 프로젝트 (예시)

① 국가 R&D	(내용) 국가 연구개발 추진 시, ICT 장비나 공용 SW를 각각 구매하지 않고, 민간 클라우드 서비스 이용 (계획) ① ICT R&D 적용('16년~) ② 국가 연구개발 전체 확대
② 초 · 중 · 고 SW 교육	(내용) 11612개교 600만 초중고생 SW 교육에 필요한 시스템과 SW를 개별 구축 · 운영하지 않고 민간 클라우드에서 구축 · 공동 활용 (계획) ① 클라우드 기반 시범 교육('15년~'17년) ② 전체 확산('18년)
③ 국가 학술정보	(내용) 도서관 등 1669개 기관별 축적 · 관리 중인 대량 학술정보(기사, 원문)를 국민이 통합검색 · 활용토록 클라우드 기반으로 개방 (계획) ① 국회도서관 등 5개 기관 통합('16년) ② 전체 도서관 확대('17년~)
④ 공공기관 스마트 협업	(내용) 지방이전 공공기관의 출장 중 업무연속성 확보와 직원간 협업을 지원하는 첨단 환경을 민간 클라우드 활용 · 구축 (계획) ① 한국정보화진흥원 시범적용('15년~) ② 기관확대('17년~)
⑤ CCTV 영상 보관 · 관리	(내용) 공공시설, 어린이집 등 CCTV 설치의무화로 급격히 증가 중인 영상자료를 개별 저장소 구축 없이 민간 클라우드에 보관 (계획) ① 시범도입('16년) ② 대상 확대('17년~)
⑥ 국가 대형 이벤트	(내용) 한시적으로 대량 자원이 필요한 올림픽 등 대형 경기나 행사 시스템을 각각 구축하지 않고, 민간 클라우드를 빌려 사용 (계획) ① 평창올림픽 적용('16년~) ② 국가주관 경기 · 행사 확대('17년)

⑦ 지자체 대민 서비스	(내용) 축제 · 행사, 공공자전거 등 지자체가 외부에 위탁하여 구축 운영하는 각종 대민 서비스에 민간 클라우드를 활용 (계획) ① 충북주관 축제 선도적용('16), ② 전국 확대('17년~)
⑧ 선거 관리	(내용) 지자체, 총선 등 짧은 기간 동안 대량 자원이 필요한 선거 유관 업무 시 선거 기간 동안만 민간 클라우드를 이용 (계획) ① 총선 선거안내 시범적용('16년) ② 대상 선거업무 확대
⑨ 헌법기관 자료 백업	(내용) 헌법기관 백업시스템을 각각 구축 없이 민간 클라우드 활용 (계획) ① 헌법재판소 시범적용('16년) ② 헌법기관 확대('17년~)

5) 정부 클라우드(G-Cloud) 전환 가속화

클라우드를 활용하여 정보자원을 효율적으로 관리하고 지식 · 공유 기반의 창의적인 업무환경을 구현함으로써 유능하고 효율적인 정부 실현

- 정부통합전산센터 클라우드 전환 : 1 · 2센터(2017년), 3센터(2018년 완공)
- 전자정부시스템 클라우드 전환 : 개발 · 시범적용(2016년), 확산(2017년~)

(1) 정부통합전산센터 시스템의 클라우드 전환(행자부)

- 클라우드 기반의 정보자원 공동 이용 · 관리 체계 마련을 위해 정부통합전산센터(1 · 2센터)를 클라우드로 전환(2018년)할 예정이다. 총 1233개 시스템 중 2015년 406개(32%)를 2018년에 789개(64%) 클라우드로 전환할 예정이다. 기존 센터에 입주되지 않은 행정 · 공공기관의 중요 정보자원을 이관하고 클라우드로 전환하기 위해 제3센터 예타 및 구축을 추진 중이다. 예비타당성 조사(2015년) 결과에 따라 추진한다. 시스템 구축 시 중소기업의 클라우드 장비 및 솔루션으로 우선 구축함으로써 예산을 절감하고 국내 중소기업의 기술력 · 경쟁력을 확보할 것이다.

(2) 클라우드 기반 공통 서비스 제공(행자부, 관계부처)

- 통합 계정 · 인증에서는 안전하고 편리한 서비스 이용을 위해 전 공무원의 통합 계정 · 인증

체계 구축 및 다양한 인증 방식을(OTP, 생체인증 등) 제공한다. (2016년 ~2017년) 개발 · 시범적용해서 (2018년 ~) 전자정부 서비스에 단계적으로 확대 적용해 나갈 것이다. 자료의 통합 저장 · 활용에서는 업무 인수인계 등으로 인한 중요자료의 유실을 방지하고 사무실 밖에서도 원격으로 업무를 수행할 수 있도록 중요 정책 자료의 통합 저장 · 활용 체계를 구축(~2017년)할 것이다. 파일형식, 양식 등 데이터를 체계적으로 관리할 수 있도록 관련 기술 표준을 정비하고 데이터 분류체계, 접근권한 체계, 생명주기 관리절차 등 제도를 마련할 것이다. (2016년)에 규정을 마련하여 (2017년~)에 시스템 적용과 함께 단계적으로 확산해 나갈 것이다.

(3) **지식 · 협업 · 공유 기반의 응용 서비스 제공**(행자부, 관계부처)

- 업무협업에서는 현재 기관별로 운영 중인 온-나라 시스템을 통합 · 운영하여 협업 기반으로 업무를 수행할 수 있는 환경을 구축해 나갈 것이다. 부처 공동결재, 공동 과제관리 등 기관 간 협업 기능을 제공한다. 2016년 3월에 구축하여 2016년 중 약 20개 부처 시스템 통합하여 2017년에는 확대해 나갈 것이다. 지식 공유는 기관별 지식관리시스템(kmS)을 개방형 클라우드시스템(GkmC)으로 통합하여 범정부적 지식 관리 · 활용 체계적으로 구축해 나갈 것이다. 정부통합지식행정시스템(Government Knowled Management Center)은 기관단위로 분산된 업무 · 정책지식을 효과적으로 축적 · 공유 · 활용할 수 있는 시스템이다. 텍스트에서 사진 · 음성 · 동영상 등 멀티미디어로 지식 서비스 범위 확대, 위원회 등에 지식 · 협업 기반 업무 포털 및 공용 메일 시범 제공한다. 2015년 말에 구축하여 2016년에 서비스 개시 및 확산 · 정착하였다.

(4) **클라우드 기반의 업무 환경 제공**(행자부, 관계부처)

- 태블릿, 스마트폰, 넷북 등 다양한 정보통신기기에서 동일한 서비스를 이용할 수 있도록
- N-스크린 방식 이용환경을 지원한다. 다양한 정보통신기기의 표준규격 및 지침 · 가이드라인 정비 및 HTML5등 국제 표준 사용을 통한 특정 업체 · 기술 종속성을 해소한다. 2016년에 제도 정비 및 행자부 등 시범적용하여 2017년에 단계적으로 확산해 나갈 것이다.

[표 2-6] 클라우드 기반의 새로운 전자정부 업무 환경

구분		
이용 환경	N-스크린(웹표준)	
응용 서비스	업무 · 협업(온-나라)	지식 공유(GkmC)
공통 서비스	통합 계정 · 인증	자료 저장 · 활용
기 반	G-Cloud(대전센터, 광주센터, 대구센터)	

2. 전략2 : 민간 부문 클라우드 이용 확산

1) 현황 및 문제점

클라우드가 기업의 업무 생산성을 향상시킬 수 있으나, 도입률이 현저히 낮은 수준으로 국내 사업체(약 360만개)의 클라우드 도입률은 3.3%에 불과(2014년, 정보화통계집)하다. 클라우드 확산에 장애가 되는 보안우려, 클라우드 인식부재가 주요요인이다. 국내 사업체의 75.2%(271만개)가 클라우드를 알지 못한다.(2014년, 정보화통계집) 금융 · 의료 분야 등에서 클라우드 이용을 제한하는 제도관행이 지속되어 확산에 한계가 있다.

2) 대응과제

클라우드를 믿고 사용할 수 있는 이용환경을 우선 마련 후, 친(親) 클라우드적인 제도개선 클라우드로 기업 · 산업의 혁신을 지원한다.

[표 2-7] 대응과제 방안

안전한 클라우드 이용환경 마련	① 클라우드 사업자 사고대응체계 구축 ② 클라우드 이용자 정보보호 기반 구축 ③ 클라우드 정보보호 전문기업 육성
클라우드 친화적인 제도개선	① 클라우드 사용을 명시적으로 제한하는 규제개선 ② 클라우드 이용 확산을 위한 제도개선
클라우드로 중소기업 및 산업의 혁신지원	① 클라우드로 중소기업 경영혁신 지원 ② 스마트 공장 등 다양한 산업에 클라우드 적용 ③ 클라우드 기반의 창업 활성화

(1) 안전한 클라우드 이용 환경마련

- 클라우드 이용자의 보안 우려 해소를 위해 클라우드 사업자의 정보 보호 수준을 제고하고 이용자 보호를 위한 제도적 장치 확보

가) 클라우드 사업자의 정보보호 수준 향상 및 사고 대응체계 구축

- 정보보호 수준 향상을 위해 사업자가 클라우드 정보보호를 위해 준수할 정보보호 기준 마련 및 정보보호 조치현황을 자율적으로 공개(2015년) 해야 한다. 정보보호 수준을 전문기관에서 컨설팅할 수 있도록 지원(2016년 ~)하였다. 사고 예방체계 구축에서는 클라우드 침해사고 예방을 위해 사업자와 유관기관 간에 보안취약점 등을 공유 · 분석하는 센터를 구축(2015년~)하였다. 정보공유분석센터(Information Sharing Analysis Center)는 유사 업무 분야별로 사이버 공격에 대한 효과적인 공동 대응을 위한 서비스를 체계화하였다. 사고 대응체계 구축으로는 침해사고 발생 시에는 피해 최소화를 위해, 클라우드 침해사고 대응체계(Cloud-CERT)를 구축하여 운용(2015년~)한다. 침해사고 대응팀(Computer Emergency Response Team)을 만들어 보안상의 취약점, 부정이용 사고들에 대한 경보, 사고처리 · 예방을 위한 정책 수립 등을 수행하는 조직으로 만들었다. 원스톱 대응을 위해 기존 인터넷침해대응센터(KISC)와 연계 운영한다.

나) 클라우드 이용자 정보보호 기반 구축

- 이용자 보호 창구 개설은 정보유출, 침해사고 등 클라우드 사고 발생 시 이용자가 신속히 신고 할 수 있는 창구를「신고센터 118」과 연계하여 운영(2015년~)한다.「신고센터 118」은 해킹, 바이러스, 불법스팸, 개인정보침해 등 인터넷으로 인해 어려움을 겪거나, 인터넷 이용 등 궁금한 사항에 대한 상담지원센터를 운영 중이다. 임치제도 도입으로는 서비스의 갑작스런 중단에 따른 정보 손실을 방지하기 위해, 전문기관에 정보를 보관하는 임치제도 도입하여 추진(2016년~)하고 있다. 상호 운용성 확보를 위해서는 서비스 변경 시 정보가 안정적으로 이동될 수 있도록 클라우드 서비스 간 상호운용성을 확보하였다.

- 표준계약서 제정은 이용자가 사업자와 대등한 입장에서 이용계약을 체결하여 피해가 발생하지 않도록 표준계약서를 제정(2015년)하였다. 품질 보장은 이용자가 클라우드 서비스의 품질을 보장 받을 수 있도록「품질 · 성능에 관한 기준」을 마련(2015년)하였다. 손해배상 책임은 이용자 피해가 발생한 경우 사업자는 손해 배상을 하고, 과실여부의 입증책임을 사업자가 지도록 규정(법29조)하였다. 사고 발생 시 사업자가 다수의 이용자 피해 보상을 충분히 감당할 수 있도록, 사업자의 보증보험 가입을 확대하였다. 이용자 보호제도 정착에서도 클라우드 발전법상 이용자 정보 보호 조항들이 차질 없이 시행되도록 후속조치 완료 및 이행여부를 점검(2015년~)한다.

[표 2-8] 클라우드 서비스단계

서비스 가입		서비스 이용		사고 발생		서비스 이용 종료
• 표준계약서 (제24조) • 정보보호기준 고시 (제23조) • 품질 · 성능(SLA) 고시 (제23조)	⇒	• 정보 저장국가 명칭 공개 요구 (제26조) • 클라우드 이용 사실 공개 요구 (제26조) • 이용자 정보의 제3자 제공 및 목적외 이용 금지(제27조)	⇒	• 침해사고 등 이용자 통지(제25조) • 이용자 정보 유출 시 미래부 신고(제25조) • 정보 유출 시 재발 및 피해확산방지를 위한 조치(제25조)	⇒	• 사업 종료 시 이용자 통지(제27조) • 이용자 정보의 반환 및 파기(제27조) • 이용자 정보의 임치 (제28조) • 손해배상책임 (제29조)

다) 클라우드 정보보호 전문기업 육성

클라우드 정보보호 핵심기술 개발, 클라우드 기반 정보보호(SecaaS) 전문기업 육성으로 클라우드 정보보호 역량을 강화하였다. SecaaS(Security as a Service)는 클라우드를 기반으로 정보보호 기능을 제공하는 서비스, 직접 보안시스템을 구축할 필요 없이 서비스로 이용하는 방식이다.

라) 클라우드 이용을 명시적으로 제한하는 규제 개선

의료, 교육 등 각종 법령에서 클라우드 이용을 사실상 제한하는 규제를 발굴하여 개선 추진(2016년, 미래부 · 관계부처) 정보통신 활성화 추진 실무위원회의 '민간 클라우드 규제개선 추진단'을 중심으로 클라우드 사용을 제한하는 규제 발굴 완료(~2015년)하였다. 각 산업별 규제 발굴을 위해 각계 전문가가 참여하는 민간 추진단을 (2015년 10월 발족)하였다. 발굴된 규제는 '정보통신활성화추진실무위원회' 및 '민관합동 SW T/F'에서 논의 및 개선하였다.

[표 2-9] 클라우드 활성화 제도 개선(예시)

〈개선 완료〉

- (금융위) "금융회사의 정보처리 및 전산설비 위탁에 관한 규정"은 정보처리의 제3자 위탁을 제한하고 있었으나, 가능하도록 개선됨(2015년 7월)
- (경찰청) "운전학원 학사관리 전산시스템 표준규격 고시"는 학원 내에 서버 컴퓨터 등을 갖추도록 하고 있었으나 중앙집중식 서버 이용이 가능하도록 개선(2015년 5월)

〈개선 중〉

- (복지부) '전자의무기록 관리 · 보존을 위한 장비 · 시설'을 병원에 갖추도록 하고 있어, 대안을 마련하여 제도 개선 중(2015년)
- (교육부) "원격교육 설비 기준 고시"는 서버 설비 기준 등에서 "물리적으로 별도의 서버를 구성"하여야 한다고 규정, 개선 검토(2016년)

〈참고〉 클라우드 발전법 제정으로 전산설비 구비 규제가 일괄 개선되었으나 각종 법령에서 클라우드 이용을 제한하는 규제가 여전히 잔존

〈전산설비 구비 의무 규제 개선(클라우드 발전법 제21조)〉
ㅇ 인 · 허가 요건으로 전산설비를 구비하도록 한 규제가 55개 법령에 존재
ㅇ 클라우드 발전법을 제정하여 "명시적으로 또는 사실상 클라우드를 제한하는 규정이 있는 경우를 제외하고는 클라우드를 이용할 경우 전산설비를 구비하지 않아도 되도록" 네거티브 방식으로 규제를 일괄 개선함
⇨ 이에 따라, 개별 법령에서 명시적 · 사실상 클라우드를 제한하고 있는 규제가 남아 있는 있는 경우에는 해당 법령 개정이 필요

마) 클라우드 이용 확산을 위한 제도개선

클라우드 도입 · 이용 확산을 위해 조세 관련 법령에 따라 세제지원 확대 방안을 검토하였다(미래부 · 관계부처, 2016년). 클라우드 관련 공공 SW사업의 경우 신시장 창출과 대 · 중소기업 동반성장이 기대됨에 따라 대기업 참여제한을 탄력적으로 적용(2016년~, 미래부)하였다. 클라우드 대중소기업간 상생협업에 기반하여 글로벌화까지 성공하는 클라우드 산업 동반성장 생태계 형성을 추진 중이다. 클라우드 발전법 제10조(세제 지원)에 따르면 국가와 지방자치단체는 클라우드 컴퓨팅기술 및 클라우드 컴퓨팅서비스의 발전과 이용 촉진을 위하여 「조세특례제한법」, 「지방세특례제한법」, 그 밖의 조세 관련 법률에서 정하는 바에 따라 조세감면 등 필요한 조치를 할 수 있다.

(3) 중소기업 및 산업의 혁신 지원

중소기업의 클라우드 이용 확대를 통해 ICT 활용도 제고 및 생산성을 향상하고 산업에 클라우드 적용을 통해 혁신 창출

- 민간기업 클라우드 이용률 : (2013년) 3% → (2018년) 30%

가) 중소기업의 클라우드 전환 지원으로 생산성 혁신

ICT 활용도를 제고하고, 중소기업의 업무혁신을 위한 클라우드 활용 지원 강화(중기청, 2016년~) 중소기업 경영혁신플랫폼 지원사업(중기청, 2015년 40억 원)을 회계, 인력관리 등 경영지원 SW를 클라우드 서비스로 제공(30개 SaaS 제공, 1.1만 개 기업이 활용) 하고 있다. 산업단지 중소기업의 생

산성 향상을 위해 기존 정보시스템을 클라우드로 전환 확대(미래부 · 산업부, 2015년 6개 단지에서 2018년까지 25개를 설립할 계획이다. 산업단지 클라우드 시범사업에 국가 R&D 성과물 및 중소기업 제품 · 솔루션을 활용하는 실증사업을 추진(미래부 · 산업부, 2017년~)할 계획이다. DaaS(Desktop as a service)에 이용되는 VDI(Virtual Desktop Infrastructure) 기술 등이 있다. 각 부처에서 시행 중인 중소기업 ICT지원사업을 클라우드 기반으로 전환하여 제공(미래부 · 중기청에서)하고 대 · 중소기업 상생 IT혁신사업(미래부, 2015년 11억 원) : POP, MES 등이 지원한다. 생산현장 디지털화 사업(중기청, 2015년 80억 원) : 대중소기업의 조달 · 생산 · 물류를 지원(2018년)할 계획이다.

나) 다양한 산업에 클라우드를 적용하여 산업혁신 가속

과학 · ICT를 각 분야에 접목해 사회현안 해결 및 산업 활력을 제고하는 창조비타민 프로젝트에 클라우드 활용 과제 적극 발굴하여 101개 비타민 과제 중 클라우드를 적용하는 과제는 8개(7.9%)로

주력전통산업 3개, 문화관광 2개, 교육학습 1개, 소상공/창업 1개, 재난안전/SOC 1개를 추진하였다. 제조업 생태계의 스마트 화를 위해 클라우드 기반으로 생산현장관리, 제품개발 등 제조업 전반을 혁신(산업부, 2016년~)하였고 2020년까지 1만 개의 스마트 공장 구축 시 클라우드 적용 확대해 나갈 계획이며, 클라우드 기반 스마트 공장 구축으로 동일 업종 · 가치사슬 전반의 스마트화를 촉진하였다.

농업의 유망산업화를 위해 클라우드 기반의 창조농업형 스마트 팜(시설원예 · 과수, 축산 등) 확산 추진(농림부, 2016년~)하였으며, 관광정보를 클라우드 기반으로 연결 · 공유하는 스마트 관광정보 플랫폼 구축(문체부, 2017년)해 나갈 계획이다. 방송 · 콘텐츠 제작 · 유통 환경 변화에 대응하여 클라우드 기반 방송 · 콘텐츠 제작 및 유통 지원(미래부 등, 2016년)하였다. '빛마루(방송지원센터)'내의 B2B 온라인 콘텐츠 마켓플레이스 구축(2016년) 사업에 클라우드를 적용하였다. '스마트 콘텐츠 센터'의 스타프로젝트 발굴 지원사업(2016년)을 통해 N-Screen, 모바일 스트리밍 등 유망 콘텐츠 클라우드 서비스 활성화를 추진하였다. 금융과 ICT가 융합된 핀테크 산업에 클라우드 적용 확산(미래부 · 금융위, 2016년 ~)이 추진중이며 크라우드펀딩 플랫폼 등 핀테크 서비스 및 핀테크 테스트베드 구축시 클라우드를 적용하고 있다. 공간정보 부문에서 대국민 서비스 강화를 위해 공간정보를 클라우드 기반으로 제공(국토부, 2016년~)하고 있다.

다) 클라우드 기반의 창업 활성화로 창조경제 가속화

클라우드 기반의 린스타트업 활성화를 위해 기존 창업지원사업을 클라우드를 활용토록 개선(미래부 등, 2016년~)하고 있으며, K-Global 프로젝트(K-글로벌 엑셀러레이터 육성, K-글로벌 스타트업 지원 등)를 수행중이다. 클라우드혁신센터(현 클라우드지원센터를 개편)의 기능을 강화하여 클라우드 창업의 플랫폼으로 활용(미래부, 2016년)하고 창조경제 성과 확산을 위해 창조경제혁신센터 입주기업*의 클라우드 기반 창업 지원 활성화(미래부, 2016년~)를 추진 중이다. 예시로 대전 창조경제혁신센터 입주기업인 (주)비디오팩토리는 클라우드를 기반으로 영상을 자동 재생하는 플랫폼을 제작하였다.

3. 전략3. 클라우드 산업 성장생태계 구축

1) 현황 및 문제점

클라우드 이용 패러다임 변화에 대응하여 국내 클라우드 산업의 기술경쟁력 · 글로벌화 · 인력 등 기반이 부족하다. SaaS 기술력은 일부 보유하고 있으나, 인프라(IaaS), 플랫폼(PaaS) 구현에 필요한 원천 기술력은 취약하다. 글로벌 기업과의 협업 생태계 미정착 및 경험 부족 등으로 10여개 기업(전체 300개 기업)만이 글로벌 진출 경험이 있다. 인력은 클라우드 전문인력의 양성 및 수급 체계가 미흡하며, 클라우드 산업의 인프라 시설로 클라우드데이터센터(CDC)의 중요성이 더욱 커지고 있으나 CDC에 대한 불합리한 에너지 규제가 적용, 클라우드 수요증가에 걸맞는 CDC 확충이 미흡하다. 전체 데이터센터 130개 중 클라우드 데이터센터는 10여 개(KT, LG CNS, 더존 등)가 있다.

2) 대응과제

R&D, 해외진출 등 클라우드 성장생태계를 조성하고 미래 수요에 대비하여 클라우드 데이터센터를 지속적으로 확충할 계획이다.

[표 2-10] 클라우드 대응과제

선진국 수준의 기술경쟁력 확보	① 클라우드 R&D 투자 확대(9% → '18년 20%) ② 클라우드 기술 사업화 생태계 마련
클라우드 해외진출 촉진	① 글로벌 클라우드 기업 육성 체계 마련 ② 국내 솔루션 및 콘텐츠의 해외진출 추진
클라우드 전문인력 양성	① 기업수요 맞춤형 인력 양성 ② 오픈소스기반의 클라우드 개발자 지원
클라우드 데이터센터 경쟁력 강화	① 클라우드데이터센터 에너지 규제 합리화 ② 클라우드데이터센터 지속 확충

(1) 클라우드 기술 경쟁력 강화

- 시장수요 기반의 전략적 R&D를 통한 선진국 수준의 기술경쟁력을 확보하여 미국 기술수준으로 (2015년) 79.8% → (2018년) 90% 증가시킬 계획이다. 클라우드 R&D 투자를 확대하고 서비스별 경쟁력을 고려, 전략적 R&D 추진할 것이다.

가) 클라우드 기술개발 투자규모 확대

- SW R&D 중 클라우드 분야 투자비중을 현행 9%에서 2018년까지 2배 수준인 20%로 확대하여 2015년 SW R&D 2149억 원 중 클라우드 예산은 204억 원이었다. 국내역량(기술수준), 세계 시장 성장률 등을 고려하여 R&D 추진하였고, SaaS는 국내 역량이 상대적으로 높은 분야로 기업 주관의 R&D를 통해 글로벌 지향적인 SaaS 기술 개발(미래부, 2015년~)을 추진하였다. PaaS는 국내 역량이 낮으며 기반기술 역량 확보가 필요한 분야로 대학 · 출연연의 기초연구를 병행하면서 민관공동의 오픈플랫폼을 개발하였다. 클라우드 기반의 플랫폼인 OpenPaaS 개발 중(2014년~2017년), 미래부 · 행자부 결과물은 G-클라우드 우선 적용하여 민간부분으로 확산 추진할 것이다. IaaS는 클라우드를 국내 장비산업의 기술경쟁력 강화의 기회로 삼아 클라우드데이터센터 분야 R&D지원(미래부, 2015년~)을 하였다. SW(에너지 효율, 솔루션 등), HW(서버, 스토리지, 네트워크 장비 등) 분야이다.

나) 클라우드 기술 사업화 생태계 마련

- 클라우드 서비스 브로커(CSB) 기술개발을 통해 글로벌 기업 솔루션과 국내 솔루션이 공존하며 사용될 수 있는 기반 마련(미래부, 2016년~)하였고, CSB(Cloud Service Brokerage) 포럼 구성하여 운영(2015년 8월~)하고 있다. '클라우드컴퓨팅 기술포럼(가칭)'을 신설하여 국내 · 외 기술 정보 공유, R&D 결과물의 공공 분야 활용, 사업화를 지원(미래부, 2015년~)하였다. 2023년까지 1.7조 원 규모로 조성되는 KIF(Korea IT fund)를 활용하여 클라우드 기업의 성장 지원을 강화(미래부, 2016년~)하였다.

(2) 클라우드 해외진출 촉진

- 경쟁력 있는 SaaS를 발굴하여 글로벌화를 촉진하고, 우수한 솔루션 및 콘텐츠를 클라우드로 제공하여 해외 진출 경쟁력 확보
- 클라우드 글로벌 서비스 개발 : 2018년까지 100개 이상 글로벌화 지원

가) 클라우드 기업의 글로벌 육성 체계 마련

- 클라우드 글로벌 선도 기업과 국내 기업간 협업을 통해 SaaS 개발 단계부터 글로벌 서비스가 될 수 있도록 지원(미래부, 2016년~)한다. 글로벌 클라우드 기업과 국내 개발자간 글로벌 파트너십 프로그램 추진(2016년)하여 1단계 교육하고, 2단계 글로벌 SaaS 공동 개발, 3단계는 해외 공동 진출을 추진한다. 클라우드 전문기업으로 성장할 수 있도록 GCS(Global Creative SW) 사업 등을 활용하여 R&D부터 수출지원까지 패키지화하여 지원할 것이다. '클라우드혁신센터(클라우드지원센터를 개편)' '클라우드 글로벌 진출 협의회'를 통해 세계시장 진출 집중 지원(미래부, 2015년~)할 것이다.
- 글로벌화 가능 SaaS 서비스 발굴 및 개발, 글로벌 시장 마케팅 지원 등 종합적인 지원을 추진(미래부, 2016년)하였다.

나) 국내 우수 솔루션 및 콘텐츠의 클라우드 기반 해외진출 추진

- 조달 · 관세 · 전자투표 등 세계 최고 수준의 전자정부 시스템을 클라우드 기반으로 해외 진출할 수 있도록 지원(행자부 등, 2016년)하고, 한류콘텐츠, e-러닝, 게임 등 기존 글로벌 경쟁력을 갖춘 분야에 클라우드를 결합한 서비스를 발굴하여 해외진출을 지원(미래부 등, 2016년)하

였다. 국내 IaaS를 활용하여 경쟁력 있는 콘텐츠를 동북아 및 동남아 등에 진출하였다. 중국 · 일본 · 아세안 국가 등과 클라우드 협력 MOU 체결 및 교류를 강화하였다. 중국 · 일본 · 싱가폴 등과 클라우드 분야 민간협력 MOU 체결(2014년 ~2015년, 클라우드협회), 동남아시아, 미국, 유럽 등과도 협력 관계 확대 구축 예정(2016년~) 하였다.

(3) 클라우드 전문인력 양성

- 산업수요 맞춤형 클라우드 전문인력 양성을 통한 기업 경쟁력 강화지원
- 클라우드 기술리더 양성 : 2018년까지 200명

가) 기업수요 맞춤형 클라우드 전문인력 양성

- SW 관련 기업 재직자의 클라우드 분야 교육을 위한 "클라우드 인력양성 전문기관"을 지정 · 운영(미래부, 2016년~)하고 있다. 현재 11개 SW 전문인력양성기관 중 4개 기관에서 클라우드 교육(14개 강좌)을 운영한다. 클라우드 분야 ITRC, SW스타랩, SW중심대학 등을 통해 클라우드 기술리더(Cloud Chief Engineer) 양성(미래부, 2018년까지 200명)할 계획이다. 클라우드 분야 ITRC를 확대(미래부, 2015년 2개 → 2018년 4개)할 계획이며, 2015년 2개, 소셜미디어 클라우드센터(건국대, 2010년~2015년)와 실시간 모바일 클라우드 연구센터(경희대, 2013년~ 2016년)를 설립하였다. 클라우드 서비스 전체 기획, 설계 및 구축 · 운영 능력을 보유한 아키텍츠급 인력을 양성할 계획이다. 고용계약형 SW석사과정(미래부), 국가인적자원개발컨소시엄 사업(고용부) 등을 통한 산업계 맞춤 인력 양성 · 취업 연계과정을 운영한다. 클라우드 인력수급 분석 및 기업 현장직무에 기반한 클라우드 표준 커리큘럼 개발 · 보급(미래부, 2016년~)할 계획이다.

나) 오픈소스 기반의 클라우드 개발자 지원

- 우수 클라우드 공개 SW 개발자들이 클라우드 분야 글로벌 공개 SW 커뮤니티 활동에 전념할 수 있도록 SW개발비 등 지원할 계획이다. 오픈스택, 클라우드 파운더리 등 글로벌 오픈소스 커뮤니티 등이 포함된다. 글로벌 개발자 커뮤니티와 연계한 국내 클라우드 개발자 커뮤니티를 활성화하여 글로벌 기술과 연동되는 개발생태계를 구축(미래부, 2016년)하였다. Open PaaS 개발자 커뮤니티를 창립(2015년 7월)하였다.

(4) 클라우드 데이터센터 경쟁력 강화

- ICT 핵심 인프라인 클라우드 데이터센터(CDC)의 에너지사용 규제를 클라우드 특성에 맞게 반영하여 개선하고 CDC를 지속적으로 확충

가) 클라우드 데이터센터 에너지 규제 합리화

- CDC의 국가 전체적인 에너지 절감효과 등을 고려하여 CDC에 대한 에너지 규제 적용을 합리화하고 에너지 절감에 대한 인센티브 제공방안을 강구(미래부 · 산업부 · 환경부, 2016년~)한다. 전 세계 데이터센터 트래픽은 2013년 3.1ZB에서 2018년 8.6ZB로 약 3배 증가 할 것으로 전망한다. 예를 들어 기존 데이터센터를 에너지효율이 최적화된 클라우드 데이터센터로 전환시 전환에 따른 에너지 절감량을 감안하여 인센티브 제공를 제공하며 그린데이터센터 등 기존 데이터센터의 에너지효율성 향상 지속추진(미래부, 2016년~)한다.

나) 클라우드 데이터센터 확충 추진

- 정보통신서비스의 안정적 · 효율적 운영을 위해 '민간 데이터센터 육성방안' 마련(미래부, 2016년~)하여 체계적으로 육성할 계획이다. CDC 구축 시 중소기업 제품 활용을 강화(미래부 · 중기청, 2015년~)하기 위해 중소기업자간 경쟁제품을 서버, 스토리지 등 ICT장비로 확대하는 방안을 김도히는 듕 공공 분야에서의 구매를 활성화한다. 3년간 대기업의 공공시장 납품이 원칙적으로 제한되어 중소기업 간에 경쟁하는 제품(중소기업제품 구매족신 및 핀모지원에 간한 법률)이다. '클라우드 기술포럼'(2015년 10월 발족)을 통해 CDC구축기업과 중소기업간 상생협력체계 구축한다.

Section 6

추진체계 및 기대효과

1. 클라우드의 추진체계

1) 범정부 클라우드 육성 체계 구축

'클라우드 산업 발전 기본계획'의 심의 · 확정(클라우드 발전법 제5조) 등을 위해 '정보통신전략위원회'(위원장 : 국무총리)를 콘트롤 타워로 활용하여 정보통신전략위원회 산하의 '클라우드 전문위원회'를 내실화하여 관련부처가 참여하는 민 · 관 합동의 실무 정책협의체 역할을 수행한다. 클라우드 전담기관(NIPA, NIA, KISA 등)을 클라우드 방식으로 운영(AaaS)하여 언제 어디서나 지원 받을 수 있는 체계를 구성 할 것이다.

- Agency as a Service(AaaS) : NIPA, NIA, KISA 등의 지원내용을 클라우드로 제공

2) 민간 역량을 결집할 수 있는 민간 클라우드 추진체계 마련

민간 중심으로 '(가칭)민간 클라우드 활성화협의체'를 구성하여 민간 클라우드 도입 활성화 및 도입 저해요소 개선 등을 추진한다. 민간자율의 개방형으로 운영(수요자, 기업, 정부기관 등이 참여)한다.

[그림 2-1] 민간 클라우드 추진체계

심의 · 의결	정보통신전략위원회 (위원장 : 국무총리)
전문적 검토	클라우드 전문위원회
안건 마련	관계 부처 (간사 : 미래창조과학부 장관) 기재부, 미래부, 교육부, 행자부, 문체부, 산업부, 복지부, 조달청, 중기청 등
	⇅
지원	클라우드 전담기관(NIPA, NIA, KISA, KLID)
활성화	민간클라우드 활성화 협의체, 클라우드 수요 · 공급기업 등

2. 클라우드 시장의 기대효과

클라우드 이용률 대폭증가로 공공 · 민간 부문 업무혁신, 비용절감 및 시장확대 등 클라우드 산업 성장의 모멘텀 마련

편리한 ICT이용환경 확산으로 2018년까지 클라우드 이용률이 10배(2013년 3.3% → 2018년 30%) 이상 향상 될 것이다. 공공 분야에서도 클라우드 도입 활성화로 3년간(2016년~2018년) 3700억 원 규모의 예산절감과 업무효율성 향상이 기대된다. 2018년 까지 8083개 시스템 중 1357개(누적) 시스템에 클라우드를 도입(17%)할 예정이다. 민간 분야에서도 2018년까지 클라우드 이용률이 30% 수준으로 제고되어 ICT 활용도 향상 및 산업의 생산성도 향상될 것이다. 2013년에 72.6%(360만개 중 261만개 이용)에서 (2018년) 80.9%(약 30만개 기업 증가) 로 보급될 것이다.

1) 클라우드 시장 확대로 경제적 파급효과 확산

ICT 미활용 중소기업(99만개)이 ICT를 활용(30만개)하여 1.5조 원 규모의 ICT 신규 시장 수요를

창출할 것이다. ICT 미활용 기업의 30%가 클라우드를 사용할 경우 약 1.5조 원 시장으로 성장할 것이다. 공공 · 민간부분의 클라우드 도입 활성화로 클라우드 시장이 2014년 5천억 원에서 2018년 2조 원으로 4배 이상 성장할 것이다. 글로벌 경쟁력 있는 클라우드 기업(2018년까지 800개 이상) 육성으로 클라우드 시대 대비, ICT 강국 지속 발전할 것으로 보인다.

[표 2-12] 클라우드 확산에 따른 경제적 파급효과(ETRI, 단위: 억 원)

	2016	2017	2018	합계
시장규모	11,120	14789	19,670	45,579
생산유발효과	25,146	33,442	44,480	103,068
부가가치효과	6,858	9,121	12,132	28,111

2) 추진일정

[표 2-12] 추진일정

1. 공공부문의 선제적인 클라우드 도입			
①	공공부문의 민간 클라우드 이용 활성화	연도별 클라우드 전환 계획수립	행자부, 관계부처
		민간 클라우드 이용 제도 정비	행자부, 미래부, 국정원
		민간 클라우드 조달체계 마련	조달청, 행자부 미래부
		대규모 선도프로젝트 추진	관계부처
②	지능 정부 구현을 위한 정부 클라우드 전환 가속화	통합전산센터 클라우드 전환	행자부, 관계부처
		클라우드 기반 업무 환경 구축	행자부
2. 민간부문 클라우드 이용 확산			
①	안전한 클라우드 이용 환경 마련	클라우드사업자 사고대응 체계 구축	미래부
		이용자 정보보호 기반 구축	미래부
②	클라우드 친화적인 제도 개선	규제발굴 및 개선	관계부처

③	중소기업 및 산업의 혁신지원	중소기업의 클라우드 전환 지원									미래부, 산업부, 중기청
		다양한 산업에 클라우드 적용									관계부처
		클라우드 기반 창업 활성화									미래부 등
3. 클라우드 산업 성장 생태계 구축											
①	클라우드 기술 경쟁력 강화	클라우드 R&D 확대									미래부
		클라우드 기술 생태계 형성									미래부
②	클라우드 서비스 해외진출 촉진	글로벌 클라우드 기업 육성체계 마련									미래부
		우수 솔루션, 콘텐츠의 해외진출 지원									미래부, 행자부
③	클라우드 전문 인력 양성	클라우드 전문인력양성기관 지정 · 운영									미래부
		클라우드 기술 리더 양성									미래부
		오픈소스 기반의 클라우드 개발자 지원									미래부
④	클라우드 데이터 센터 경쟁력 강화	클라우드 데이터센터 에너지 규제 합리화									미래부, 산업부 환경부
		클라우드 데이터센터 확충									미래부, 중기청

CHAPTER 3

빅데이터의 애플리케이션

Section 1 데이터 마이닝

데이터 마이닝이란 방대한 양의 데이터로부터 유용한 정보를 추출하는 것을 말한다. 데이터 마이닝은 기업 활동 과정에서 축적된 대량의 데이터를 분석해 경영 활동에 필요한 다양한 의사결정에 활용하기 위해 사용된다. 데이터 마이닝은 통계학의 분석방법론은 물론 기계학습, 인공지능, 컴퓨터과학 등을 결합해 사용한다.

1. 데이터 마이닝의 정의

데이터 마이닝(Data Mining)이란 대규모 데이터에서 가치 있는 정보를 추출하는 것을 말한다. 즉, 의미심장한 경향과 규칙을 발견하기 위해서 대량의 데이터로부터 자동화 혹은 반자동화 도구를 활용해 탐색하고 분석하는 과정이다(Linoff & Berry, 1997).

데이터 분석을 지하에 묻힌 광물을 찾아낸다는 뜻을 가진 마이닝(Mining)이란 용어로 부르게 된 것은 데이터에서 정보를 추출하는 과정이 탄광에서 석탄을 캐거나 대륙붕에서 원유를 채굴하는 작업처럼 숨겨진 가치를 찾아낸다는 특징을 가졌기 때문이다. 통계분석을 위한 패키지 프로그램인 SPSS에서 데이터 마이닝 분석을 위한 제품의 이름을 클레멘타인(Clementine)이라고 붙였는데 그 이유는 미국 민요 '클레멘타인(Oh My Darling, Clementine)' 가사에 나오는 광부의 딸 이름이 클레멘타인이기 때문이다. 데이터의 형태와 범위가 다양해지고 그 규모가 방대해지는 빅데이터의 등장으로 데이터 마이닝의 중요성은 부각되고 있다. 특히 웹에서 엄청나게 빠른 속도로 생성되는 웹 페이지(Web Page) 콘텐츠와 웹 로그(Web Log), 소셜 네트워크서비스의 텍스트 정보와 영상과 같은 비정형 데이터(Unstructured Data)를 분석하기 위한 다양한 방법론이 등장해 데이터 마이닝의 포괄 범위는 확장되고 있다. 데이터에서 정보를 찾아낸다는 관점에서 보면 데이터 마이닝은 통계학과 매우 유사하다. 데이터를 탐색하고 분석하는 이론을 개발하는 학문 분야가 통계학이기 때문이다. 데이터 마이닝에서 주로 사용하고 있는 방법론인 로지스틱회귀분석(Logistic Regression), 주성분분석(Principal Analysis), 판별분석(Discriminant Analysis), 군집분석(Clustering Analysis) 등은 통계학에서 사용되고 있는 분석방법론이다. 통계학과 데이터 마이닝의 차이를 살펴보면 통계학은 비교적 크지 않은 실험데이터를 대상으로 하는데 반해 데이터 마이닝은 비계획적으로 축적된 대용량의 데이터를 대상으로 한다(정용찬, 2012). 통계학이 추정(Estimation)과 검정(Testing)이라는 이론을 중시하는 특징을 가졌다면 데이터 마이닝은 이해하기 쉬운 예측모형의 도출에 주목한다. 즉 데이터 마이닝은 기업 활동 과정에서 자연스럽게 축적된 대량의 데이터를 분석해 기업 경영에 필요한 가치 있는 정보를 추출하기 위해 사용된다. 이러한 이유로 데이터 마이닝을 "규모, 속도, 그리고 단순성의 통계학(Statistics at Scale, Speed, and Simplicity)"이라 부른다(Shmueli et el., 2010).

2. 데이터 마이닝과 KDD

데이터에서 가치 있는 정보를 찾아내는 것을 지칭하는 용어는 다양하다. 지식 추출(Knowledge Extraction), 정보수확(Information Harvesting), 정보발견(Information Discovery), 데이터 고고학(Data Archaeology), 데이터 패턴 처리(Data Pattern Processing) 등은 모두 비슷한 개념이다(Fayyad, 1996). 데이터 마이닝과 관련된 용어로 KDD(Knowledge Discovery in Databases)가 있다. KDD는 데이터로부터 유용한 지식을 찾아내는 과정을 분석에 필요한 데이터를 추출(Selection)해 사전 처리(Preprocessing)와 변환 과정(Transformation)을 거쳐 분석(Data Mining)하고 결과를 해석하는 과정으로 설명한다. 데이터 마이닝은 데이터 분석 과정의 핵심 요소이며, 분석을 위한 데이터를 만드는 전 처리 과정이나 결과를 해석 · 평가하는 것은 넓은 의미로는 데이터 분석에 해당된다. 이런 관점에서 데이터 마이닝은 KDD의 구성 요소라기보다는 KDD의 전 과정을 포괄하는 개념이다(Han et al., 2012).

3. 데이터 마이닝 분석 과정

데이터 마이닝은 기업 경영 활동 과정에서 발생하는 데이터를 분석하기 위한 목적으로 개발되었기 때문에 다양한 산업 분야에 공통적으로 적용되는 표준화 처리 과정이 제시되었다. 데이터 마이닝 표준 처리과정(CRISP-DM, Cross Industry Standard Process for Data Mining)은 비즈니스 이해(Business Understanding), 데이터 이해(Data Understanding), 데이터 준비(Data Preparation), 모형(Modeling), 평가(Evaluation), 적용(Deployment)의 6단계로 구성되어 있다(Chapman, et al., 2000).

데이터 마이닝은 학제적(Interdisciplinary)인 특징을 지닌다. 기존의 통계적 분석방법론과 함께 기계학습(Machine Learning), 인공지능(Artificial Intelligence), 컴퓨터과학(Compu -ter Science) 등을 결합해 사용한다. 통계적인 방법론뿐 아니라 기계학습, 신경망분석(neural network) 등도 데이터로부터 정보를 추출하기 위한 다양한 접근방법 중 하나로 활용되고 있다. 기계학습 기법은 대량의 데이터를 강력한 계산능력을 활용해 빠르게 분석한다. 데이터 마이닝은 대용량 데이터를 활용해 다양한 분석방법론을 적용하기 때문에 전문 소프트웨어 사용이 필수적이다. 데이터 마이닝 소프트웨어는 데이터베이스 공급업체가 제공하는 제품군과 통계분석용 전문 소프트웨어로 구분할 수 있다(정용찬, 2012). 데이터베이스 공급업체가 제공하는 데이터 마이닝 소프트웨어로는 IBM의 Intelligent Miner, MS의 SQL Server 2005, 오라클의 Data Mining, 테라데이터의 Warehouse Miner가 있다.

데이터 마이닝 분석용 소프트웨어로는 SAS의 Enterprise Miner, IBM의 SPSS Modeler(구 SPSS Clementine)가 있다. 최근 주목받고 있는 R은 오픈소스 형태로 무료로 사용할 수 있는 소프트웨어다. 그러나 사용자 친화적으로 설계되어 있지 않기 때문에 일반인이 이용하기에는 어려움이 많다.

4. 데이터 마이닝 활용 분야

데이터 마이닝은 다양한 분야에서 활용된다. 천체 관측 사진에서 행성과 성운을 식별하는 패턴인식(pattern recognition) 기법은 방위산업과 의료진단 분야에서 활용하고 있다. 데이터 마이닝 활용이 가장 활발한 곳은 기업이다. 널리 알려진 사례로는 장바구니 분석(Market Basket Analysis)이 있다. 할인점의 구매데이터를 분석한 결과 아기용 기저귀와 맥주가 함께 팔리고 있다는 사실을 발견해 할인행사나 매장의 상품 배치에 활용한 사례다.

반도체나 자동차, 소비재 등 제조업에서는 생산 공정 단계에서 발생하는 데이터를 분석해 불량품이 발생하는 원인을 규명하고 예방하는 품질관리(Quality Control)에 활용한다. 금융 분야에서는 고객의 신용 등급에 따라 대출규모와 이자 등을 결정하는 신용점수(Credit Score) 산정에 데이터 마이닝이 활용된다. 특이한 거래 행위에서 부정행위를 적발(Fraud Detection)하는 분야에도 활용된다. 잃어버린 신용카드의 부정 이용, 보험회사의 허위 · 과다 청구를 예방하기 위해 사용될 뿐 아니라 국민연금이나 의료보험의 부당 청구와 같은 영역에도 활용하고 있다.

5. 고객관계관리

데이터 마이닝은 고객관계관리(CRM, Customer Relationship Management) 개념과 밀접한 관련을 맺고 있다. 고객관계관리는 기업이 소비자에게 상품과 서비스를 판매하는 과정에서 발생한 데이터가 중요한 정보로 활용될 수 있다는 생각이 확산되면서 등장한다. 고객관계관리는 기존의 데이터베이스 마케팅(Database Marketing) 개념에서 한 걸음 더 나아가 생산자 중심의 기업 활동을 소비자 중심으로 바꾸는 패러다임의 전환을 의미한다. 고객의 행동을 파악하기 위해서는 데이터 관리와 분석이 필수적이다. 이를 위해 데이터를 효과적으로 수집하고 분석하는 정보기술(IT, Information Technology)에 주목하게 된다. 데이터웨어하우스(DW, Data Warehouse)는 기업이 보유하는 대규모 데이터를 효과적으로 저장하고 관리할 수 있게 지원하는 시스템이다. 데이터 마이닝을 활용한 고객 데이터 분석도 이러한 효과적인 데이터 관리시스템이 지원했기 때문에 가능한 일이었다.

데이터의 양이 폭증하고 비정형 데이터가 중요한 의미를 지니는 빅데이터 환경에서 기존의 정보기술이나 분석 방법론은 새로운 전기를 맞고 있다. 그러나 소비자의 관점에서 기업 활동을 한다는 고객관계관리의 기본 사상은 변하지 않고 더욱 강조될 것으로 보인다.

Section 2 비정형 데이터 마이닝

비정형 데이터란 숫자 데이터와 달리 그림이나 영상, 문서처럼 형태와 구조가 복잡해 정형화되지 않은 데이터를 말한다. 블로그와 게시판 등 웹에서 폭발적으로 발생하는 비정형 데이터는 그 내용을 통해 여론의 흐름을 파악할 수 있다는 점에서 주목받고 있다. 비정형 데이터 분석방법으로는 텍스트 마이닝, 웹 마이닝, 오피니언 마이닝 등이 있다.

1. 비정형 데이터

비정형 데이터(unstructured data)란 일정한 규격이나 형태를 지닌 숫자 데이터(numeric data)와 달리 그림이나 영상, 문서처럼 형태와 구조가 다른 구조화되지 않은 데이터를 말한다. 비정형 데이터의 사례로는 책, 잡지, 문서의료 기록, 음성 정보, 영상 정보와 같은 전통적인 데이터 이외에 이메일, 트위터, 블로그처럼 모바일 기기와 온라인에서 생성되는 데이터가 있다.

가장 대표적인 비정형 데이터로는 문서가 있다. 문서에는 문자가 가장 많은 비중을 차지하고 있지만 숫자와 도표, 그림도 포함하고 있다. 이러한 문서 정보는 정보의 관점에서 보면 유형이 불규칙하고 의미를 파악하기 모호해서 기존의 컴퓨터 처리 방식을 적용하기 어렵다. 기존의 컴퓨터 시스템은 연산과 처리 절차가 숫자 데이터 중심으로 설계되어 있기 때문에 이름이나 성별과 같은 문자 변수는 숫자로 변환해 처리하는 방법을 주로 사용했다. 그러나 이런 방법은 트위터나 블로그처럼 모바일과 온라인에서 생성되는 대규모의 비정형 데이터에 적용하는 것이 불가능하다. 비정형 데이터는 불규칙 정도에 따라 반정형 데이터(semi-structured data)로 구분하기도 한다.

2. 텍스트 마이닝

텍스트 마이닝(text mining)이란 대규모의 문서(text)에서 의미 있는 정보를 추출하는 것을 말한다. 분석 대상이 비구조적인 문서정보라는 점에서 데이터 마이닝과 차이가 있다. 텍스트 마이닝은 텍스트 분석(text analytics), 텍스트 데이터베이스로부터 지식 발견(KDT, Knowledge Discovery in Textual Database), 문서 마이닝(document Mining) 등으로 불리기도 한다.

텍스트 마이닝은 정보 검색, 데이터 마이닝, 기계 학습(machine learning), 통계학, 컴퓨터 언어학(computational linguistics) 등이 결합된 학제적(interdisciplinary) 분야다(Han et al, 2011). 텍스트 마이닝은 분석 대상이 형태가 일정하지 않고 다루기 힘든 비정형 데이터이므로 인간의 언어를 컴퓨터가 인식해 처리하는 자연어 처리(NLP, Natural Language Processing) 방법과 관련이 깊다.

좀 더 구체적으로 문서 분류(Document Classification), 문서 군집(Document Clustering), 메타데이터 추출(Metedata Extraction), 정보 추출(Information Extraction) 등으로 구분한다(Witten et al., 2011). 문서 분류는 도서관에서 주제별로 책을 분류하듯이 문서의 내용에 따라 분류하는 것을 말한다. 문서 군집은 성격이 비슷한 문서끼리 같은 군집으로 묶어주는 방법이다. 이는 통계학의 방법론인 판별분석(Discriminant Analysis)과 군집분석(Clustering)과 유사한 개념으로 분석 대상이 숫자가 아닌 텍스트라는 점에서 차이가 있다. 통상 문서 분류는 사전에 분류 정보를 알고 있는 상태에서 주제에 따라 분류하는 방법이며 문서 군집은 분류 정보를 모르는 상태에서 수행하는 방법이다. 이를 지도학습(Supervised Learning), 자율 학습(Unsupervised Learning)이라고 부르는데, 데이터 마이닝에서도 동일한 의미로 사용하고 있다. 한편 정보추출은 문서에서 중요한 의미를 지닌 정보를 자동으로 추출하는 방법론을 말한다.

3. 웹 마이닝

웹 마이닝(web mining)은 인터넷을 이용하는 과정에서 생성되는 웹 로그(web log) 정보나 검색어로부터 유용한 정보를 추출하는 웹을 대상으로 한 데이터 마이닝을 말한다. 웹 마이닝은 전통적인 데이터 마이닝의 분석 방법론을 사용하기도 하지만 웹 데이터의 속성이 반정형 혹은 비정형이고, 링크 구조를 형성하고 있기 때문에 별도의 분석기법이 필요하다.

웹 마이닝은 분석 대상에 따라 웹 구조 마이닝(web structure mining)과 웹 유시지 마이닝(web usage mining), 웹 콘텐츠 마이닝(web contents mining)으로 구분한다(Linoff &Berry, 2001).

웹 구조 마이닝은 웹 사이트의 노드(node)와 연결 구조를 분석하는 기법이다. 웹 페이지가 연결된 구조를 의미하는 하이퍼링크(hyperlink)로부터 패턴을 찾아내거나 웹 페이지 구조를 분석한다.

웹 유시지 마이닝은 인터넷 이용자의 이용경로인 웹서버 로그(web server log) 파일 분석을 통해 웹 사이트 개선이나 고객 특성을 반영한 맞춤형 서비스를 지향한다.

웹 콘텐츠 마이닝은 웹 페이지에 저장된 콘텐츠로부터 웹 사용자가 원하는 정보를 빠르게 찾는 기법으로 검색엔진에 많이 사용된다. 예를 들어 웹 페이지를 다루고 있는 주제에 따라 자동적으로 분류할 수 있다. 이러한 작업은 전통적인 데이터 마이닝 작업과 유사하다. 그러나 웹 페이지에서 특정 상품의 설명이나 독자의 상품평과 같은 유용한 정보를 추출하는 작업은 데이터 마이닝과 다른 특성이다(Liu, 2007).

웹 마이닝 분석 과정은 데이터 마이닝 분석 과정과 유사하지만 가장 큰 차이는 데이터 수집이다. 데이터 마이닝에서 데이터는 이미 수집된 상태이거나 데이터웨어하우스같이 구조적으로 잘 정리된 장소에 저장되어 있다. 하지만 웹 마이닝에서 데이터 수집은 실질적으로 수행해야 하는 작업이다. 특히 웹 구조 마이닝과 웹 콘텐츠 마이닝에서 대량의 자료를 수집하는 크롤링(crawling) 작업은 더 그렇다(Liu, 2007)

웹 크롤러(web craw)는 스파이더(spiders), 웜(worm), 로봇(robots) 또는 봇(bots)으로 불리는데 웹 페이지를 자동으로 내려 받는 프로그램이다. 크롤러는 하이퍼링크로 연결된 웹 페이지를 하나하나 찾아가 텍스트와 영상 등 각종 자료를 수집한다. 크롤러는 목적에 따라 일반적인 목적의 검색엔진에서 사용되는 범용 크롤러(universal crawler), 특정 범주에 속하는 페이지만을 탐색하는 포커스 크롤러(focus crawler), (topical crawler), 제한된 주제만을 검색하는 토픽 크롤러(topical crawler)가 있다.

일단 데이터가 수집되고 나면 데이터 마이닝 분석과 동일하게 데이터 전처리 과정(pre-processing)과 웹 데이터 마이닝 분석, 사후 처리(post-processing) 과정을 거친다. 트위터나 페이스북과 같은 소셜네트워크서비스(SNS)가 등장하면서 여기에서 발생하는 데이터를 분석하는 소셜 웹 마이닝도 주목받고 있다(Russell, 2011). 소셜 웹 마이닝은 SNS에서 사람들의 네트워크 관계와 주고받는 대화 내용을 통해 영향력 있는 사람이 누구인지, 어떤 주제가 관심을 받는지 등을 분석한다.

4. 오피니언 마이닝

오피니언 마이닝(opinion mining)이란 어떤 사안이나 인물, 이슈, 이벤트에 대한 사람들의 의견이나 평가, 태도, 감정 등을 분석하는 것을 말한다(Liu, 2007). 특정 주제에 대해 사람들의 주관적인 의견을 모아 문장을 분석한다. 문장 분석에서는 사실과 의견을 구분해 의견을 뽑아내어 긍정과 부정으로 나누고 그 강도를 측정한다.
오피니언 마이닝의 분석 대상은 주로 포털 게시판, 블로그, 쇼핑몰과 같은 대규모의 웹 문서이기 때문에 자동화된 분석방법을 사용한다. 오피니언 마이닝도 분석 대상이 텍스트이므로 텍스트 마이닝에서 활용하는 자연어 처리(NLP, natural language processing) 방법, 컴퓨터 언어학(computational linguistics) 등을 활용한다.

오피니언 마이닝은 감정 분석(sentiment analysis)으로도 표현한다. 이 외에도 브랜드 모니터링(brand monitoring), 버즈 모니터링(buzz monitoring), 온라인 인류학(online anthropology), 시장 영향력 분석(market influence analytics), 대화 모니터링(conversation mining), 온라인 소비자 이해(online consumer intelligence) 등과 같이 다양한 용어로도 불린다(Pang &Lee, 2008). 버즈 모니터링은 온라인에서 특정 주제에 대

한 여론을 분석하는 것을 말한다. 기업의 경우 트위터와 인터넷에 올라온 기업 관련 댓글을 실시간으로 분석해 자사 이미지를 파악하고 대응전략을 세우고 있다(정용찬, 2011). 버즈(buzz)는 벌이나 기계가 윙윙대는 소리를 말하는데 소비자가 자발적으로 특정 상품이나 서비스에 대해 긍정적인 입소문을 퍼트려 좋은 이미지를 만드는 것을 의미하는 '버즈 마케팅(buzz marketing)'에서 유래했다.

Section 3 빅브라더

범죄와 테러에 맞서기 위해 각국 정부는 디지털 발자국을 수집하고 분석하는 분야에 지속적으로 투자 규모를 늘리고 있다. 정부는 물론 기업이 추진하고 있는 개인정보 분석에 기초한 다양한 서비스 제공은 소비자의 편익을 증대시키는 기회인 동시에 프라이버시 침해라는 개인정보 보호 이슈를 제기하고 있다.

1. 빅데이터와 빅브라더

"전쟁은 평화, 자유는 굴종, 무식은 힘." 모순된 것처럼 보이는 이 구호는 조지 오웰이 소설 《1984》에서 묘사한 미래사회를 지배하는 키워드다(정용찬, 2012a). '빅브라더'로 불리는 절대 권력은 집안과 거리에 설치된 '텔레스크린'을 통해 사람들의 행동을 감시한다. 텔레스크린은 동시에 끊임없이 정부의 선전 영상과 조작된 통계를 내보내는 송신기 역할도 한다.

빅데이터 시대에 정부가 하고 있는 일을 보면 소설 《1984》의 빅브라더로 오인받기 충분하다. 범죄와 테러에 맞서기 위해 각국 정부는 디지털 발자국(digital footprint)을 수집하고 분석하는 분야에 지속적으로 투자 규모를 늘리고 있다(Craig and Ludloff, 2011). 영국 전역에 설치된 폐쇄회로 텔레비전(CCTV)의 수는 180만 대에 달한다. 영국 정부는 범죄를 사전에 예방하고 감시를 쉽게 하기 위해서라는 이유로 모자가 달린 운동복을 입지 못하게 하는 것을 고려할 정도다.

미국 경찰과 사법 당국은 데이터 수집과 분석 기술에 점점 더 의존하고 있다. 뉴욕경찰국이 운영하는 실시간 범죄정보센터(Real Time Crime Center)는 범죄기록과 판결문, 고소, 체포기록, 공공 정보 등이 저장된 데이터베이스를 경찰관이 실시간으로 검색할 수 있도록 제공한다. 치안을 위해서라면 개인정보에 접근하는 것도 허용한다. 전자 커뮤니케이션 프라이버시 법(ECPA, electronic communications privacy act)에 따르면 지메일(Gmail)이나 핫메일(Hotmail)처럼 호스트형 서비스(hosted service)에 저장된 6개월이 지난 개인의 이메일은 영장 없이 조회가 가능하다. 특히 9 · 11 테러 이후 제정한 애국법(Patriot Act)은 미 연방수사국(FBI)이 쉽게 개인정보에 접근할 수 있도록 허용해 인권침해 논란을 빚고 있다.

영국 정부도 최근 통화와 이메일, 문자메시지를 영장 없이 조회할 수 있는 법안을 추진하고 있다(The Guardian, 2012). 범죄와 테러를 막기 위해서 필요하다는 이유다. 정부가 수집하는 데이터는 통화나 메시지 내용은 포함되지 않기 때문에 프라이버시 보호법과도 상충되지 않는다고 설명한다. 그러나 빅브라더워치(Big Brother Watch)와 같은 시민단체는 반대 의사를 표명하고 있다. 노동당 정부도 2009년 비슷한 제도의 도입을 추진했지만 실패했다.

우리나라 국가정보원도 인터넷 회선 감청(패킷 감청)을 사용하고 있다. 패킷 감청은 이메일은 물론 웹서핑, 게시물 읽기와 쓰기 등 인터넷상 모든 활동을 실시간으로 살펴볼 수 있다. 법원의 감청 허가서가 발급되면 특정 회선을 통한 웹서핑, 이메일 등을 한꺼번에 감청한다. 이 경우 같은 회선을 이용하는 제3자의 개인정보까지 노출될 수 있다. 국정원은 헌법소원과 관련해 헌법재판소에 제출한 답변서에서 "수사권이 미치지 않는 외국계 이메일(G메일)을 통해 사이버 망명을 시도하는 경우가 있어 인터넷 감청이 불가피하다"고 주장했다.

최근 개인의 동의 없이 경찰에 자동위치추적권을 부여하는 위치정보보호법 개정안이 국회를 통과해 사생활 침해 논란이 일고 있다. 벤자민 프랭클린은 "일시적인 안전을 위해 자유를 포기한다면 자유는 물론 안전도 누릴 수 없다"고 했다. 사회의 안전과 개인의 사생활 보호가 서로 조화를 이루게 만드는 것은 중요하다.

2. 개인정보 보호법

개인정보보호법은 개인정보 보호를 위한 법체계를 일원화하고 개인정보의 수집, 유출, 오남용으로 인한 사생활침해를 보호하기 위해 2011년 3월 제정되었다. 당사자의 동의 없이 개인정보를 수집 및 활용하거나 제3자에게 제공하는 것을 금지하는 등 개인정보 보호를 강화했다. 여기서 개인정보는 살아 있는 개인에 관한 정보로 성명, 주민등록번호 및 영상 등을 통해 개인을 알아볼 수 있는 정보를 말한다. 또한 해당 정보만으로는 특정 개인을 알아볼 수 없더라도 다른 정보와 쉽게 결합해 알아볼 수 있는 것도 포함한다.

정보통신망법(정보통신망 이용촉진 및 정보보호 등에 관한 법률)은 정보통신 서비스를 이용하는 자의 개인정보를 보호하기 위한 다양한 내용을 담고 있다. 정보통신망법은 2012년 8월 주민등록번호의 수집과 이용에 대한 제한 규정이 강화되었다. 주민등록번호는 대부분의 기업이 빅데이터를 활용하기 위해 다양한 정보를 통합할 때 개인식별코드로 사용하고 있다. 주민등록번호 이용이 제한될 경우 빅데이터 관련 서비스 활성화가 위축될 수 있다.

위치정보보호법은 위치정보의 유출과 오남용으로부터 사생활의 비밀 등을 보호하기 위해 2005년에 제정되었다. 2012년 개정된 위치정보보호법은 경찰도 긴급구조를 위해 개인 위치정보를 이용할 수 있도록 했다. 시민단체는 법의 개정으로 경찰이 위치정보를 이용한 민간인 사찰과 같은 오남용이 발생할 수 있다고 우려하고 있다. 이밖에 신용정보보호법과 전자금융거래법도 개인 정보보호 규정을 담고 있다.

미국도 위치정보를 위한 사전 영장의 필요성에 대해서 법원이 상반된 판결을 내려 사회적 합의가 쉽지 않은 사안임을 알 수 있다(세계일보, 2012). 연방항소법원은 마약단속국 수사관들이 범죄 용의자에 관한 실시간 위치정보(GPS)를 무선 서비스회사에서 받기 위해 영장이 필요 없다고 판단했다. GPS 감시는 눈밭에 범인이 남긴 발자국을 추적하는 것을 전자적인 방법으로 대체한 것에 불과하다고 설명했다. 반면 대법원은 GPS 추적장치를 자동차에 부착하려면 영장이 필요하다고 판결했다. 1986년에 제정된 전자 커뮤니케이션 프라이버시법이 빅데이터 시대에 부합하지 않기 때문이다(Helft and Miller, 2011).

자유무역협정(FTA)도 개인정보 보호제도의 기준을 마련하는데 영향을 미친다. 한미 FTA는 금융정보를 해외에 위탁할 경우 개인정보 보호의 기준을 미국방식으로 적용할 것을 규정하고 있다. 만약 미국 금융기관의 한국 법인이 수집한 고객의 금융정보를 분석하기 위해 미국 본사로 데이터를 이전할 경우 한국인의 개인정보를 미국 수사당국이 조회할 수 있다(경향신문, 2012). 이러한 상황이 되면 한국과 유럽연합 등 다른 나라와 맺는 FTA 조약에도 동일한 기준을 적용하게 될 가능성이 높다.

3. 익명화와 잊혀질 권리

익명화(anonymizing)는 개인의 사생활을 보호하기 위해 데이터에서 특정인을 식별하지 못하게 정보를 가공하는 것을 말한다. 익명화된 정보로부터는 인기 검색어 순위와 같이 전체적인 경향을 분석하는 것은 가능하지만 특정인의 기호를 바탕으로 한 맞춤형 서비스는 제공할 수 없다. 사이버 망명(Cyber Asylum)은 정치적인 사유 등으로 인해 자국 내 서버에서 인터넷을 자유롭게 사용하지 못할 경우 이메일이나 블로그와 같은 인터넷 서비스의 주 사용무대를 국내법의 효력이 미치지 못하는 해외 서버로 옮기는 행위를 말한다(Wikipidia). 사이버 망명한 사람들을 사이버 망명자 또는 사이버 난민(Cyber Refugee)이라고 한다.

잊혀질 권리(right to be forgotten)는 개인이 온라인 사이트에 있는 자신과 관련된 정보의 삭제를 요구할 수 있는 권리다. 유럽연합(EU) 집행위원회는 2012년 1월 데이터보호법(Data Protection Regulation) 개정안에 사용자 정보에 대해 삭제를 요구할 수 있는 권리를 포함시켰다. EU 거주자에게 서비스를 제공하는 인터넷 사업자는 서버가 EU 밖에 있더라도 이 법의 적용을 받는다. 위반하면 100만유로 또는 1년 매출의 2%에 해당하는 벌금을 물릴 예정이다. 프라이버시 정보를 사고 팔 수 있는 상품으로 보는 미국과 달리 유럽은 기본 인권으로 간주하고 있기 때문에 이런 규제가 가능하다(Craig, 2011). 우리나라도 잊혀질 권리의 법제화를 추진 중이다. 정보통신망법에 규정된 잘못된 개인정보의 수정과 삭제 요청 조항을 더 강화하려는 의도다.

개인정보에 기초한 다양한 서비스 제공은 소비자의 편익을 증대시키는 기회인 동시에 프라이버시의 침해라는 개인정보 보호 이슈를 제기하고 있다(정용찬, 2012b). 구글이 제공하는 검색과 이메일, 지도 등 60여 개 서비스 이용자의 개인정보를 모두 통합해서 관리하는 개인정보 통합 관리는 이러한 논란의 중심에 서있다. 개인맞춤형 서비스를 제공할 수 있다는 장점도 있지만 감시와 통제가 가능하고 개인정보가 유출될 경우 큰 피해가 예상되기 때문이다. 프라이버시를 과도하게 침해하지 않는 범위 내에서 빅데이터 활용을 활성화할 수 있는 제도의 마련이 필요하다.

Section 4 데이터 과학자

데이터 과학자는 데이터 과학과 관련된 분야를 전공하고 데이터 분석과 관련된 업무에 종사하는 사람을 말한다. 즉 데이터 과학자는 현장에 존재하는 대량의 데이터를 모으고, 분석에 적합한 형태로 가공하고, 데이터가 의미하는 바를 이야기에 담아 다른 사람에게 효과적으로 전달하는 역할을 한다.

1. 데이터 과학

데이터 과학(Data Science)이란 데이터로부터 의미 있는 정보를 추출해내는 학문을 의미한다. 데이터 과학은 통계학이나 데이터 마이닝(Data Mining), 데이터베이스를 통한 지식발견(KDD, knowledge discovery in databases) 같은 개념과 크게 다르지 않은 것처럼 보인다. 데이터 과학이 기존의 개념과 근본적으로 차이를 보이는 부분은 분석 대상인 '데이터'다.

통계학이 정형화된 실험데이터를 분석 대상으로 하는 것에 비해 데이터 과학은 기업의 실무 현장에서 쌓이는 빅데이터를 대상으로 한다. KDD가 데이터 생성 원천을 데이터베이스로 상정하고 있는 것과 달리 데이터 과학은 인터넷, 휴대전화, 감시용 카메라 등에서 생성되는 숫자와 문자, 영상 정보 등 다양한 유형의 데이터를 대상으로 한다. 또한 데이터 마이닝이 주로 분석에 초점을 두고 있는 개념인데 반해 데이터 과학은 분석뿐 아니라 이를 효과적으로 구현하고 전달하는 과정까지를 포함한 포괄적인 개념이다. 이러한 관점에서 데이터 과학은 데이터 공학(Data Engineering), 수학, 통계학, 컴퓨터공학, 시각화(Visualization), 해커(Hacker)의 사고방식, 해당 분야의 전문 지식을 종합한 학문으로 정의하기도 한다(Wikipidia). 데이터를 처리하고 분석하는 것뿐 아니라 데이터 시각화 등 분석 결과를 이해하기 쉽게 표현하는 것이 더욱 강조되고 있음을 말한다.

데이터 과학은 실무적인 필요에 의해 성립된 학문이다. 빅데이터 환경에서 영리를 목적으로 하는 기업이건 정부나 민간 단체와 같은 비영리 조직이건 공통적인 관심은 어떻게 하면 대량의 데이터로부터 가치를 창출해 효과적으로 이용할 것인가에 있다. 데이터 과학이 기존의 통계학과 다른 점은 데이터 과학은 총체적(Holistic) 접근법을 사용한다는 점이다(O'Reilly Media, 2012).

2. 데이터 과학자

데이터 과학자(Data Scientist)는 데이터 과학과 관련된 분야를 전공하고 데이터 분석과 관련된 업무에 종사하는 사람을 말한다. 즉 데이터 과학자는 현장에 존재하는 대량의 데이터를 모으고, 분석에 적합한 형태로 가공하고, 데이터가 의미하는 바를 이야기(Story)에 담아 다른 사람에게 효과적으로 전달하는 역할을 한다(O'Reilly Media, 2012).

데이터 과학이 컴퓨터 공학과 통계학 등 다양한 관련 학문이 통합된 의미로 사용되기 때문에 실제로 이러한 모든 분야에 정통한 전문가는 존재하기 어렵다. 따라서 실무에서 데이터 분석은 다양한 전문가로 구성된 팀을 구성해 진행하는 것이 일반적이다. 그러나 팀을 이룬다고 해도 데이터 과학자는 태생적으로 최소한 2, 3개의 분야에 정통한 학제적 배경을 가지고 있어야 한다(O'Reilly Media, 2012).

데이터 과학자는 비교적 최근에 등장한 개념이기 때문에 정의에 대해서는 다양한 견해가 있다. 링크드인(LinkedIn)의 수석 과학자인 로가티(Rogati)의 의견은 의미심장하다. "모든 과학자는 데이터 과학자다. 내 견해로는 데이터 과학자는 반은 해커이고 반은 분석가다. 마치 반짝이는 눈을 가진 탐험가 콜럼버스와 의심 많은 형사 콜롬보를 합쳐놓은 존재다(Guardian, 2012)."

데이터 과학자는 기본적으로 여기저기에 산재되어 있는 분석에 필요한 데이터를 모으고 가공하는 데이터 처리(Data Management), 분석에 필요한 모형을 만들고 결과를 도출하는 분석 능력(Analytics Modeling), 해당 업종에 대한 이해(Business Analysis)라는 세 가지 핵심 기술을 가져야 한다(Laney and Kart, 2012). 그러나 데이터 과학이 예술의 경지로 진화하려면 이 외에도 의사소통 능력, 협업, 리더십, 창의력, 규율, 열정이라는 요소도 겸비해야 한다. 데이터 과학자가 지녀야 할 덕목을 기술 전문성(Technical Expertise), 호기심(Curiosity), 데이터로부터 이야기를 만들어내고 이를 효과적으로 전달하는 능력(Storytelling), 문제 해결을 위해 창의적인 관점에서 접근하는 능력(Cleverness)으로 표현하기도 한다(Patil, 2011).

데이터에 기반한 기업의 활동 범위가 점차 넓어짐에 따라 데이터 과학자는 기업의 주요 의사결정과 비즈니스 인텔리전스(BI, Business Intelligence), 생산과 마케팅 분석, 사기 방지, 위험관리, 보안, 데이터 서비스와 운용, 데이터 인프라 등과 같은 다양한 영역에서 활동하고 있다(Patil, 2011).

3. 데이터 과학자 양성

데이터 과학과 관련된 교육과정으로는 미국 노스캐롤라이나주립대학교의 분석과학 석사과정(MSA, Master of Science in Analytics), 조지메이슨대학의 데이터과학프로그램, 카네기멜론대학교의 지식발견과 데이터 마이닝프로그램, 노스웨스턴대학교의 공학대학원(McCormick School of Engineering), 시라큐스대학교의 정보학대학원(School of Information Studies)이 있다(Laney and Kart, 2012).

노스캐롤라이나주립대학교 석사과정은 빅데이터 분석가 양성을 목적으로 SAS 등의 재정 지원에 힘입어 2007년 출범했다(http://analytics.ncsu.edu). 교육학, 공학, 농생명과학, 수리과학, 경영학, 인문사회과학 등 10개 단과대학의 교수진이 참여하며 통계학, 컴퓨터과학, 재무론, 마케팅 등은 물론 보고서 작성(Technical Writing) 등의 과목으로 구성되어 있다. 특히 기업체의 데이터 분석 경험이 풍부한 실무진이 참여해 실무 현장의 데이터 분석을 진행하는 산학 협력 프로그램이 특징적이다(Rappa, 2012).

우리나라의 경우 충북대학교가 2012년부터 비즈니스 데이터 융합학과 석사과정을 개설했다. 지식경제부와 정보통신산업진흥원이 지원하는 이 과정은 디지털정보융합학과와 경영정보학과, 소프트웨어학과, 정보통계학과 등의 교수진과 기업이 함께 참여하는 산학 연계형 프로그램으로 데이터 분석 실무전문가 양성을 목표로 하고 있다(http://bigdata.cbnu.ac.kr/).

정규 교육과정 이외에도 공개된 기업의 실제 데이터를 가장 효과적으로 분석한 참가자에게 상금을 지급하는 경진대회도 있다. 캐글(Kaggle)은 기업과 정부에서 해결하고자 하는 데이터 분석상의 문제와 데이터를 공개하면 데이터 과학자들이 최상의 해법을 제시하기 위해 경쟁하는 사이트다. 이러한 방식은 혁신적인 해법을 찾기 위한 협업 아웃소싱 형태인 크라우드소싱(Crowdsourcing) 전략을 지향하고 있다. 이 사이트가 내건 구호(We're making data science a sport)에서도 알 수 있듯이 데이터 과학을 '즐거운 경쟁'으로 간주하며 공개와 소통, 협업, 경쟁, 공유라는 미래형 가치를 추구하고 있다(http://www.kaggle.com/). 100여 개 국가에서 참여하고 있는 사람들의 전공별 분포는 컴퓨터 과학이 15.6%로 가장 높고 통계학이 11.6%, 경제학이 10.0%, 수학이 8.8%로 이를 통해서도 데이터 과학자의 학문적 배경을 짐작할 수 있다.

4. 데이터 과학자의 미래

데이터 과학자는 빅데이터의 등장으로 화두가 되고 있는 직종이다. 맥킨지는 빅데이터 보고서에서 미국에서만 2018년에는 고급 데이터 분석가(데이터 과학자)가 14만 명에서 18만 명가량 부족할 것으로 예측했다(McKinsey, 2011). 고급 분석가의 경우 단기간에 양성할 수 없기 때문에 대비책 마련이 필요하다. 특히 빅데이터 분석 방향을 결정하고 분석 결과를 효과적으로 활용할 관리자가 미국에서만 150만 명 정도 필요할 것으로 보여 앞으로의 비즈니스 환경이 빅데이터에 절대적으로 의존할 것이라고 강조했다.

데이터 과학자 양성 과정인 노스캐롤라이나주립대학교의 경우 10개월 간의 분석과학 석사학위 과정을 끝내고 나면 직장 경력이 있는 경우 평균 연봉이 10만 달러이며 직장 경력이 없는 경우는 약 7만 달러 정도로 MBA프로그램과 비교했을 때 학비가 저렴하고 이수 기간이 짧다는 점에서 매력적인 직업으로 보인다(Rappa, 2012).

빅데이터 분석을 포함한 고급통계분석 소프트웨어를 만드는 회사인 SAS는 《포춘》이 뽑은 일하기 좋은 100대 기업에 2010년과 2011년 연속 1위에 올랐다(Fortune, 2011). 보스턴 컨설팅 그룹(Boston Consulting Group)이 2위, 빅데이터 분석 기술의 선도자 구글(Google)이 4위, 스토리지 솔루션 업체 넷앱(NetApp)이 5위에 오른 것을 보면 데이터 분석과 관련된 지식 산업이 현재에도 주목을 받고 있다는 것을 알 수 있다. 데이터가 자원으로 활용될 미래에 데이터 과학자의 중요성은 더욱 커질 것으로 보인다.

Section 5 데이터센터

데이터센터란 컴퓨터 시스템과 통신장비, 저장장치인 스토리지 등이 설치된 시설을 말한다. 데이터센터는 빅데이터를 저장하고 유통시키는 핵심 인프라로 대규모 전력을 필요로 한다. 정전에 대비해 디젤 배기가스를 배출하는 발전시설에 대한 의존도가 높아 공해 문제도 대두되고 있다. 데이터센터의 에너지 효율성을 높이고 온실가스를 줄이기 위한 다양한 연구가 진행 중이다.

1. 데이터센터

데이터센터(Data Center)란 컴퓨터 시스템과 통신장비, 저장장치인 스토리지(Storage) 등이 설치된 시설을 말한다(Roebuck, 2011). 데이터센터는 인터넷 검색과 이메일, 온라인 쇼핑 등의 작업을 처리하는 공간이다. 잠시라도 전원 공급이 중단되면 이러한 기능이 마비되기 때문에 예비 전력 공급 장치와 예비 데이터 통신장비를 갖추고 있다. 또한 컴퓨터 장비에서는 열기가 배출되기 때문에 냉방 시설이 중요하며 소방 시설과 보안 장치 등을 갖추고 있다.

컴퓨터가 처음 도입되었을 때에도 컴퓨터 장비를 설치하기 위해서는 넓은 공간이 필요했다. 초창기 컴퓨터는 장비 자체도 매우 컸고 이를 운영하기 위한 특별한 환경이 필요했기 때문이다. 장비를 연결하는 복잡한 케이블과 장비를 설치하기 위한 설비, 큰 용량의 전력 설비와 고가의 장비 보호를 위한 보안 설비가 필수였다.

데이터센터가 주목받기 시작한 것은 인터넷이 활성화되기 시작하면서부터다. 기업이 빠르고 편리하게 인터넷을 이용하려면 전용 시설이 필요했기 때문이다. 대기업의 경우 인터넷 데이터센터(IDC, Internet Data Center)라는 명칭의 대규모 시설을 보유하기 시작했으며 규모가 작은 기업은 비용 절감을 위해 자사의 장비 보관과 관리를 전문 시설을 갖춘 업체에 위탁하게 되었다. 인터넷 데이터센터는 기업의 인터넷 장비(서버)를 맡아 대신 관리하기 때문에 서버 호텔, 혹은 임대 서버 아파트라고 불린다.

데이터센터 건물은 통상 축구 경기장 넓이(1만 제곱미터) 규모로 건설된다. 데이터센터는 서버가 설치된 장소와 네트워크를 24시간 관리하는 운영센터(NOC, Network Operating Center), 냉각시설과 전력공급시설로 구성된다. 서버 장비는 온도와 습도에 민감하므로 일정 기준으로 유지할 수 있는 설비가 기본이다. 적정 온도는 16~24도이며 습도는 40~55%를 유지해야 한다(Roebuck, 2011). 또 지진과 홍수와 같은 재해에 대비한 안전장치와 보안시설이 필요하다.

미국 통신산업협회(Telecommunication Industry Association)의 데이터센터 표준(TIA-942 : Data Center Standards Overview)에 따르면 설비 조건에 따라 4단계로 구분한다(Roebuck, 2011). 가장 높은 등급(Tier Level 4)의 경우 IT 장비는 물론 냉각장치도 이중 전력 장치를 필요로 한다. 한편 클라우드 서비스를 위한 데이터센터의 경우 클라우드 데이터센터(CDC, Cloud Data Center)라 지칭한다. 하지만 이러한 용어들(DC, IDC, CDC)는 기술이 발전함에 따라 데이터센터라는 용어로 통합되어 쓰이고 있는 추세이다.

2. 구글의 데이터센터

구글은 가장 큰 규모의 데이터센터를 운영하고 있다. 구글은 자신의 데이터센터를 인터넷이 사는 곳이라고 부른다(Google, 2012). 구글코리아의 자료에 따르면 181개국에서 146개 언어를 사용해서 발생하는 하루 평균 검색량이 10억 건에 달한다. 매일 입력되는 검색어 중에서 16%는 새로 생기는 검색어다. 2003년 이후 새로 입력된 검색어는 4500억 개에 달하는데, 검색 결과를 보여 주는 데 걸리는 시간은 평균 0.25초에 불과하다. 많은 정보를 빠르게 처리하려면 대규모 데이터센터가 필수적이다.

지금까지 구글은 데이터센터에 대해서 철저한 보안을 유지하다가 2012년 10월 처음으로 자사의 홈페이지를 통해 데이터센터 내부를 공개했다. 구글 스트리트뷰를 이용하면 미국 노스캐롤나이나주 르노어시에 위치한 구글 데이터센터 내부를 방문할 수 있다.

구글의 데이터센터는 노스캐롤라이나 이외에 사우스캐롤라이나 버클리 카운티, 아이오와주 카운실 블러프, 오레곤주 댈러스, 오클라호마주 메이스카운티, 조지아주 더글라스 카운티 등 미국에만 여섯 군데가 있다. 이 밖에 칠레에 한 곳, 아시아에 세 곳, 유럽에 세 곳 등 모두 13 군데에 위치하고 있다.

이러한 대규모 데이터센터 이외에 구글은 소규모의 데이터센터를 전 세계에 분산해 운영하고 있다. 대규모 데이터센터가 대용량 데이터 처리를 위한 시설이라면 수 천대 규모의 서버로 구성된 소형 데이터센터는 이용자의 요청을 접수하고 데이터를 제공하기 위한 창구기능(Front-end)을 담당한다(西田圭介, 2008).

[표 3-1] 구글의 데이터센터 위치와 투자액

지역	위치	투자액(백만)	건설발표
미주	사우스 캐롤라이나	$600	2007
	아이오와	$900	2007
	조지아	–	2003
	오클라호마	$700	2007
	노스캐롤라이나	$600	2007
	오레곤	$600	(2006)
	칠레	$150	2011(2013)
아시아	홍콩	$300	2011
	싱가포르	–	2011(2013)
	대만	$300	2011(2013)

지역	위치	투자액(백만)	건설발표
유럽	핀란드	200M 유로 200M 유로	2009(2011) 2012(2단계 확정)
	벨기에	250M 유로	
	아일랜드	75M 유로	2011(2012)

출처 : h씨://www.goole.com/about/datacenters/inside/locations/게시자료를 표로 요약

3. 페이스북의 데이터센터

회원수가 10억 명에 달하고 2천억 장이 넘는 사진이 게시된 페이스북도 대규모 데이터센터를 운영하고 있다. 페이스북에 따르면 2010년 6월 현재 약 6만 대의 서버를 운영하고 있다. 이는 매년 2~3배로 증가하는 추세다. 이를 위해 페이스북은 미국캘리포니아의 산타클라라라와 산호세, 샌프란시스코, 버지니아주 등에 10개의 데이터센터를 임대하고 있다. 오레건주와 노스캐롤라이나주에는 자체 데이터센터를 건설했다.

미국 이외의 지역으로는 스웨덴 북부에 축구장 11개 크기의 대규모 서버팜(Server Farm)을 건설 중이다. 투자 금액으로는 7억 6000만 달러에 달한다. 페이스북이 스웨덴을 선정한 이유는 북극권과 100㎞ 거리에 있어 냉각 비용을 줄일 수 있기 때문이다. 스웨덴 정부의 정보보호 정책도 영향을 미쳤다. 스웨덴 정부는 법률에 따라 서버와 관련된 어떠한 자료 요청에도 협조를 거부하고 있기 때문이다.

4. 에너지 효율

데이터센터는 대규모 전력을 필요로 한다. 특히 서버와 스토리지, 네트워크 장비에서 발생하

는 뜨거운 열기를 식히는데 많은 전력을 사용하고 있다.

데이터센터가 사용하는 전력의 효율성을 측정하는 지표로 PUE(Power Usage Effectiveness)가 있다(Roebuck, 2011). PUE는 데이터센터의 전체 전력사용량과 IT 장비에 사용되는 전력량의 비로 계산한다. 예를 들어 PUE가 2라면 IT 장비가 소비하는 전력이 1와트일 때 냉방이나 기타 운영에 필요한 전력이 1와트라는 것을 의미한다. PUE가 1에 가까운 값인 경우 거의 모든 에너지가 컴퓨팅을 위해 사용된다는 의미다.
(http://www.google.com/about/datacenters/efficiency/internal/). 최첨단 데이터센터의 에너지 효율은 1.2 정도로 추정하고 있다(Roebuck, 2011).

《뉴욕타임스》는 미국 내 데이터센터의 전력 낭비와 공해 문제가 심각하다고 보도했다. 데이터센터 전력량은 핵발전소 30개 용량에 해당하는 300억 와트(W)를 소비하고 있는데 이중 90%는 수요가 폭증하거나 정전에 대비하기 위한 예비전력으로 실제로 사용되지 않는 것으로 나타났다. 특히 정전에 대비해 디젤 배기가스를 배출하는 발전시설에 대한 의존도가 높은 것으로 보도했다.

공해와 온실가스 배출 문제를 해결하기 위해 다양한 시도가 진행되고 있다. 구글의 핀란드 데이터센터는 발틱해의 찬 바닷물을 시스템 냉각에 사용한다. 페이스북의 스웨덴 데이터센터와 HP의 영국 북해 연안의 데이터센터도 차가운 바다 공기를 이용한다(IT World, 2012). 구글의 오클라호마 데이터센터는 풍력으로 생산되는 전력을 사용한다. 구글은 그동안 풍력과 같은 청정에너지 분야에 수억 달러를 투자했다.

전력 효율을 높이기 위한 장비 개선과 관련된 연구도 진행 중이다. 구글은 전력 효율을 높인 전원장치(PSU, Power Supply Unit)를 개발해서 활용하고 있다(西田圭介, 2008). 전력소비량을 줄인 컨테이너 형식의 데이터센터도 공개했다. 페이스북도 서버를 자체 제작해서 사용하고 설계도면까지 공개한다. 페이스북 데이터센터의 PUE는 1.07로 에너지 효율이 매우 높은 수준이다.

Section 6 빅데이터의 활용 사례

빅데이터 활용의 선두 주자는 기업이다. 특히 검색과 전자상거래 기업은 방대한 고객 데이터를 분석해 다양한 마케팅 활동을 하고 있다. 구글의 자동번역 시스템, IBM의 슈퍼컴퓨터 '왓슨', 아마존의 도서 추천 시스템은 대표적인 사례다. 공공 부문도 위험관리시스템, 탈세 등 부정행위방지, 공공데이터 공개 정책 등 빅데이터를 활용하기 위해 다양한 노력을 기울이고 있다. 디지털 경제의 확산으로 규모를 가늠할 수 없을 정도로 많은 정보가 생산되는 빅데이터 환경이 도래했다. 빅데이터는 미래 경쟁력을 좌우하는 핵심 자원이므로 기업뿐 아니라 공공 부문도 정확한 이해와 효과적으로 활용하기 위한 전략의 수립이 시급하다.

기업의 활용 사례

이코노미스트(Economist)가 전 세계 약 600개 기업을 대상으로 실시한 빅데이터에 관한 조사에서 대상자의 10%는 빅데이터가 기존 비즈니스 모델을 완전히 바꿀 것이며, 46%는 기업 의사결정의 중요한 요소로 작용할 것으로 응답했다. 그러나 응답자의 25%는 기업 내부에 사용 가능한 데이터는 충분하지만 대부분의 데이터를 방치하고 있으며, 53%는 일부만 활용하고 있다고 응답해 부가가치 창출을 위해서는 더 많은 노력이 필요함을 시사하고 있다(Economist Intelligence Unit, 2011).

빅데이터 활용 사례의 선두 주자는 구글이다. 구글은 데이터 양이 많으면 많을수록 얻을 수 있는 정보의 품질이 좋아진다는 것을 인터넷 검색에서 실천하고 있는 기업이다. 접근할 수 있는 모든 웹 페이지를 탐색해서 제목과 내용이 검색어와 얼마나 밀접한 관계를 가지는지를 측정해 지수로 환산한다. 이렇게 방대한 작업을 빠른 시간에 처리하기 위해서 구글분산파일 시스템과 맵리듀스라는 새로운 처리 기술을 개발했다.

구글은 자사가 개발한 자동번역 시스템의 기술을 통계적 기계 번역(Statistical Machine Translation)이라고 표현한다(http://translate.google.com/). 이는 컴퓨터에게 문법을 가르치지 않고 사람이 이미 번역한 수억 개의 문서에서 패턴을 조사해서 언어 간 번역 규칙을 스스로 발견하도록 하는 방식이다. 문법은 예외가 많은 규칙이기 때문에 참고할 문서가 많으면 많을수록 번역이 잘 될 가능성이 높아진다. 반면 번역에 참고할 문서가 적으면 번역 품질이 떨어지게 마련이다. 구글은 아르메니아어와 라틴어 등 참고 자료가 적은 언어의 경우 번역 품질이 높지 않은 테스트 중인 언어로 분류하고 있다.

IBM 연구소가 개발한 슈퍼컴퓨터 '왓슨'도 인간의 언어에 대한 이해를 기반으로 방대한 정보를 빠르게 검색하는 기술의 힘을 입증한 사례다. 왓슨은 2011년 2월 미국에서 가장 인기 있는 퀴즈쇼 〈제퍼디(Jeopardy!)〉에 출연해서 인간 챔피언과 겨뤄 승리했다. 〈제퍼디〉 퀴즈의 질문은 분야가 광범위하고 은유적인 표현이 포함되어 사람들조차도 의미를 파악하기 어렵다. 왓슨은 4테라바이트(TB)의 디스크 공간에 저장된 2억 페이지에 달하는 콘텐츠를 활용했다. 왓슨은 의료보험 데이터 분석과 종양 진단과 처리에 활용할 예정이며 씨티그룹(Citi group)과 금융 분야의 활용 방안을 모색하고 있다(IBM, 2012).

온라인 쇼핑몰의 선구자 아마존(Amazon)도 빅데이터 활용의 역사가 깊다. 아마존은 고객의 도서 구매 데이터를 분석해 특정 책을 구매한 사람이 추가로 구매할 것으로 예상되는 도서 추천 시스템을 개발했다. 고객이 읽을 것으로 예상되는 책을 추천하면서 할인쿠폰을 지급한다. 전형적인 데이터 분석에 기반한 마케팅 방법이다. 아마존은 이러한 데이터 분석 경험에 기반해 현재 하드웨어를 빌려주는 클라우드(Cloud) 서비스를 제공하고 있으며 비정형 빅데이터 처리를 위한 데이터베이스를 새로 개발하는 등 빅데이터 관련 기업의 입지를 강화하고 있다.

일본의 최대 전자상거래 업체인 라쿠텐(樂天)은 슈퍼 데이터베이스(DB)를 구축해 이를 기반으로 다양한 마케팅 활동을 벌이고 있다. 슈퍼데이터베이스는 회원의 기본 정보와 구매 내역, 서비스 예약 정보가 통합되어 있다. 라쿠텐은 이를 활용해 그룹 내 전자상거래 사업과 신용 · 결제 서비스, 포털, 여행, 증권, 프로스포츠 사업 부문에서 공동 활용한다.

미디어 콘텐츠 유통기업인 넷플릭스(Netflix)는 이용자의 영화 대여 목록에 기초해서 새로운 영화를 추천해주는 시네매치(Cinematch) 시스템을 개발했다. 넷플릭스는 시네매치 시스템의 정확도를 높이기 위해 상금을 걸고 경진대회를 열기도 한다. 넷플릭스의 빅데이터 경영은 경쟁자인 블록버스터(Blockbuster)를 파산에 이르게 한 동인으로 평가하고 있다. 하루 40억 회 이상 동영상이 검색되는 유튜브도 이용자가 자신이 선호하는 동영상 채널을 구성할 수 있는 개별 홈페이지를 제공하고 있다. 개인별로 동영상 이용 데이터가 축적되면 이를 SNS 정보, 인적 네트워크 정보와 연계해 다양한 개인 맞춤형 서비스를 제공할 수 있다. 패스트 패션(Fast Fashion)의 선도자인 자라(Zara)는 현재 유행하는 패션 트렌드를 즉시에 반영해 단기간에 다품종 소량 생산하는 초스피드 전략을 채택하고 있다. 이러한 전략을 뒷받침하기 위해서 상품 수요를 예측하고 매장별 적정 재고를 산출하며 상품별 가격 결정과 운송 계획까지 실시간 데이터 분석에 의존하고 있다. 빅데이터 활용을 위해 자라는 MIT 연구팀과 최적 재고관리 시스템을 개발했다.

공공 부문의 활용 사례

민간 분야뿐 아니라 정부를 포함한 공공 부문에서도 빅데이터를 활용하기 위해 노력하고 있다. 맥킨지(McKinsey)는 의료, 소매, 제조, 개인 위치정보 이외에 공공 분야도 빅데이터 활용 사례로 소개했다(McKinsey, 2011). 특히 EU의 공공행정 부문에서는 행정비용의 15~20%에 해당하는 최대 3000억 유로의 비용 절감이 가능할 것으로 내다봤다.

싱가포르와 미국 정부는 보안과 위험관리 분야에 빅데이터를 활용하고 있다(국가정보화위원회, 2011). 싱가포르 정부는 재난방재와 테러감지, 전염병 확산과 같은 불확실한 미래를 대비하기 위해 2004년부터 국가위험관리시스템(RAHS, Risk Assessment &Horizon Scanning)을 추진했다. 다양한 국가적 위험 데이터를 수집 · 분석해 사전에 예측하고 대응방안을 모색하고 있다. 미국 연방수사국(FBI)의 DNA 색인 시스템도 빅데이터 활용사례다. 빅DNA데이터를 활용해 단시간에 범인을 검거하는 시스템을 운영하고 있다. 오바마 정부가 추진한 필박스(Pillbox) 프로젝트는 국립보건원(NIH) 전용 사이트를 통해 의약품 정보 서비스를 제공하고 제조사와 사용자 간 유기적인 정보 공유를 가능하게 했다. 이를 통해 후천성면역결핍증 등 관리 대상 주요 질병의 분포와 증감 현황 데이터를 수집 · 분석할 수 있게 되었다.

미국 미시건 주정부는 관련 정부기관 통합 데이터웨어하우스(IDW, Integrated Data Warehouse) 구축으로 시민에 대한 보다 나은 서비스를 제공하고 비용을 절감했다(http://www.youtube.com/watch?v=iIRWnIJDnRE). 미시건 주의 21개 정부기관은 데이터 통합을 통해 공공의료보험(Medicaid) 부정행위 발생 감지, 개인 건강관리 개선, 최적의 입양가정 선택 등 공공 서비스 품질 개선에 활용하고 있다. 오하이오주와 오클라호마주 정부는 국세청(IRS) 데이터와 고용데이터를 분석해 새로운 세원을 확보하고 미납세금을 확인하고 있다(The Wall Street Journal, Mar. 12, 2010).

주요국 정부는 정부데이터를 공개하는 전용 사이트를 만들어 데이터를 활용한 새로운 지식을 만들기 위해 노력하고 있다. 영국(http://data.gov.uk)과 미국(http://www.data.gov), 호주(http://www.data.gov.au)는 공공 부문의 데이터 공개를 통해 정부의 투명성을 높이고 국민의 알 권리를 향상시키며 시간과 자원을 절감하는 효과를 지향하고 있다. 이러한 정부 데이터 공개 정책(open data)은 빅데이터 시대에 소통과 공유, 협업(Croudsourcing) 전략이 무엇보다 중요하다는 것을 의미한다(정용찬, 2012b).

국내 공공 부문의 빅데이터 활용은 시작 단계에 불과하다. 공공 부문도 민간 기업의 CRM 사례를 벤치마킹해 공공 부문고객관계관리(PCRM, Public CRM)를 도입해 시행한 경험이 있다. 이러한 시도는 고객만족을 최우선으로 하는 서비스 정신의 확산에는 기여했지만, CRM이 추구하는 고객 데이터 분석을 기반으로 한 맞춤형 서비스 제공에는 한계가 있었다(정용찬, 2012a).

최근 인터넷에 산재한 다양한 웹문서, 댓글 등을 통해 특정 이슈에 대한 시민의 의견을 분석해 대응책을 마련하는 오피니언 마이닝(Opinion Mining)을 도입하는 사례가 늘고 있다. 국민권익위원회의 '민원동향분석시스템'과 국민연금공단의 '여론정보수집분석시스템'은 시민 고객의 의견을 분석해 불신을 해소하고 소통하기 위한 시도다. 국가정보화전략위원회는 향후 공공 부문의 빅데이터 활용 시나리오를 재난 전조 감지, 구제역 예방, 사회복지통합관리망 구축으로 맞춤형 복지 서비스 제공, 물가 관리, DNA, 의료데이터 공유와 활용 촉진을 통해 개인맞춤형 의료 시스템 구축의 다섯 분야로 제시했다(국가정보화전략위원회, 2011).

국내 기업의 빅데이터 도입율은 전체기업 기준으로 약 4.3% 수준이다. 국내 기업의 빅데이터 활용 성장률은 중대형 업체의 경우 20~25%, 중소업체의 경우 5~8% 수준이다. 반면, 외국계 IT 기업은 30% 수준의 성장세이다. 국내 기업의 향후 빅데이터 수요는 전체기업의 30.2% 수준이며, 도입 고려 시기는 2018년(77개)과 2019년(98개) 이후가 많다. 국내의 빅데이터 기술 수준은 선진국(100) 대비 62.6% 수준으로 기술 수준 격차는 약 3.3년 뒤쳐져 있는 것으로 분석된다. 국내 기업들의 빅데이터 분석 도입 수준이 뒤처지는 이유는 빅데이터 분석을 할만큼 풍부한 데이터가 부족하기 때문이다. 데이터 분석의 고도화를 위한 환경 조성의 부재이다. 또한 빅데이터 분석을 통한 성공사례가 많지 않아 레퍼런스가 부족하다.

빅데이터에 대해 국가정보화전략위원회는 '대량으로 수집한 데이터를 활용 · 분석하여 가치있는 정보를 추출하고, 생성된 지식을 바탕으로 능동적으로 대응하거나 변화를 예측하기 위한 정보화 기술'로 보고 있다. 삼성경제연구소도 기존의 관리 및 분석체계로는 감당할 수 없을 정도의 거대한 데이터 집합으로 정리하고, 대규모 데이터와 관계된 기술 및 도구도 빅데이터 범주에 포함시켰다. 시장조사기관인 IDC에 따르면 세계 빅데이터 시장은 매년 39.4%씩 성장해 2015년 169억 달러 규모로 증가할 것이라고 전망했다. 위키본(Wikibon)은 빅데이터 시장 규모가 2012년 51억 달러에서 2017년 534억 달러로 보다 높은 성장률(연평균 60%)에 이를 것으로 예상했다. 분산 시스템 상에서 대용량 데이터 처리 분석을 지원하는 오픈소스인 하둡 287이 확산되고 있다. 빅데이터 어플라이언스 솔루션이 급격히 증가했다. 기존 데이터웨어하우스에 기반을 둔 고객관계관리(CR188M) 등에 제한됐던 응용 분야를 넘어 다양한 산업영역에서 활용할 있을 것이라는 기대가 모아졌다.

산업 분야 뿐만 아니라 과학기술 연구 분야에서 창출되는 방대한 규모의 데이터에 기반을 둔 빅데이터에 대한 관심도 높아진 상황이다. 세부적으로 보면 서비스 분야는 약 65억 달러의 시장을 형성할 것으로 예상됐다. 스토리지 분야는 가장 높은 성장률(61.4%)을 보일 것으로 전망됐다. 국내 빅데이터 기업들의 동향을 보면 구글과 아마존 등 글로벌 인터넷 기업이 시장을 선도하고 있다. 국내 기업들은 가격을 핵심 경쟁력으로 정해 올해 상반기까지 다양한 솔루션을 시장에 진출시킬 계획이다. 빅데이터 관련 중소기업들이 연합해 빅데이터 솔루션포럼(BIGSF)을 구성하는 등 빅데이터 협업생태계 구현에 드라이브를 걸고 있다. 국내에서는 통계나 데이터 마이닝, 기계학습, 패턴인식 등을 통한 분석 SW 등을 제공하는 그루터, 넥스알, 클루닉스 등이 있다. 다음소프트는 빅데이터 분석을 위한 인프라와 서비스를 동시 제공한다. 텍스트 의미 이해 전문 기업인 센솔로지가 소셜 분석 솔루션 등을 제공한다.

하둡기반 솔루션 개발업체인 아크원소프트는 빅데이터 솔루션, 클라우드 및 시뮬레이션 전문기업인 알테어는 다양한 패키지 솔루션으로 승부하고 있다. 인메모리 기술 기반의 데이터 분석 및 처리전문인 야인소프트와 시스템통합전문기업인 에스엠투네트웍스, 소셜 모니터링 · 분석 솔루션 제공기업인 에스케이텔레콤은 각각 BI솔루션, 소셜 분석, 텍스트 마이닝 등의 영역에서 시장을 넓혀가고 있다. 또 빅데이터 솔루션 전문인 엔에프랩과 이씨마이너, 데이터관리기업 위세아이텍은 통합플랫폼과 오픈플랫폼, 분석솔루션 등에 관한 기술을 각각 보유했다. 이온투(플랫폼전문), 카디날정보기술(시스템운영관리), 코난테크놀로지(검색SW), 클루닉스(슈퍼컴솔루션), 투이컨설팅(컨설팅서비스) 등이 빅데이터 시장에서 두각을 드러냈다. 문영호 KISTI 정보분석연구소장은 "국내 빅데이터 시장은 지속적으로 성장해 국내 ICT 시장에서 차지하는 비중이 점점 커질 것으로 예상된다"며 "빅데이터 시장에 대한 기대를 검증할 수 있는 다양한 성공사례들이 제시되고, 기대를 현실화하기 위한 노력이 선행된다면 빅데이터 시장 성장을 위한 새로운 모멘텀으로 작용할 수 있을 것으로 전망된다"고 말했다.

빅데이터 활용 사례
1. 교통 분야

1) 2016년 올림픽을 개최한 브라질 리우데자네이루의 지능형운영센터

- 도시 관리 및 긴급 대응 시스템으로 IBM의 분석 솔루션이 적용되어 자연재해를 비롯한 교통 및 전력 인프라에 대한 통합 관리
- 48시간 이전 폭우 예측 기능 보유

2) 싱가포르의 교통량 예측 시스템

- 차량의 증가로 인한 교통체증을 해소하기 위한 시스템으로 85%이상의 정확도로 교통량을 측정
- 싱가포르 육상교통청(LTA)의 지능형 교통망 시스템은 싱가포르 전체의 교통망을 관리하며 실시간으로 차량 움직임을 인지하여 대응

3) 중장비 제조업체 코마츠(Komatsu)의 KOMTRAX 시스템

- 코마츠에서 제조한 건설기계 차량에 각종 센서를 부착하여 차량의 현재 상태 및 정상 작동 여부를 체크, GPS를 통한 위치 확인
- 차량의 엔진 과열, 부품내 유압의 저하, 각종 경보데이터, 연료상황 등 수집된 데이터를 통신위성 및 이동 통신망을 통해 사내 서버에 저장하고 이를 분석하여 장비 구매자들과 대리점에 제공
- 장비구매자의 관리비용 절감, 고장원인의 추정용이 등과 같은 효과

2. 금융 분야(핀테크)

[그림 3-1] 금융 분야 빅데이터 활용 사례

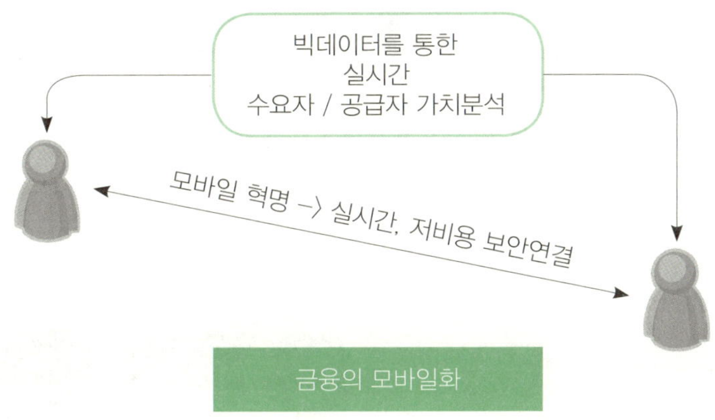

1) 핀테크의 과제

- 기존금융의 비효율적인 부분을 IT 기술로 보완(대체)하는 기술 및 산업
- 핀테크는 알고리즘(기술)보다 빅데이터를 누가 가지고 있고, 누가 잘 활용하는 가에 경쟁력이 있음
- 그러나 핀테크의 성공은 규제문제에 의존 : 중국 알리페이
- 빅데이터를 활용하는 핀테크는 기존 금융규제와는 다른 그 본질에 맞는 규제가 필요함
- 우리나라는 98년 페이게이트와 인터페이가 미국보다 먼저 시작했으나 보수적 금융규제에 밀려 상용화 실패

3. 예방정비

[그림 3-2] 예방정비 분야 빅데이터 활용 사례

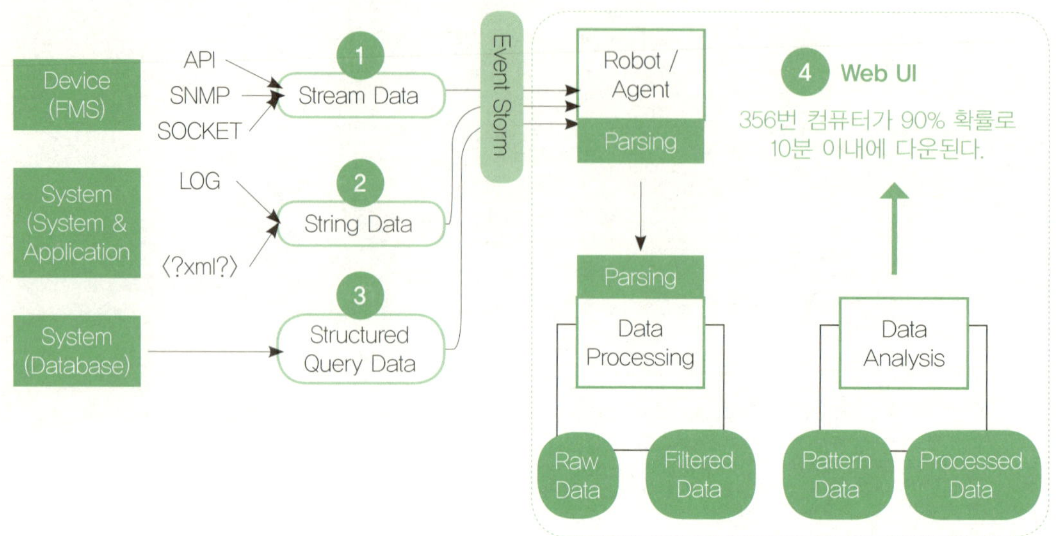

출처 : 충북대 조완섭 교수

1) 관제 빅데이터 실시간분석을 통한 IT 장비고장예측시스템 개발

- 은행 등에서 수백대 서버가 생성하는 이벤트 데이터의 실시간 수집 및 분석
- 고장관련 이벤트 패턴발견 및 실시간 분석→ 고장예측

4. 재난안전

[그림 3-3] 재난안전 빅데이터 활용 사례

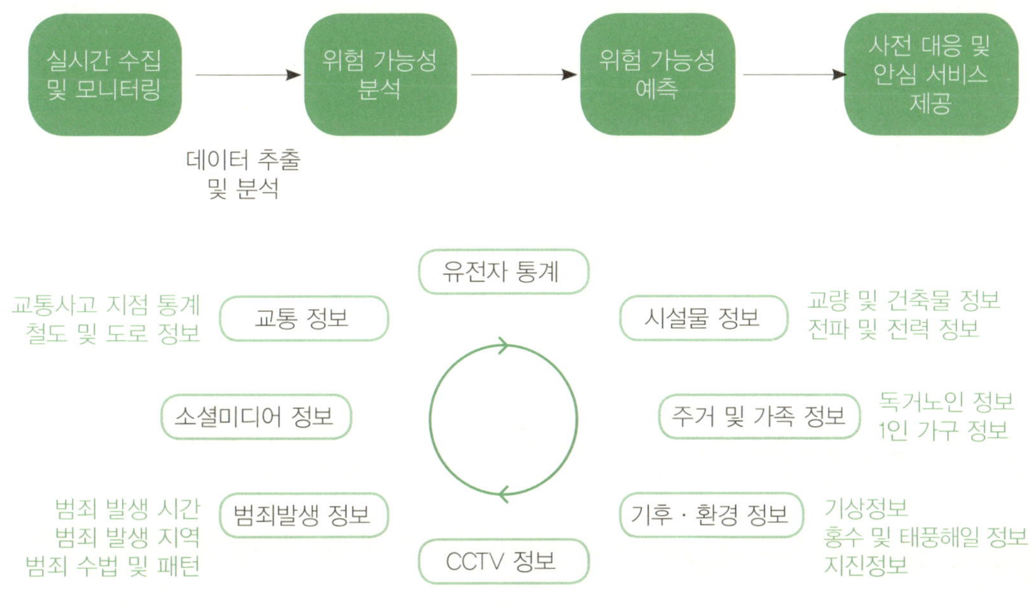

출처 : 충북대 조완섭 교수

5. 제조업

1) GE의 산업 인터넷

- 스마트 팩토리(Smart Factory) 실현을 위해 GE소프트웨어를 별도로 설립하고, 빅데이터 분석 플랫폼 Predix를 개발
- Predix가 대부분을 차지하는 소프트웨어 부분에서만 올해 매출 70억 달러 달성 목표

2) 포스코-생산 부문에 빅데이터 활용

- 포스코는 철강생산의 전과정에서 나오는 각종데이터를 분석해 개선대상 제품비율을 '6시그마'(100만 개당 불량품 3.4개) 수준으로 낮추고 있음
- 포스코의 빅데이터 활용은 황금비율을 찾는 장인의 경험을 시스템화
- 수많은 세부공정에서 0.001초 단위로 쏟아져 나오는 데이터는 측정할 수 없을 정도로 많음
- 포스코에는 데이터 분석관련 자격증 보유전문가만 100명 넘게 운용 중

6. 감성 분야

1) 고객성향분석

- 고객의 상품평으로부터 자사 또는 경쟁사상품에 대한 의견을 수집해서 신제품 개발에 유용한 정보를 얻음
- 버즈분석(Buzz Analytics), 감성분석(Customer Sentiment Analytics) 등을 통해 고객을 보다 정교하게 파악
- 아마존의 예측 배송
- 빅데이터 분석을 통해 고객의 패턴을 파악하고 구매를 추천
- 또한 고객이 구매하기 전에 고객들의 기존 검색 및 주문내역, 쇼핑 카트에 담아놓은 상품, 반품내역, 마우스 커서가 머무른 시간 등을 분석하여 배송을 준비하는 시스템인 예측 배송(anticipatory shipping)을 구현
- 후지쯔(Fujitsu)의 농업용 빅데이터 분석 솔루션
- 농지 기후 및 토양 등 환경정보를 센서로부터 수집한 데이터와 과거 수확실적 데이터 등을 비교 분석하여 파종, 농약살포, 수확시점 등을 결정
- 넷플릭스(Netflix)의 스트리밍 서비스 가입자 영화시청 패턴을 분석하여 사용자별 선호도가 높은 컨텐츠의 추천

7. 기타

- Big data의 실시간 분석과 시장대응이 기업의 경쟁력으로 연결되고 있음
- 아마존의 추천 시스템은 매출의 30%를 벌어 들이고 있음
- 코카콜라는 페이스북, 트위터 내용의 실시간 분석 결과를 글로벌 마케팅에 즉시 적용
- SNS에서 코카콜라 관련 글수집 후 텍스트 마이닝
- 비우호적 정보가 증가하는 지역지점에 분석 결과 제공
- 고객 불만내용에 대응하는 홍보를 실시간으로 수행
- 자라(ZARA) : Fast fashion
- 전 세계매장의 판매데이터를 실시간으로 분석하여 각 판매점으로 어떤 상품이 얼마나, 어느 날까지 배송되어야 할지를 결정함

CHAPTER 4

인공지능

Section 1 국내 · 외 인공지능 시장 현황

국외 인공지능 시장 현황

1. 세계 인공지능 시장

세계 인공지능 시장은 빠르게 성장하고 있으며, 다양한 산업에 적용 중이다. 세계 인공지능 시장은 빠르게 성장할 것으로 보이며, 인공지능 산업에 대한 투자도 급증하고 있다. 인공지능 관련 스타트업 투자 규모는 2010년 4500만 달러에서 2015년 3억1000만 달러, 투자 건수는 6건에서 54건으로 증가하고 있다. IDC는 세계 인공지능 시장 규모를 2015년 약 1270억 달러에서 2017년 약1650억 달러로 연평균 14.0% 성장 전망이다. 인공지능 기술은 다양한 분야에 접목되어 산업 확장을 도모할 전망이다.

전 세계 인공지능 기반 스마트 머신 시장은 2014년 62억 2900만 달러에서 2019년 152억 7900만 달러 규모로 성장 전망(BCC리서치)하고 있다. 영상처리 시장은 2015년 765억 달러에서 2017년 1090억 달러, 음성인식 시장은 같은 기간 840억 달러에서 1130억 달러 수준 전망이다. 기업용 인공지능 시스템 시장은 2015년 2억 달러에서 2024년 111억 달러로 연평균 56.1% 성장 전망(Tractica)이다. 예측분석SW 시장은 2012년 20억 달러에서 2019년 65억 달러로 성장할 전망이다.

[그림 4-1] 세계 인공지능 스타트업 투자 추이

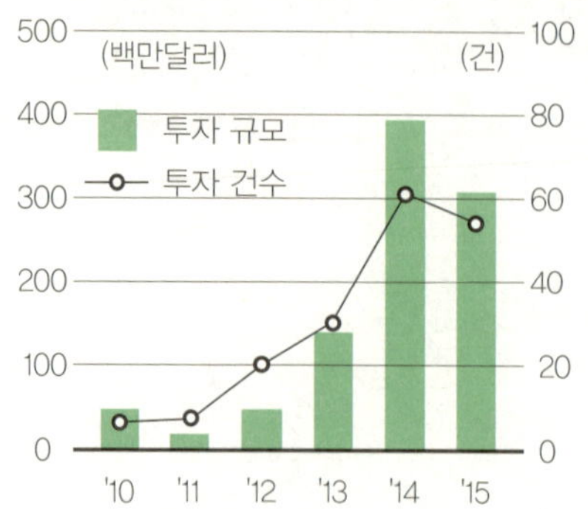

[그림 4-2] 세계 스마트머신 시장 규모 전망

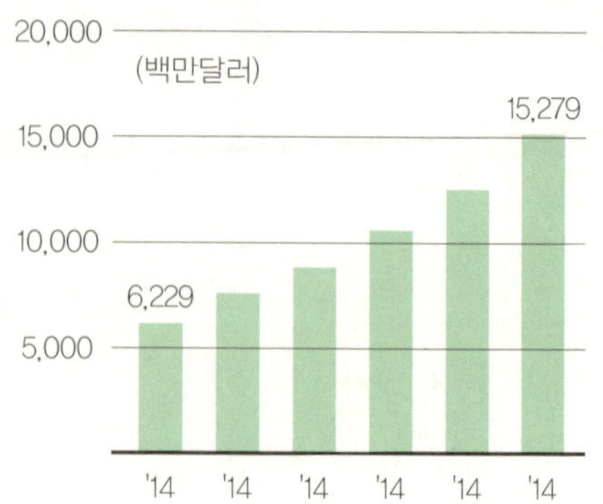

[표 4-1] 인공지능 기술 분야별 시장규모 전망

(단위 : 백만원)

구분	전문가 시스템	자율형 로봇	디지털 비서	임베디드 시스템	뉴로 컴퓨터
2013	3,050	1,109	450	400	330
2014	3,508	1,282	585	425	492
2019	7,055	3,582	2,175	877	1,590
2024	12,433	13,927	8,075	2,095	4,685

출처 : Siemens, 2014. 10

2. 중국 인공지능산업 현황

2015년 중국 인공지능(AI) 시장규모는 12억 위안에 달했으며, 2020년에는 91억 위안에 달해 연 평균 50% 성장할 것으로 전망한다. 2015년 인공지능 시장은 음성인식 60%, 시각인식 2.5%, 기타 27.5% 순으로 구성된다.

[그림 4-3] 중국 인공지능 산업 시장규모

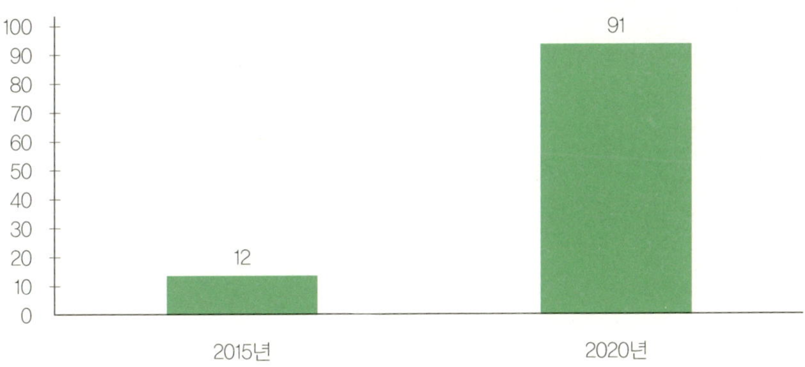

출처 : iResearch

1) 국내 인공지능 시장 현황

국내 인공지능 산업은 시장 형성 단계로 일부 대기업 및 IT기업에서 인공지능 연구에 투자하고 있으나 아직까지 초기 단계이다. 시장 규모에서 국내 인공지능 산업은 2017년 약 6.4조 원 규모로 전망이다. 인공지능, 영상처리 및 영상인식, 음성인식 및 통번역 등 3개 부문으로 구성된 국내 인공지능 산업은 2013년 3.6조 원에서 2017년 6.4조 원으로 성장 전망이다. 인공지능을 기반으로 하는 지능형 로봇[1]의 시장규모는 2010년 2712억 원에서 2014년 3385억 원으로 연평균 5.7% 성장할 전망이다. 주요 기업은 IT기업을 필두로 일부 대기업이 인공지능 산업 투자 및 연구를 추진하고 있으나 아직까지 인터넷과 게임 등 특정 사업에 한정하고 있다.

대표적으로 엔씨소프트와 네이버에서 2010년 초반부터 인공지능 연구를 시작하여 인공지능 기반 서비스를 개발(출시) 중이다. 삼성그룹은 인공지능 스타트업 '바이캐리어스'[2](2015년 9월) 인수, 가정용 로봇스타트업 '지보(JIBO)'[3] 투자 참여 등을 통해 인공지능 사업 기회를 모색하고 있다.

1) 지능형 로봇이란 자율적으로 외부 환경을 인식, 판단해 동작하는 로봇으로 국방 · 건설 · 의료 · 교육 등 분야에서 지능화된 서비스를 제공하는 로봇을 지칭하며, 통상적으로 서비스용 로봇을 지능형 로봇으로 구분

2) Vicarious. 2010년 설립, 사진이나 비디오, 데이터 등을 시각적으로 인지, 분석하는 인공지능 SW를 연구개발하는 업체로 페이스북, 아마존, 야후 등에서 투자 유치.

3) 미국 매사추세츠공대(MIT) 교수인 신시아 브리질 교수가 2012년 설립한 벤처기업으로 2016년 4월 제품 판매를 앞두고 있음.

2) 국내 인공지능 산업 기반 점검 : PEST 분석

정책적 기반에서 한국 정부는 최근 인공지능 산업 육성정책을 수립하고 있으나 착수시점 및 투자 규모 측면에서 주요국 대비 뒤처져있다. 정부는 최근 인공지능의 중요성을 인식하고 AI 산업 육성 정책을 수립하였다. 정부는 2013년부터 10년간 지식공유 및 지능진화가 가능한 인공지능 SW개발을 목표로 '엑소브레인(Exobrain)' 프로젝트를 추진하고 있다. 그러나 미국은 이미 2008년부터 시냅스 인지 컴퓨팅 프로젝트 'SyNAPS'[4]를 추진하는 등 인공지능 연구개발에서 앞서나가고 있다.

그러나 한국 정부가 주도적으로 추진하고 있는 인공지능 관련 프로젝트의 투자 규모는 주요 선진국 대비 미흡한 수준이다. 미국은 향후 10년간 총 30억 달러 규모가 투입되는 브레인 이니셔티브를 포함해 인공지능 연구개발에 연간 30억 달러(3조 2800억 원)을 투입할 계획이다. 유럽연합(EU)은 2013년부터 10년간 10억 유로(1조 3700억 원)를 투입해 25개국 135개 기관이 참여해 인간 뇌를 연구하는 휴먼브레인 프로젝트를 진행한다. 일본은 AI 연구를 위해 2016년부터 10년간 1000억엔(1조 180억 원) 지원할 계획이다. 한국 정부는 향후 10년간 1070억 원이 투자되는 '엑소브레인(Exobrain)'[5] 프로젝트를 비롯하여 인공지능 관련 분야에 연간 총 380억 원을 투자 계획이다. 국내 시장규모는 2013년 3.6조 원에서 2017년 6.4조 원으로 성장할 것으로 전망한다. 국내의 경우 IT기업을 필두로 일부 대기업이 인공지능 산업 투자 및 연구를 추진하고 있다.

4) Systems of Neuromorphic Adaptive Plastic Scalable Eletronics.

5) 2013년부터 10년간 지식공유 및 지능진화가 가능한 인공지능 SW개발을 목표로 추진되는 프로젝트.

[그림 4-4] 국내 주요 인공지능 R&D 과제현황

	내용
엑소브레인 (Exo Brain)	· 지식공유 · 지능진화가가능한인공지능 SW 개발이 목표 · '13 ~ '23년간 1,070 억원 투자
딥뷰 (Deep View)	· 대규모 실시간 영상 이해 기반의 시각지능 플랫폼 개발을 목표
인공지능 관련 빅데이터	· 초고성능 빅데이터 에코시스템 개발이 목적 · '15년부터 4년간 129억원 지원

자료 : 정보통신기술진흥센터

[그림 4-5] 국가별 주요 AI 프로젝트 투자 비교

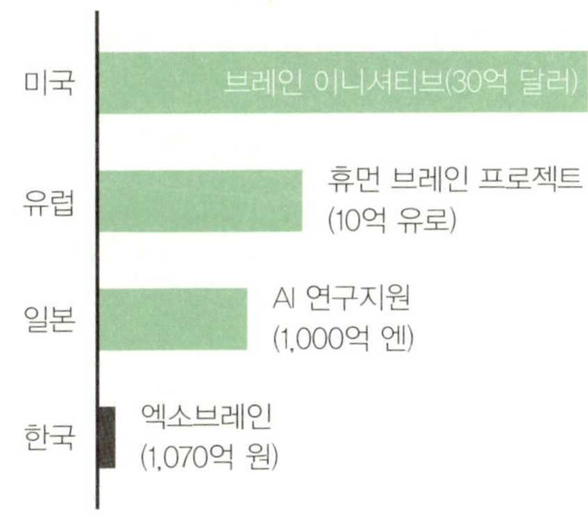

자료 : 미래창조과학부, 한일산업기술협력재단
주 : 각국의 투자금은 10년간 진행.

산업체 동향은 2015년 기준 한국의 AI 관련기업은 24~64개로, 세계 AI관련 스타트업 산업체 수의 2.5~6.7% 수준이다. 국내의 경우 언어인지와 시각인지 분야가 압도적으로 많으며 이를 위한 기계학습, 딥러닝이 함께 개발 중이다. 대부분 정부과제에 의존하다 보니 결과물을 단기간에 가시화 할 수 있는 분야를 위주로 연구를 수행한다. 반면, 인지컴퓨팅, 슈퍼컴퓨터 등 대규모 투자 및 장기간 연구수행이 필요한 분야는 연구진행이 더딘 것으로 조사되고 있다.
따라서 기술전문가, 경제학자, 사회과학자 등 다양한 분야의 전문가를 통해 인공지능 기술의 확산이 산업과 인류에 미치는 영향력에 대한 다각적 검토가 필요하다.

[표 4-2] 인공지능의 6대 트렌드

구분	주요 내용
1. 인공지능 진화의 핵심동력 '딥 러닝'	· 컴퓨터가 사람처럼 생각하고 배울 수 있도록 하는 인공지능 기술 '딥 러닝'의 성능이 비약적으로 발전하고 있는 가운데 슈퍼컴퓨터와의 결합까지 이루어지면서 딥러닝 분야는 2016년 AI분야에서 최고의 연구 영역 중 하나가 될 전망
2. '인간의 감정'을 이해하는 인공지능의 고도화	· 인간의 감정을 이해하는 AI는 중요한 연구영역이 될 것이며, 컴퓨터가 언어를 이해하고 카메라 기술, 음성 및 안면인식 기술 등이 발전하면서 컴퓨터가 인간의 감정 상태를 더 정교하게 파악하고 인간과 컴퓨터 사이에 원활한 상호작용이 가능할 것으로 기대 · 연구자들은 이 같은 기술과 지식을 바탕으로 교육, 우울증 치료, 의료 진단, 고객 서비스, 온라인 쇼핑 등에 활용할 수 있는 방법을 다양하게 모색 중
3. 인공지능의 거대화를 선도하는 '사물 인터넷(IoT)'의 확장	· 사물 인터넷(IoT)의 확산으로 인해 무선으로 연결되지 않은 기기를 찾아보기 어려운 정도가 될 것이며, 이를 통해 확보한 막대한 데이터를 어떻게 활용할 것인가에 대한 문제가 AI분야에서 중요하게 대두될 전망
4. 인공지능 활용 서비스의 본격적 등장	· 쇼핑과 고객 서비스 분야에서 기업들이 AI를 활용해 고객 만족도를 높이고 있음. – 의류업체 North Face는 IBM의 인공지능 플랫폼 'Watson' 기반의 'Fluid Expert Personal Shopper'앱을 개발해 고객이 쇼핑하면서 궁금한 사항들을 왓슨에게 질문하고 이를 분석해 고객의 구매결정에 도움을 줄 수 있는 조언 서비스를 제공
5. 인공지능, 다양한 '윤리적 논쟁' 유발	· 인간의 개입 없이 자율적인 판단에 따른 살상행위가 가능한 '킬러 로봇', 인간 관계의 혼란을 야기할 섹스로봇, 돌발 상황과 관련한 여러 가정이 요구되는 무인자동차 등이 등장하면서 이와 관련한 윤리논쟁이 전면 부각
6. 인공지능, '화이트 칼라 일자리 대체'	· 신기술 소개 사이트 '메이크 유즈 오브(Make use of)'는 컴퓨터가 대체할 직업으로 콜센터 직원, 부동산 중개인, 작가와 함께 회계사, 변호사, 의사 등과 같은 고소득 전문직도 꼽고 있음.

출처 : Strabase, 2015. 12.

Section 2 인공지능 학습

1. 인공지능이란?

인공지능(Artificial Intelligence)에 대한 정의를 내리는 문제는 여전히 논란의 대상이 되고 있다. 왜냐하면 지능이란 것이 추상적, 복합적, 상대적이어서 정의를 내리기 어렵기 때문이다. 따라서 인공지능에 대한 다양한 정의가 가능하다. 쉽게 생각해본다면 어떠한 인공물에 대해서 인간과 같은 지적인 활동을 할 수 있도록 지능을 부여하는 것, 특히 인간의 지능적인 활동을 할 수 있도록 컴퓨터를 구현하는 것을 인공지능이라고 할 수 있다. 그러면 여러 다른 학자들은 인공지능을 어떻게 정의하고 있는지 살펴본다.

Charniak는 계산모델을 이용하여 정신적 기능을 연구하는 학문이라 하였고, Winstone은 컴퓨터가 지능을 가질 수 있노록 하는 아이디어를 연구하는 학문을 인공지능이라 하였다. Minsky는 인간의 지능을 필요로 하는 작업을 처리할 수 있는 기계를 만드는 학문으로 정의하였으며, Callan은 인간의 지능적 측면 즉, 기계가 잘할 수 있는 계산 같은 것이 아니라 기계는 하기 힘들지만 인간은 비교적 쉽게 잘 할 수 있는 것들, 예를 들면 추론, 인식, 지각과 같은 것을 모의 실험할 수 있는 기계 알고리즘을 만드는 학문이라 하였다. 이와 같은 여러 정의를 종합해서 인공지능을 정의하게 되면 스스로 사물을 이해하고, 주변 환경을 인식하여 그에 대하여 유연성 있게 적응 · 반응하고, 그러한 경험에 근거하여 학습할 수 있는 기계를 만드는 학문이라 할 수 있다.

이러한 인공지능은 두 가지 접근 방법 즉, 공학적 입장과 과학적 입장으로 나누어 그 목적을 생각할 수 있다. 공학적 입장은 사람의 지능을 필요로 하는 작업을 수행할 수 있는 기계를 구현하는 것이다. 일반적으로 우리가 인공지능이라고 하는 것은 이와 같은 공학적 입장을 의미하는 것이다. 반면에 과학적 입장은 컴퓨터를 하나의 도구로 보고, 컴퓨터를 이용하여 인간 지능의 본질과 사고 과정을 밝혀내는 것이다. 그러므로 공학적 입장에서는 전산학, 통계학, 물리학, 수학 등의 학문이 개입하게 되고, 과학적 입장에서는 심리학, 언어학, 신경과학, 생리학 등의 학문들과 함께 연구가 되어야만 올바른 인공지능에 대한 연구를 수행할 수 있다. 예기치 못한 상황에서 인간의 개입 없이 그 수행을 계속할 수 있는 컴퓨터를 설계하려면 컴퓨터가 좀 더 인간다워야 한다. 즉, 추론할 수 있는 능력을 가지거나 최소한 이를 모의 실험할 수 있어야 한다.

1950년에 튜링(Alan M. Turing)은 튜링의 검사(Turing test)라고 알려진 검사법을 제안하여 컴퓨터의 지능적 행위를 평가하려 하였다. 기계가 과연 지능적인 행위를 할 수 있는 가를 판단하는 방법으로 컴퓨터의 지능적 행위의 평가 방법이다.

[그림 4-6] 튜링 검사

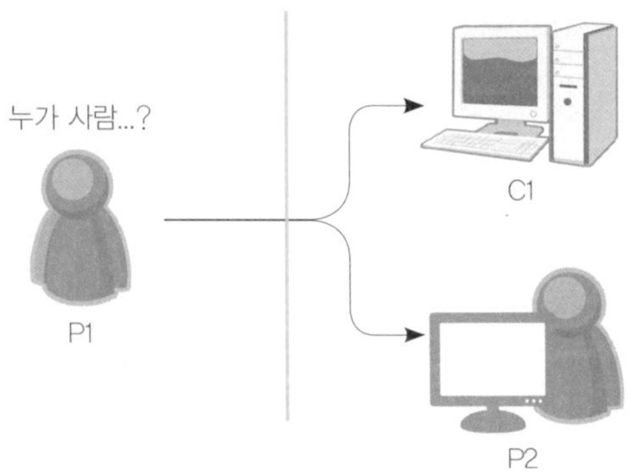

검사 방법은 검사자 P1와 피검사자로서 컴퓨터 C1와 사람 P2가 있고, 검사자와 피검사자 사이에는 벽이 있으며 이들은 타자 시스템을 이용하여 서로 대화를 하게 된다. 검사자가 컴퓨터와 사람에게 질문하고 대답이 오가는 상황에서 검사자가 생각했을 때, 누가 컴퓨터이고 누가 사람인지 모르겠다는 판단이 든다면 이 컴퓨터는 지능적인 행위를 수행한다라고 판단하는 것이다.

2. 인공지능의 특성 및 역사

인공지능이라는 것은 수치보다 상징 정보를 더 잘 조작한다. 이러한 정보들은 사람이 추론하는 경우 일상적으로 고려하는 것과 동일한 개념, 규칙, 대상, 사실을 표현하는 정보를 말한다. 또한 고전적 알고리즘에 반해 휴리스틱(heuristic)을 흔히 사용한다. 휴리스틱이란 비결정적 경로를 택하는 경험에 기반한 해결 방법이다. 이러한 휴리스틱을 이용하여 문제를 풀 때 적용될 수 있는 문제의 범위는 알고리즘적 해법이 없는 문제(지각, 개념해석 등), 알고리즘이 너무 복잡한 문제(바둑, 체스 등) 두 가지로 나눌 수 있다. 또한 인공지능은 자료와 정보가 불완전 · 부정확하고 본질적으로 학제적인 연구 분야 즉, 여러 주변 학문들과의 깊은 연관을 가지고 있다. 인공지능이 시작한 배경을 알아보면, 1956년에 Dartmouth College에서 열린 학술회의에 John McCarthy, Marvin Minsky, Herbert Simon, Allan Newell이 참석하여 인간의 지능이 컴퓨터 프로그램으로 묘사될 수 있다는 것을 발표했고, 이로써 인공지능이라는 용어가 사용되게 되었다. 1955~1965년에는 꿈의 시기로써 게임, 정리증명, 언어번역 등 논리적 문제가 연구의 대상이 되었다.

지식을 탐색하고 추론하는 방법들이 주로 연구 되었는데, 이 당시에는 LISP이라는 첫 번째 인공지능 언어가 개발되었고, Logic Theorist라는 첫 번째 인공지능 프로그램이 개발되었으며 일반적인 문제를 풀 수 있는 방법론 GPS가 이 시기에 능상을 하게 된다. 1965~1975년은 재생의 시기로 부르게 되는데, 지식의 표현에 관한 연구가 중심이 되어 DENDRAL, MYCIN의 전문가 시스템이 개발되었고, 논리형 언어로서 PROLOG라는 언어가 개발되었다. 1975~1985년은 학제화의 시기로써 다른 인공지능과 관련 분야와의 상호 협력을 통한 학문 발전을 시도한 시기이다. 이 당시에는 심리학적 모델을 기반으로 하여 여러 지식표현 모델(Frame, Script, Schema)이 개발되었고 연결주의라는 것이 소생하는 알고리즘이 개발되었다. 1985년부터 현재까지 실용화의 시기로서 각종 인공지능 기술을 이용한 실용적인 시스템이 개발되었고, 다양한 산업 분야에의 적용을 시도하였으며 현재까지 이어지고 있다.

3. 구현 수준 및 접근 모델

어떤 수준까지 지능을 구현할 것인지에 따라 강한 AI(Strong AI)와 약한 AI(Weak AI) 두 가지 관점으로 나누어 생각할 수 있다. 강한 AI는 컴퓨터가 자각(Consciousness)을 가질 수 있도록 프로그래밍 될 수 있는 것이다. 즉, 적절한 프로그램만 있으면 컴퓨터도 사람처럼 자각적인 사고를 할 수 있도록 만들 수 있다는 수준의 구현 방법을 말한다. 결국 인간이 가지고 있는 정신도 컴퓨터에 의해 복제될 수 있다는 의미를 내포하고 있다. 반면에, 약한 AI는 컴퓨터가 인간이 가지고 있는 지능적 행위를 보이도록 프로그래밍이 될 수 있다는 것이다. 즉, 컴퓨터에게 자각적인 사고나 생각이라는 것은 필요 없고, 단지 인간이 행동하거나 사고하는 것처럼 흉내 낼 수 있는 수준의 프로그램이 개발될 수 있다는 측면이다.

우리가 지능에 대해 이해할 때 접근할 수 있는 모델로는 기호주의(Symbolism)와 연결주의(Connectionism)가 있다. 기호주의를 고전적인 AI라고 부르며, 이는 논리적이고 심리학적인 지능에 대한 모델로 물리적 기호 시스템 가정(Physical Symbol System Hypothesis)에 기반한다. 물리적 기호시스템은 인간이 가지고 있는 일반적인 지능을 표현하는 필요 충분한 수단이 된다. 정보를 표현하는 기호와 그것을 가지고 동작하는 프로그램만 적절히 만들어진다면 인간이 가지고 있는 지능도 구현할 수 있다는 개념이다. 반면에 연결주의라는 것은 Sub-symbolic AI로써 인간의 두뇌를 모방한 생물학적인 모델이다. 매우 단순한 기능을 가진 신경세포들로 구성되고 이런 세포들의 복잡한 연결을 통해서 고수준의 지능적인 작업을 수행할 수 있는 인간의 두뇌를 모방한 것을 말한다.

4. 인공지능 응용시스템

어떤 특정한 문제 영역이 있으면 그 문제 영역에 대한 지식 중에서 필요한 데이터를 받아들이게 되고, 의사결정이나 적절한 행동을 취하기 위한 정보를 생성하기 위해서 추론하는 시스템을 인공지능 응용시스템이라고 한다.

[그림 4-7] 인공지능 응용시스템

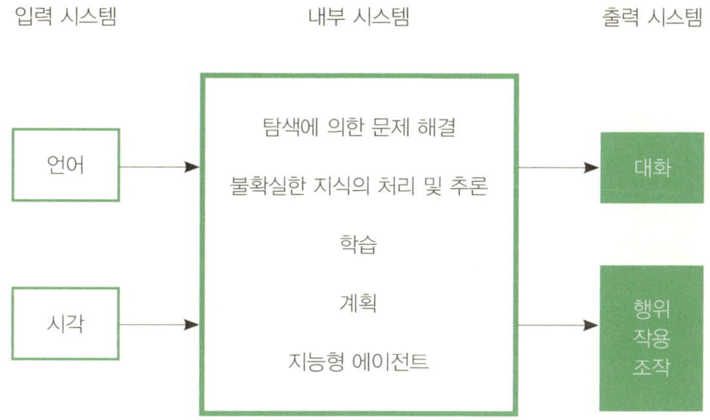

인공지능 시스템은 입력 · 내부 · 출력 시스템으로 구성된다. 내부 시스템은 탐색, 추론, 학습, 계획 등 여러 가지 다양한 기법들을 사용하여 인간이 사용하는 다양한 입력에 대해 출력을 생성하는 기능을 가진다. 출력 형태도 입력과 마찬가지로 대화 형태로 나타내거나 다른 시스템을 행위, 작용, 조작하는 방법으로써 출력을 하게 된다.

내부 시스템에서 사용되는 인공지능 기법들에 대해 살펴보면 다음과 같다. 학습과 관련해서 신경회로망, 유전자 알고리즘, 데이터 마이닝이 있고, 추론과 관련해서 논리, 탐색, 추론, 계획, 의사결정, 지각/인식과 관련하여 자연어처리, 패턴인식, 음석인식, 시각 등 여러 가지 기술들을 내포하고 있다. 이러한 모든 관련 기술들의 중요한 점은 지식을 가지고 있다는 것이다. 사람들이 문제를 풀기 위해서는 그 문제에 필요한 지식들을 명시적, 묵시적으로 사용하게 된다. 인공지능 시스템도 마찬가지로 문제를 효율적으로 풀기 위해서는 문제 영역에 맞는 특별한 지식들을 컴퓨터 내부에 표현하고 그것을 이용해야 효과적으로 문제를 풀 수 있다.

[그림 4-8] 인공지능 내부 시스템의 기법

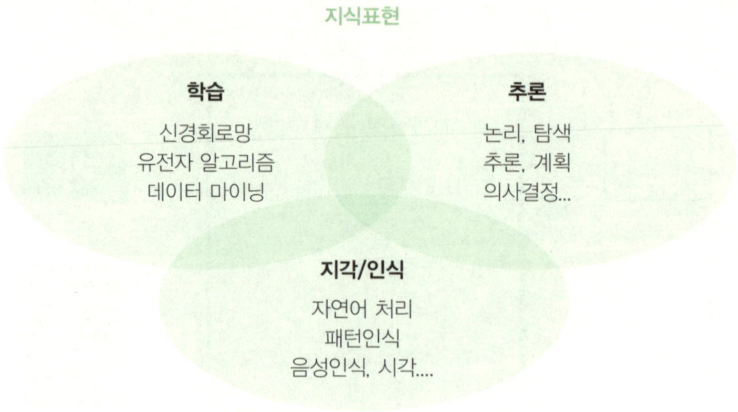

Section 3 지식 표현 및 탐색

1. 지식 표현

우선 컴퓨터가 인간과 같은 지능적인 행동을 처리를 할 수 있도록 지능을 부여하기 위해서는 지식이라는 것이 필수적이며 지식이라는 것은 인공지능에서 가장 핵심이 되는 대상이다. 그렇기 때문에 결국 사람이 시스템에게 이와 같은 지식을 제공해 주어야 한다. 인공지능과 관련하여 갖추어야 할 지식의 특징은 일반성을 가져야하고, 사람이 이해할 수 있어야 하며 오류 처리가 용이해야 한다. 하지만 인공지능에서 사용되는 지식은 완전성을 보장할 수가 없고, 인공지능의 문제 범위를 축소하게 되면 지식량을 감소시킬 수 있다는 특징을 가지고 있다.

2. 지식 표현 방법

지식 표현은 지식을 체계적으로 조직, 저장하고 이를 효율적으로 이용하기 위한 방법으로써 추론체계에서 이용할 수 있도록 기호형식으로 옮기는 것이다. 이때 문제 영역이나 문제 해결의 효율성을 위해 적절한 지식 표현 방법을 선택하는 것이 매우 중요하다. 컴퓨터에서 지식을 표현하기 위한 방법으로는 논리(Logic), 의미망(Semantic net), 프레임(Frame), 규칙(Rule) 등이 있다.

1) 논리

논리는 수학, 논리학에서 사용되는 명제논리(propositional logic)와 서술논리(predicate logic)를 이용하여 지식을 표현하는 방법이다. 명제논리는 'A is B'로써 예를 들면, '슈퍼맨은 인간이다'와 같은 형태이다. 서술논리는 명제논리보다 좀 더 강력한 논리 방법인데, 이것은 프레디킷(Predicate)이나 정량자(Quantifier)를 사용한다.

서술논리의 예

P(x)　　　예 : 인간(슈퍼맨)
∀x P(x), ∃x P(x)
∀x isa(x, Bird) → has(x, Wings)
∀x 인간(x) → 포유류(x)

이와 같은 논리에 의한 지식 표현 방법은 어떠한 장 · 단점을 가질까? 우선, 잘 알려진 추론 방법이 존재하고 수학적인 근거를 바탕으로 논리개념을 자연스럽게 표현할 수 있으며, 또한 지식의 정형화 영역에 적합하며 지식의 첨가 및 삭제가 용이하고 단순하다는 장점이 있다. 하지만 절차적, 결정적 지식 표현이 어렵고, 사실의 구성 법칙이 부족하므로 실세계의 복잡한 구조를 표현하기 어렵다는 단점이 있다.

2) 의미망

의미망은 네트워크를 기초로 지식, 인간의 기억, 실세계를 표현하는 방법이다. 이러한 망은 노드와 링크로 구성되는데, 노드는 객체, 개념, 사건 등을 표현하고 링크는 isa(구체), has(소유), partof(부분) 같은 노드간의 관계를 표현할 수 있다. 즉, '홍길동은 인간이고 자동차를 가지고 있으며 회사원이다'라는 등의 지식을 [그림 4-9]와 같이 지식정보를 표현할 수 있다. 이러한 의미망은 복잡한 개념이나 인과 관계 표현에 용이하지만 지식량이 커지면 복잡해지므로 조작이 어렵다는 단점을 가진다.

[그림 4-9] 의미망

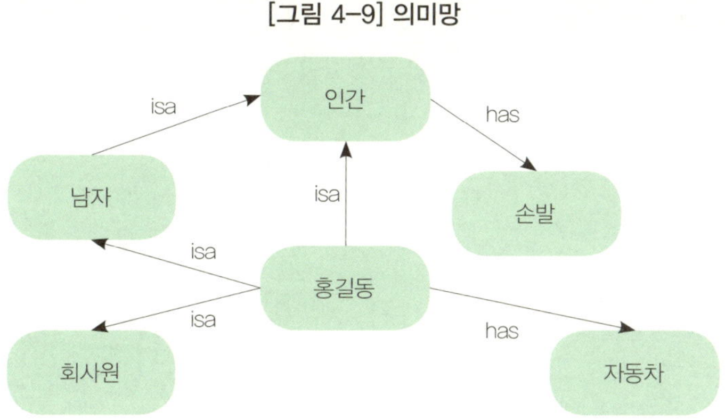

3) 프레임

프레임은 객체와 속성의 구조적 기술방법이다. 이 방법은 프레임 객체 구조 내에 객체의 속성과 속성 값을 채우는 칸을 의미하는 슬롯이라는 속성 묘사에 중점을 둔다. 이와 같은 슬롯에는 프로시저가 연결되어 있어 데이터와 프로시저를 하나의 구조로서 표현할 수 있다. 프레임들은 계층적으로 구성될 수 있다. 앞에서 살펴보았던 의미망[그림 4-9]을 프레임으로 표현한 것이 [그림 4-10]이다. 프레임은 지식표현이 일반적이고 자연스러우며 강력한 방법이긴 하지만, 복잡성 때문에 지식 작성이 어렵다.

[그림 4-10] 프레임

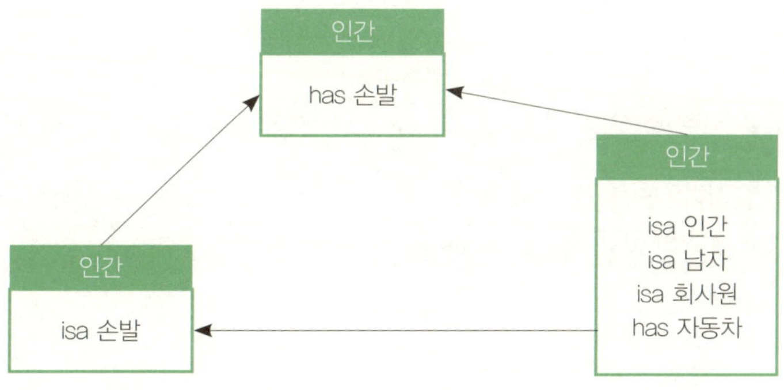

4) 규칙

규칙은 규칙기반시스템에서 사용하는 방법이다. 가정(if-part, LHS)과 결론(then-part, RHS)의 문장으로 지식을 표현하게 되고 이를 "생성규칙"이라고 부른다. 예를 들면, (A, B)→(C)는 IF (A and B) THEN (C)로 표현할 수 있다. 이와 같은 규칙은 결정, 결론이 요구되는 영역에 유용하게 사용된다.

아래와 같은 규칙이 있다고 가정하자.

p1: 털이 있는 동물 → 포유동물
p2: 젖으로 새끼를 기르는 동물 → 포유동물
p3: 날개를 가진 동물 → 조류
p4: 날수 있으며 알을 낳는 동물 → 조류
p5: 포유류 동물로 발굽이 있음 → 유제동물
p6: 유제동물로 흑백줄무늬가 있음 → 얼룩말

다음과 같은 질문이 들어오면 이에 답을 하기 위해 추론을 하게 된다.

Q : 털과 발굽이 있으며 흑백줄무늬가 있는 동물은?

다음과 같은 추론과정을 거친 후 답을 하게 된다.

[추론과정]
By p1, 포유동물
By p5, 유제동물
By p6, 얼룩말

규칙은 모듈화되고, 독립적으로 추가, 삭제, 변경이 용이하고 지식 표현 방법에 대한 정해진 구조가 제공되며 결정/결론을 필요로 하는 지식 표현에 적합하다. 하지만 문제 풀이에 많은 시간이 소요되고 제어가 복잡하며 규칙 사이의 상호관계를 찾기 어렵다는 단점이 있다.

3. 추론

모든 가능성에 대해 그 해답을 컴퓨터에 미리 프로그램해 두었다가 주어진 상태에 적합한 해답을 찾아내서 수행하는 것은 시간과 저장 장소의 제약 때문에 모든 경우의 해답을 명시적으로 제공하는 것은 실질적으로 불가능하다. 따라서 컴퓨터가 문제를 스스로 해결할 수 있도록 프로그램 되어야 한다. 다시 말해서, 컴퓨터가 결정을 내리고 결론을 도출할 수 있는 기본적인 추론 기능을 갖추어야 한다.

1) 프로덕션 시스템

프로덕션 시스템(production system)은 한 응용에서 일어날 수 있는 각 상황에 적절한 작업을 연관시켜 놓았다가 어떠한 상황이 발생하면 해당하는 작업을 수행하는 시스템을 말한다. 좀 더 정확한 의미의 프로덕션 시스템은 다음과 같은 3가지로 구성된다.

(1) **상태 집합**(a collection of states)

- 상태란 응용 환경에서 일어날 수 있는 상황을 나타낸다. 문제가 시작되는 상태를 시작 상태(혹은 초기 상태)라 하고, 목적하는 상태를 목표 상태라고 한다.

(2) **프로덕션 집합**(a collection of productions)

- 프로덕션이란 어느 한 응용 환경에서 한 상태로부터 다른 상태로 전환시키기 위해서 수행되는 작업이다. 프로덕션에는 전제 조건이 결부되어 있다. 즉, 프로덕션이 적용되기 위하여 필수적으로 만족되어야 할 조건이 존재한다.

(3) **제어 시스템**(control system)

- 제어 시스템은 전제 조건을 만족하는 프로덕션이 하나 이상 존재할 때 어느 것을 먼저 수행하여야 하는가를 결정하는 논리로 이루어져 있다.

프로덕션 시스템의 관점에서 보면 지능적인 컴퓨터를 개발한다는 것은 제어 시스템을 컴퓨터에 내장된 프로그램의 형태로 구현하는 일이다. 이 프로그램은 목표 시스템의 현재 상태를 조사하고, 정확한 순서대로 프로덕션을 선택하여 목표 상태로 유도하는 프로그램을 만들고 프로그램의 수행을 시작시킨다. 이와 같이, 제어 시스템은 프로덕션을 사용하여 주어진 문제를 푸는 알고리즘을 구성한다.
제어 시스템 개발에서 중요한 개념은 상태 그래프(State Graph)이다. 이는 모든 상태, 프로덕션, 그리고 전제 조건을 나타내기에 편리한 방법이다. 수학적 의미에서 그래프라는 것은, 화살표(아크(arc)라고 함)로 연결된 장소의 집합(노드(node)라고 함)을 의미한다. 상태 그래프는 시스템의 상태를 나타내는 노드와 하나의 상태로부터 다른 상태로 이동시키는 프로덕션을 나타내는 아크로 구성되어 있다. 어느 상태 그래프에서 2개의 노드가 한 아크로 연결되었다는 것은 그 아크의 출발점 상태에서 그 아크의 종착점 상태로 변환시키는 프로덕션이 존재한다는 것을 의미한다.

기억해야 할 점은, 가능한 상태의 수가 너무 많아서 명시적으로 그 해를 미리 설계해 놓을 수 없었듯이 명시적으로 상태 그래프 전부를 표현하기는 불가능하다는 점이다. 따라서 상태 그래프가 주어진 문제를 개념화하는 방법으로서의 가치는 있지만 그래프 전체를 표현할 필요는 없다. 주어진 문제는 시작 상태로부터 목표 상태로 도달하는 아크의 순서를 찾는 것으로 볼 수 있다. 아크의 순서는 최초의 문제를 해결할 프로덕션의 순서를 나타낸다. 이것이 바로 제어 시스템이 작동할 여건이다. 프로덕션 시스템을 상태 그래프로 개념화할 수 있다. 위와 같은 표현은 어떠한 프로덕션 시스템에도 작용 가능하고, 문제를 프로덕션 시스템으로 공식화하는 것은 문제 해결 과제에 일률적으로 적용할 수 있는 접근 방법이다. 즉, 응용 분야에 관계없이 제어 시스템은 상태 그래프에서 경로를 찾는 문제로 귀착된다.

서양장기 게임을 하는 프로그램의 개발은 인공 지능 분야에서 꾸준히 연구되고 있는 문제이다. 이 때 상태는 장기판의 상황을 나타내고 프로덕션은 행마법이고, 게임하는 사람(혹은 컴퓨터)은 제어 시스템에 해당된다. 상태 그래프의 출발 노드는 게임 시작 시 장기판 배치 상태를 나타낸다. 이 노드로부터 첫 수를 둠으로써 도달할 수 있는 장기의 상황으로 아크들이 이어진다. 또한 각 상황을 나타내는 노드로부터 다음 수에 의하여 도달할 수 있는 장기판의 상황으로 이어진다. 이렇게 따져보면 장기 두는 것은 커다란 상태 그래프에서 목표 상태에 이르는 경로를 찾는 작업으로 볼 수 있다.

4. 탐색

지금부터 인공지능에서 문제풀이를 위해 많이 사용되는 탐색 방법에 대해 알아보자. 탐색이라는 것은 컴퓨터가 문제를 자율적으로 해결하기 위해 해 혹은 해에 이르기 위한 경로를 찾아가는 과정이다. 이는 해를 찾는 과정의 효율성과 찾은 해의 적합성까지 포함한다. 그러므로 이 탐색은 인공지능적인 문제해결에 있어서 주요한 수단이다.

탐색에 의한 문제해결 방법은 어떠한 특징을 가지고 있을까? 보다 포괄적이며 자동화된 방법이고 지적 판단이 요구되는 경우에 유용하며 어느 정도 인간의 지능이 개입하는 시스템 개발이 보다 현실적이다. 또한 최적의 방법을 찾기 보다는 적당한 방법을 찾는 것이 쉽고 이와 같은 것이 인간이 문제를 푸는 과정과 상통하는 바가 있다는 특징을 가진다.

[그림 4-10] 문제 해결방법

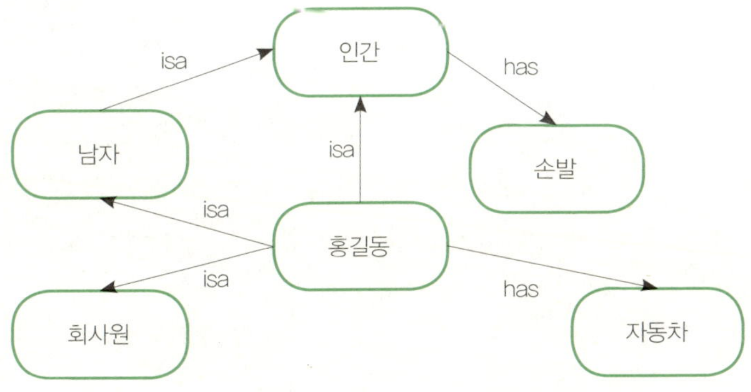

5. 탐색 기법

지금부터 인공지능에서 문제풀이를 위해 많이 사용되는 탐색 방법에 대해 알아보자. 탐색이라는 것은 컴) 맹목적인 탐색 기법에서 가장 기본적인 방법으로 맹목적인 탐색(blind search) 방법이 있다. 이것은 어떤 목표 노드를 찾아가는데 있어서 어떤 정보도 사용하지 않고 찾는 방법이다. 이와 같은 맹목적인 탐색 방법으로서는 무작위 탐색 방법과 일반적으로 많이 사용되는 방법으로 트리에 의한 탐색 방법이 있으며, 트리 탐색 방법에는 깊이 우선 탐색과 너비 우선 탐색이 있다.

[그림 4-11] 깊이 우선 탐색과 너비 우선 탐색

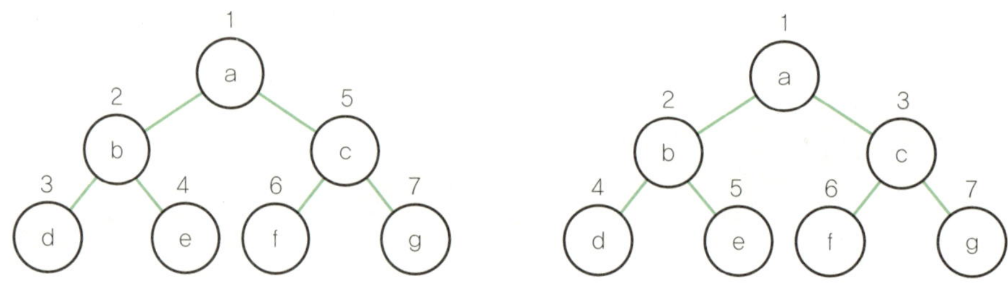

1) 트리 탐색법

탐색 방향으로는 전향(forward) 추론과 후향(backward) 추론이 있다. 각각은 초기 상태에서부터 목표 상태를 찾아가는 방법, 목표 상태에서부터 출발해서 초기 상태를 찾아가는 방법이다. 어떤 것을 사용할 것인가는 문제 성격에 따라 달라질 수 있는데, 런던에서 도버까지의 길을 찾는 경우를 생각해보자.

[그림 4-12] 추론 방법

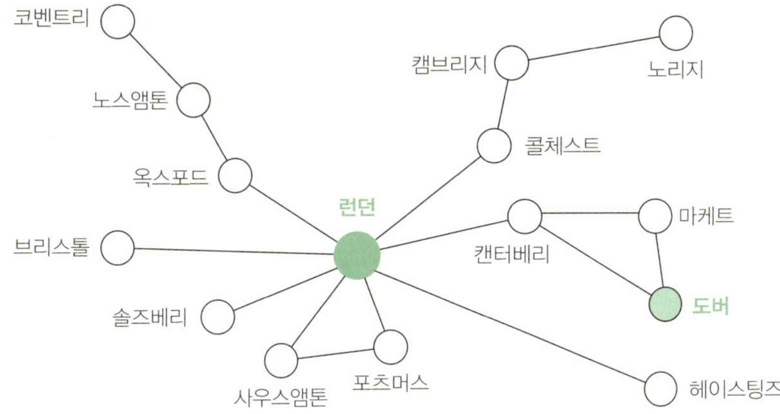

만약 런던부터 찾게 되면 잘못 갈 확률이 많다. 반면에 도버부터 출발하게 되면 잘못될 확률이 적어지므로 이와 같은 경우에는 전향 추론보다는 후향 추론 즉, 목표 상태로부터 초기상태를 찾아가는 것이 좋은 방법이 될 수 있다.

2) 휴리스틱 기법

다른 탐색기법으로써 휴리스틱 기법이 있다. 이것은 수학적으로 또는 논리적으로 증명이 되진 않았지만 경험이나 직관에 의해 효율적으로 해를 얻을 수 있으리라는 기대를 갖게 하는 경험적 근거에 의해 탐색하는 방법이다. 이와 같은 방법은 경험에 의해 찾아가기 때문에 해법이 유일하지 않다. 그러므로 우리가 원하는 최적의 해를 찾는다는 보장을 할 수 없다.

휴리스틱 기법으로서 언덕 등반(Hill-climbing) 기법이 있다. 이것은 표 노드 위치와 관련된 정보를 표현한 평가함수를 사용하는데, 이러한 평가함수 값을 감소(증가)시키는 방향으로 탐색을 진행하는 방법이다. 하지만 이 방법은 최단의 경로에 대한 보장이 없고, 찾은 해가 반드시 최적의 해라는 것을 보장하지 못한다. 즉, 국부최대의 존재 가능성이 있고, 어떤 과정을 회복하는 것이 불가능하다는 특징을 가진다.

예를 들어, 8-퍼즐 문제에서 탐색의 초기상태와 목표상태가 [그림4-13]와 같다고 가정하자. 초기상태에서 출발하여 목표상태로 가고 싶다면 각 타일의 목표상태와 정확한 위치에 맞아 떨어지는 타일이 몇 개인가를 계산하는 평가함수를 우선 설정한다. 그런 다음 탐색 과정마다 평가 함수 값이 증가(또는 감소)하는 방향으로 찾아가면 된다.

[그림 4-13] 8-퍼즐 문제

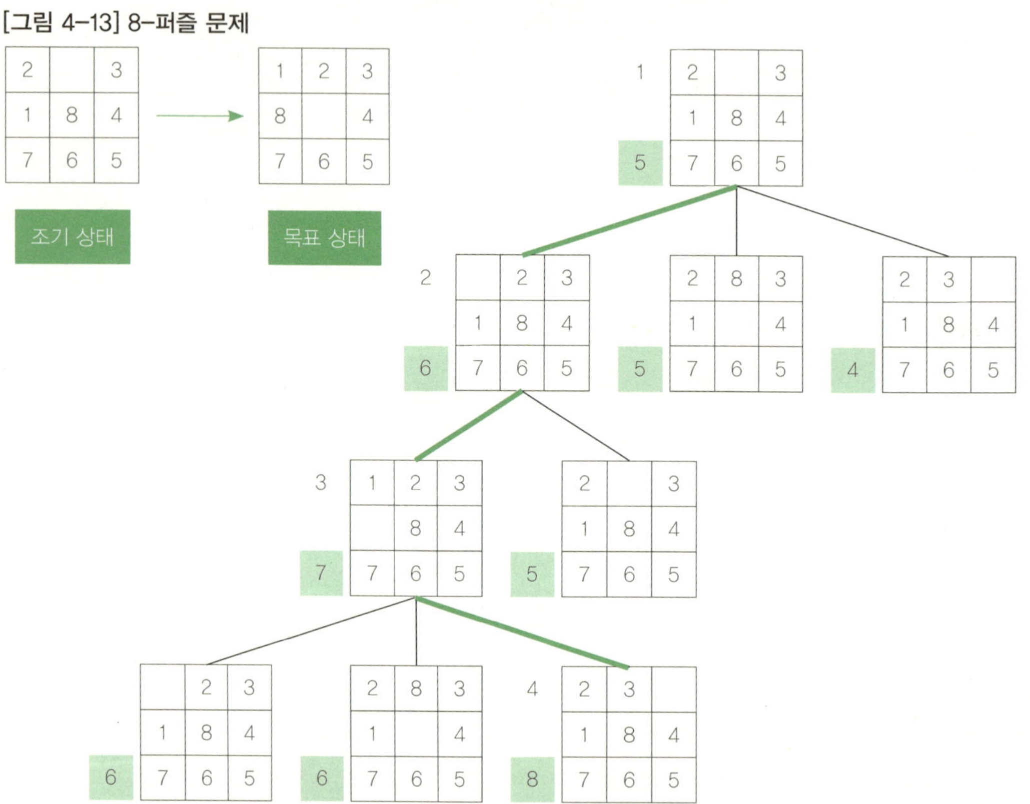

Section 4 신경망

1. 신경망이란?

기호주의 접근방법은 고차원적인 인간의 사고 과정을 표현할 수 있다. 하지만 이러한 것을 표현하기 위해서는 인간이 필요한 지식을 규칙(또는 특정 형태)으로 표현해 주어야 한다. 그렇기 때문에 문제 해결에 필요한 지식/방법을 모르는 경우에는 문제 해결이 불가능하다는 단점을 가진다. 이와 같은 기호주의와 대조적인 정보처리 메커니즘으로 신경망(Neural Network, 신경 회로망)이 있다. 이러한 신경망은 인간의 두뇌를 모방하여 기호주의의 단점을 풀기 위한 시도이다. 인간의 뇌는 간단한 기능을 가진 신경세포들이 복잡한 구조로 연결되어 지능적이고 고차원적인 기능을 수행한다. 인공신경망(Artificial Neural Network)은 인간의 뇌 구조를 단순화시켜 표현함으로써 지능적인 능력을 기계에 부여하려는 분야이다. 이러한 신경망이 가지는 가장 중요한 특징은 입력 데이터를 바탕으로 학습 과정을 통해 스스로 입력 데이터로부터 일반적인 규칙(지식)을 습득하는 능력을 가지고 있다는 것이다. 생물학적인 신경세포의 구조를 알아보면 그림9와 같다.

[그림 4-14] 신경세포

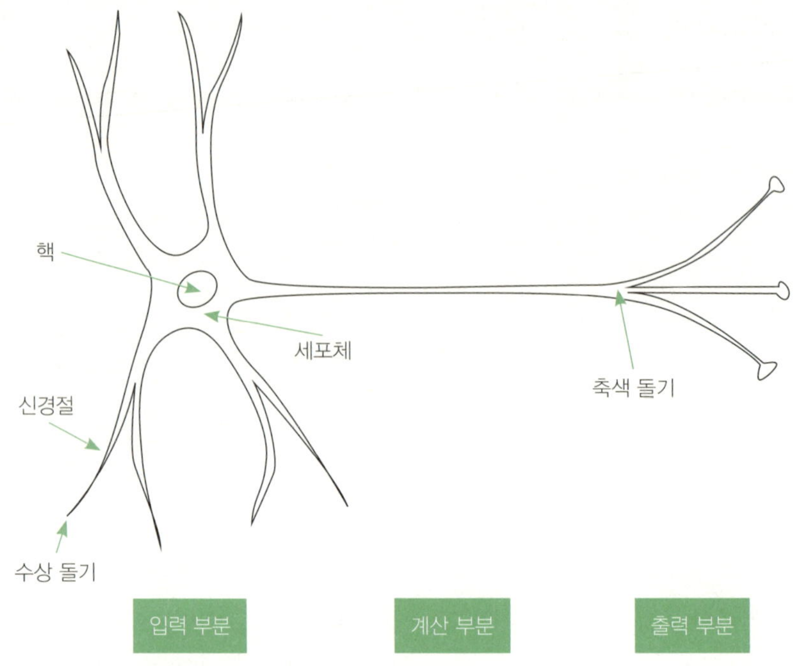

수상돌기는 다른 신경세포로부터 입력을 받아들여 세포체에서 처리/계산한 후 그 결과를 축색돌기를 통해 다른 세포들에게 전달한다. 그러면 두 개의 신경세포 간에 필요한 정보들은 어떻게 전달할까? 신경세포간의 연결에서 축색돌기와 수상돌기가 만나 연결된 부분인 시냅스가 있다. 만약 근원세포에서 축색돌기, 시냅스, 수상돌기를 통해 목표세포에게 어떤 정보를 전달하고 싶다면 전달하고 싶은 자극이 전기적인 신호로 바뀌고 이 신호가 축색돌기를 지나 시냅스 부분에서 신경 전달 물질을 방출하게 된다. 즉, 전기적인 신호의 양에 따라 물질을 다른 양으로 방출하게 된다. 그 방출된 양이 목표 세포를 자극하게 되고 이러한 신경물질의 양에 따라 자극되는 정도가 달라진다. 또한 시냅스 부분에서 방출되는 신경전달물질의 종류에 따라 이 세포가 연결된 다른 세포를 흥분시키기도, 억제시키기도 한다. 즉 신경세포의 기능이라 하는 것은, 결국 여러 신경세포로부터 수상돌기를 통해서 입력을 받아들인 후 그것을 이용하여 계산을 하고, 계산된 결과를 축색돌기를 통해 다음 신경세포들에게 전달하는 아주 단순한 기능을 하는 것이다.

2. 신경망의 구성요소

인간의 놀라운 능력 중 하나는 현안과 관련된 정보를 추출하는 능력이다. 예를 들어, 어떤 냄새를 맡고 어릴 적 기억을 떠올리기도 한다. 친구의 목소리를 듣고 그 친구와 함께 했던 즐거운 한때를 기억하기도 하며, 특정 음악을 들으며 재미있었던 휴일을 떠올리기도 한다. 이들은 모두 결합 메모리(associative)의 예제이다. 즉, 현재의 정보와 연관되거나 관련 있는 정보를 추출하는 것이다. 오랫동안 연관 메모리를 지닌 컴퓨터를 구축하고자 하는 연구가 수행되어 왔다. 그중 한 가지 방법은 인공 신경망 기법을 적용하는 것이다. 신경망은 인공 뉴런, 연결 및 구조, 학습 규칙으로 구성되어 있다.

[그림 4-15] 신경망의 구성요소

1) 인공 뉴런

인공 뉴런은 노드 또는 처리요소(processing element)라고 부르게 된다. 기능적인 구조는 다음과 같이 나타낼 수 있다. 다른 세포들로부터 받아들이는 입력 X와 연결 가중치 W가 있다. X와 W를 곱한 값들을 모두 더한 가중합을 계산한 후, 여기에 활성화 함수 F를 적용해서 출력을 만들어 다른 뉴런으로 전달한다. 여기서 가중치는 다른 세포로부터 입력이 들어올 때 그 입력이 흥분성인지 억제성인지를 가중치의 값으로써 표현하는 역할을 하게 된다. 공 뉴런 하나는 아주 단순한 기능만을 수행하지만 이것들을 여러 개 연결시킨 구조가 신경망이다. 이러한 신경

많이 커지고 연결이 복잡해지면 복잡해질수록 좀 더 인간의 지능에 가까운 고차원적인 지능을 수행할 수 있는 것이다.

[그림 4-16] 인공 뉴런의 기능적인 구조

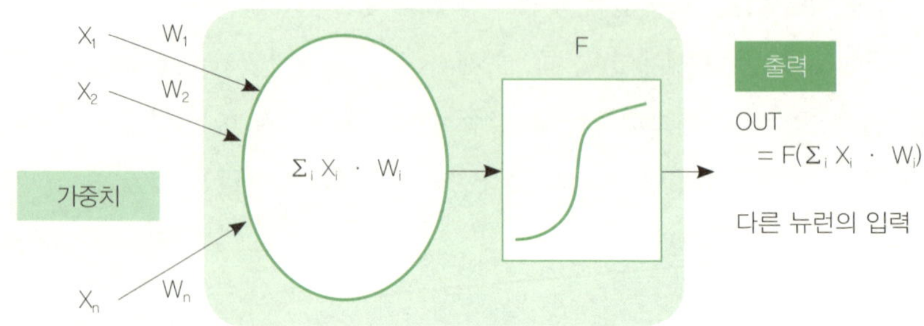

활성화 함수(Activation Function)는 F(NET) → OUT(출력값)으로, 가중합(NET = ΣiXi • Wi)에 대해서 하나의 출력 값을 만드는 함수이다. 활성화 함수의 종류로는 역치 함수와 시그모이드 함수가 있다. 역치 함수는 가중합이 0 이상이 될 때 1, 그렇지 않을 때 0을 출력하고, 시그모이드 함수는 가장 일반적으로 사용되는 활성화 함수이다.

[그림 4-17] 활성화 함수

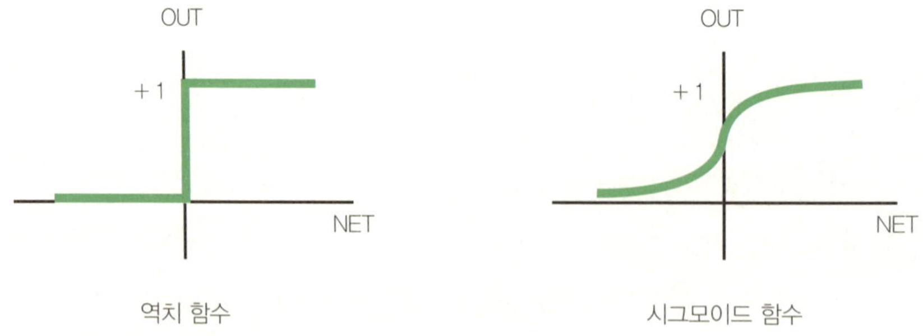

2) 연결 및 구조

인공 뉴런들이 어떤 식으로 연결되고, 어떠한 구조를 가질 수 있느냐를 층수에 따라 구분하면 단층과 다층으로 구분할 수 있다. 다층이라는 것은, 입력층과 출력층 사이에 다른 층이 존재하는데, 그것을 우리는 은닉층(Hidden Layer)이라고 부른다. 연결된 화살표들은 두 개의 인공 세포 즉, 노드 간의 가중치를 나타낸다.

[그림 4-18] 연결방식에 따른 구분

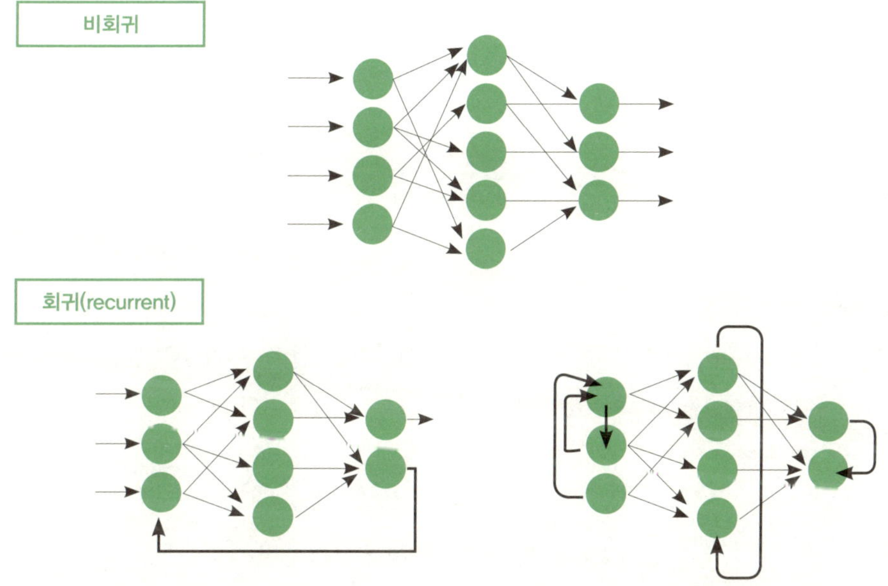

연결방식에 따라 비회귀와 회귀로도 구분할 수 있다. 회귀 신경망은 어떤 한 노드의 출력이 현재의 층이나 이전 층의 입력으로 사용되는 구조를 가지고, 비회귀 신경망에서는 하나의 출력이 바로 다음의 입력으로 사용된다. 또한 이웃한 층의 모든 노드 간의 연결 존재 여부에 따라 완전연결(fully-connected)과 부분연결로 나눌 수 있는데, 두 개의 인접한 층 사이의 노드가 모두 다 연결되어 있는 경우 완전연결이라 하고, 그렇지 않은 것을 부분연결이라 한다.

3) 학습규칙

신경망에서 세 번째 기본적인 요소로 학습규칙이 있다. 학습은 시냅스 연결 강도를 변화/조정하는 것을 말한다. 즉, 주어진 문제의 입력에 대해서 원하는 올바른 결과를 생성할 수 있도록 신경망의 연결가중치의 값을 조정하는 과정이다. 이와 같은 학습에는 교사학습(Supervised Learning, 지도학습)과 비교사학습(Unsupervised Learning, 비지도학습)이 있다. 교사학습은 입력이 제공될 때 이 입력에 대해서 원하는 출력 값이 함께 제공된다. 입력이 제공될 때 원하는 출력, 즉 미리 결정된 출력을 생성할 수 있도록 연결 가중치를 조정하게 되는 것이다. 반면에 비교사학습은 입력 데이터만 제공되고, 그것으로부터 스스로 연결가중치를 조정하는 방법이다.

4) 신경망의 모델

지금부터 신경망의 발달과정에 따라 여러 가지 모델과 방법들에 대해 하나씩 살펴보도록 하겠다.

(1) M-P 뉴런

- M-P 뉴런은 McCulloch & Pitts가 1943년에 개발한 모델로써 '인간의 신경세포 기능을 모방하여 논리함수를 구현할 수 있다'라는 것을 보인 신경망이다. 이러한 구조에서 AND 연산을 어떻게 수행할 수 있는지 살펴보자.

[그림 4-19] M-P 뉴런에서 AND 연산

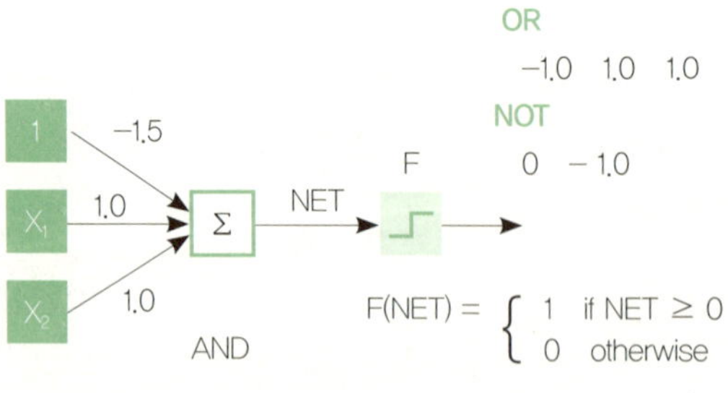

AND 연산을 수행하기 위해서는 가중치가 [그림 4-20]에서와 같이 −1.5, 1.0, 1.0으로 주어져야 한다. X1에 0, X2에 1이 들어오게 되면 실제 AND를 수행했을 때 0이란 값이 나오면 된

다. 우선 가중합을 구하게 되므로 1*(-1.5)+0*1.0+1*1.0를 통해 -0.5를 구할 수 있다. 이를 활성함수에 적용하게 되면 0보다 작으므로 0이 출력되게 되어 원하는 결과를 얻을 수 있다.

(2) Hebb 학습 규칙

- Hebb 학습 규칙은 1949년에 Hebb라는 사람이 제안한 최초의 신경망 학습 규칙이다. 이것은 근원세포와 목표세포가 동시에 활성화되면 해당 연결가중치를 증가시키는 학습 방법이다. 뉴런i와 뉴런j가 있고 이의 가중치를 Wij라고 했을 때, 학습이 얼마나 안정적으로 진행이 되는가를 결정하는 학습률 α, 뉴런i의 출력(OUTi)과 뉴런j의 출력(OUTj)의 곱을 n번째의 가중치에 더해줌으로써 n+1번째의 가중치를 구할 수 있다. 이와 같은 식으로 학습이 진행되는 것이 Hebb 학습 규칙이다.

[그림 4-20] 가중치 수정식

$$W_{IJ}(n+1) = W_{IJ}(n) + \alpha OUT_I OUT_J$$

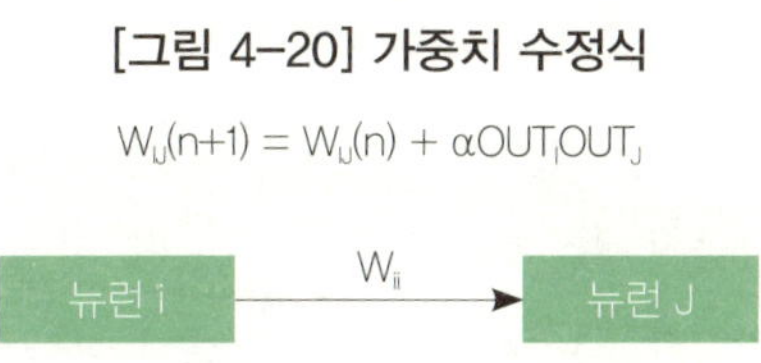

(3) 퍼셉트론

- 퍼셉트론은 Rosenblatt이 1957년에 제안한 인간의 망막을 모델링한 모델로써 패턴 분류 기능을 수행하며 다음과 같은 구조를 가지고 있다.

[그림 4-21] 퍼셉트론의 구조

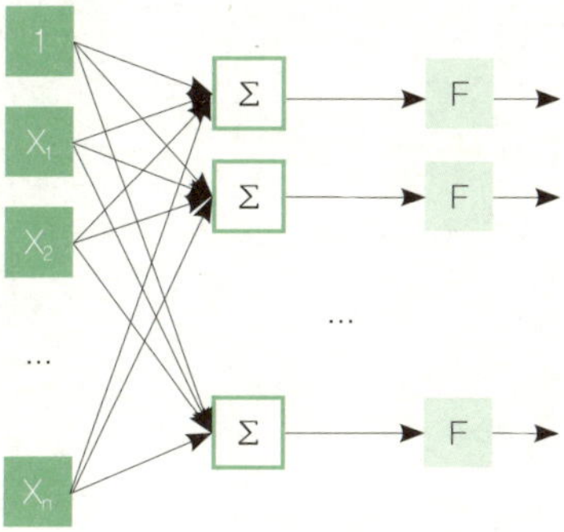

[그림4-21]은 퍼셉트론의 학습 알고리즘이다. 입력이 주어졌을 때, 계산된 결과 값과 실제 목표값 간에 차이를 계산하여 차이가 없으면 연결가중치는 변경되지 않지만, 만약 차이가 발생하게 되면 그 차이를 감소시키는 방향으로 연결 가중치를 조정한다.

퍼셉트론의 학습 알고리즘

1. 연결가중치의 초기화
2. 입력 X에 대한 출력 OUT 계산
3. 원하는 출력 D와 OUT 비교
   3.1 D = OUT, goto 단계2
   3.2 OUT = 0, Wij(n+1)=Wij(n)+Xi(n)
   3.3 OUT = 1, Wij(n+1)=Wij(n)–Xi(n)
4. 단계2 반복

이러한 퍼셉트론은 한계를 가지고 있다. 우선 퍼셉트론이 어떻게 계산될 수 있는지 살펴보자. 입력이 2개 있고, 이것의 가중합을 계산하여 그 가중합이 0.5보다 크게 되면 1이라는 값을 출력하고 0.5보다 작게 되면 0이라고 출력한다고 퍼셉트론을 가정한다.
AND 연산의 경우에는 가중치를 0.3 또는 0.4로 설정하면 연산을 수행할 수 있다.

[그림 4-22] 퍼셉트론에서 AND 연산

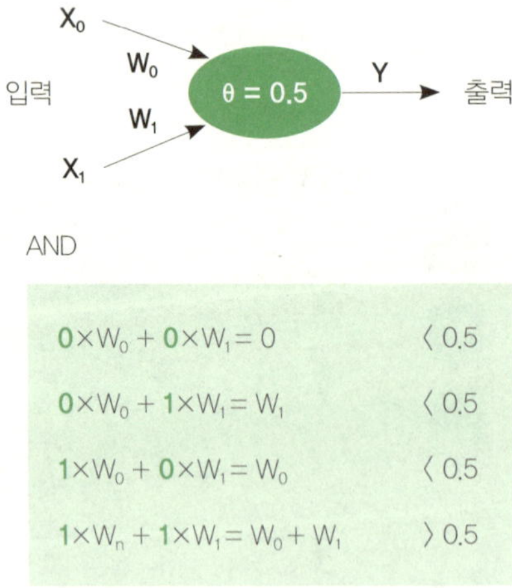

$0 \times W_0 + 0 \times W_1 = 0$	〈 0.5
$0 \times W_0 + 1 \times W_1 = W_1$	〈 0.5
$1 \times W_0 + 0 \times W_1 = W_0$	〈 0.5
$1 \times W_n + 1 \times W_1 = W_0 + W_1$	〉 0.5

반면, XOR 계산 시 두 입력이 서로 다를 때 1이 출력되어야 하므로 W1과 W0은 0.5보다 커야 하지만 W0+W1은 0.5보다 작아야 하기 때문에 이 값은 구할 수 없다. 1969년에 Minsky라는 사람이 이러한 퍼셉트론의 한계를 지적했다.

[그림 4-23] 퍼셉트론에서 XOR 연산

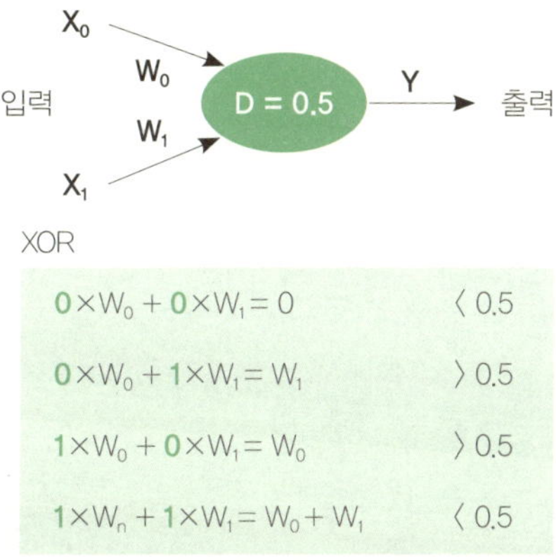

$0 \times W_0 + 0 \times W_1 = 0$	〈 0.5
$0 \times W_0 + 1 \times W_1 = W_1$	〉 0.5
$1 \times W_0 + 0 \times W_1 = W_0$	〉 0.5
$1 \times W_n + 1 \times W_1 = W_0 + W_1$	〈 0.5

이와 같은 문제는 입력과 출력층 사이에 은닉층을 만들어 다층 퍼셉트론을 만들면 해결할 수 있다. 문제는 다층 퍼셉트론을 학습시킬 수 있는 적절한 학습 알고리즘이 없다는 것이었다. 이로 인해 신경망의 연구가 침체기로 접어들었지만, 1980년대 중반 다층 퍼셉트론을 학습시킬 수 있는 학습 방법인 오류역전파 학습 알고리즘이 개발되었다.

[그림 4-24] 다층 퍼셉트론

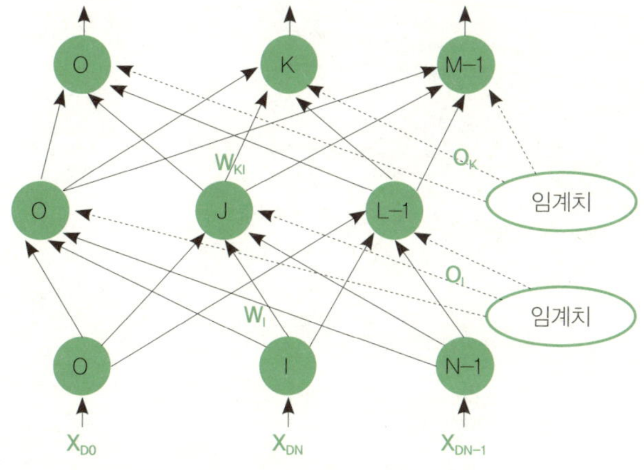

인공신경망은 기본 처리단위는 단순하지만, 이것들이 복잡한 연결을 가짐으로써 고차원적인 기능을 수행할 수 있다는 점이 기본적인 특징이다. 이것은 병렬적인 구조를 가지고 있어 처리속도를 향상시킬 수 있고, 정보가 연결가중치를 통해 분산 표현된다. 또한 학습능력을 가지고 있어 해결방법을 모르는 문제에 적용이 가능하며, 일반화 능력이 있어 학습되지 않는 데이터를 처리할 수 있다.

Section 5 유전자 알고리즘

1. 유전자 알고리즘

신경망과 마찬가지로 유전자 알고리즘(Genetic Algorithm)도 자연적인 현상을 모델링해서 해를 찾는 방법이다. 차이가 있다면 인간의 두뇌를 모방했지만 유전자 알고리즘은 자연의 진화과정을 모델링한 방법이라는 것이다. 그러므로 유전자 알고리즘은 적자생존의 법칙과 유사하다. 즉, 주어진 문제에 대해 가능한 해들을 정해진 형태로 표현한 후 이들을 변화시키고, 그 결과들 중 적합도가 높은 것들을 선택하여 변화를 계속하는 과정을 거쳐 최적해를 찾는 방법이다. 이것은 결국 최적화, 탐색, 제어 등의 영역에 적용될 수 있는 최적화 알고리즘이다.

2. 유전자 알고리즘의 구성 요소

유전자 알고리즘은 해의 표현법, 복제 기법, 적합도 함수, 선택 기준 등으로 구성된다.

[그림 4-25] 유전자 알고리즘의 구성 요소

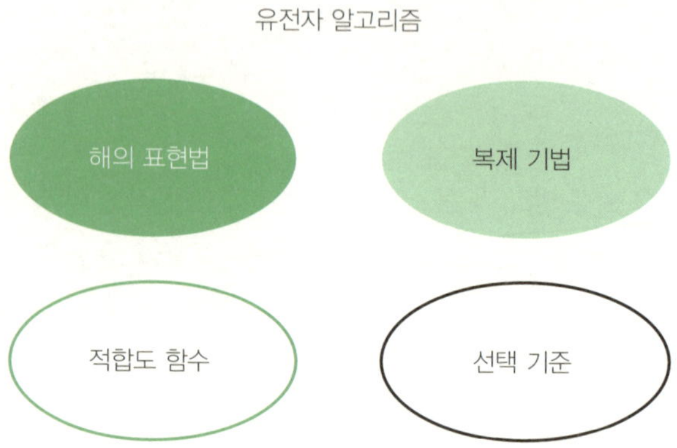

1) 해의 표현법

해의 표현법에 대해 살펴보면 염색체(Chromosome)라는 것이 있는데, 이것은 문제에 대한 해나 가설을 표현하는 것으로써 개체(individual)로 인식되는 대상이다. 이는 고정된 길이의 이진패턴으로 표현하게 되고 이와 같은 염색체 즉, 개체들을 모아놓은 집합을 개체군(Population)이라고 한다.

2) 복제기법

복제기법이란 부모 개체로부터 새로운 개체를 어떻게 생성할 것인지에 대한 방법이다. 교차(crossover) 방법은 부모 개체들의 특정 교차점에서 그 이후의 값들을 서로 교환하는 것이고 돌연변이(mutation) 방법은 특정 비트의 값을 반대로 0이면 1로, 1이면 0으로 변환하는 방법이다.

3) 적합도 함수

적합도 함수란 주어진 문제에 대해 개체로 표현된 해가 얼마나 좋은가를 나타낼 수 있는 목표 함수이다. 이 함수 값은 0~1 사이의 실수로 표현하는데 값이 클수록 더 좋은 해이다.

4) 선택기준

선택기준은 임의의 개체군에서 적합도가 높은 개체가 다음세대에서 생존할 가능성을 높이는 방향으로써 원하는 개체들을 선택하는 것이다. 일반적인 비례선택법이 있는데, 이것은 평균 이상의 적합도를 가진 개체가 한 개 이상의 자식을 생성할 수 있도록 하는 방법이다.
유전자 알고리즘을 표현하게 되면 다음과 같다.

유전자 알고리즘

```
procedure GA ( )
{
 개체군(population) 초기화
 적합도 계산
 while ( 종료기준이 만족되지 않는다 ) {
 다음 개체군을 위한 개체들 선택
 교차/돌연변이
 적합도 계산
 }
}
```

Section 6 인공지능의 응용

1. 언어 처리

한 언어로 된 문장을 다른 언어로 번역하는 작업을 생각해보자. 관계되는 언어에 따라서 전통적인 시스템이 사용되기도 하고, 인공지능 시스템이 사용되기도 한다. 이 구분은 의미가 번역을 하는 데 고려되느냐에 따라서 결정된다.

"Do you know what time it is?"
위 문장은 "몇 시인지 가르쳐 주십시오."를 의미하기도 하지만, 말을 하는 사람이 오랫동안 기다렸다면 "매우 늦었군요"를 의미하기도 한다. 따라서 자연어로 된 문장의 의미를 알기 위해서는 여러 단계의 분석이 요구된다. 첫 번째 단계는 구문분석(Syntactic Analysis)으로, 여기에서는 파싱이 이루어진다. 두 번째 단계는 의미 분석(Semantic Analysis)으로, 여기에서는 각 단어가 지니는 문법적 역할을 식별한다. 즉, 의미 분석 단계에서는 문장 내의 각 단어가 수행하는 의미론적 역할을 식별하는 작업을 수행한다. 예를 들면 "Mary gave John a birthday card"문장과 "John got a birthday Card from Mary" 문장이 동일한 의미임을 이 단계에서 인식한다. 분석의 세 번째 단계는 문맥 분석(Contextual Analysis)으로, 여기에서 문장의 문맥을 이해한다. 예를 들어, "Do you know what time it is?"라는 문장의 진짜 의미가 그 문맥을 통해 이 단계에서 밝혀진다. 지금까지 살펴본 여러 단계들 즉, 구문 분석, 의미 분석, 문맥 분석 단계는 반드시 독립적인 과정으로 이루어지지는 않음에 유의해야 한다.

번역 문제와 함께 자연어 처리의 주요 연구 분야를 이루는 것이 "정보 검색(Information Re –trieval) "과 "정보 추출(Information Extraction) "이다. 정보 검색은 주어진 주제와 관련된 문서들을 식별하는 작업을 지칭한다. 그 예로는, 변호사가 현재 맡고 있는 소송 건과 관련된 이전의 모든 판례를 찾고자 하는 상황에서 찾을 수 있다. 정보 추출은 다른 응용 사례에서 유용하게 사용되는 형태로 문서에서 정보를 추출하는 작업을 지칭한다. 이 작업은 특정한 질문에 대한 응답을 식별하거나, 나중에 응답할 정보를 정해진 형식으로 기록함을 의미한다.

정보 추출 시스템이 정보를 기록하는 또 다른 형식으로는 의미론적 네트(Semantic Net)가 있다. 의미론적 네트는 데이터 항목들 간의 관련을 포인터로 지칭하는 거대한 연결 데이터 구조이다.

2. 로봇 공학

로봇 공학 또는 기계 제어는 인공지능의 또 다른 응용의 예이다. 만일, 기계가 제어된 상황에서 그 작업을 수행할 때에는 전통적인 기법들이 적용될 수 있다. 예를 들어, 공장의 조립 작업대에서 컴퓨터에 의해 제어되는 시스템의 작동을 고려해보자. 이러한 상황에서 기계는 똑같은 작업 공정을 반복해서 수행하도록 되어 있다. 만약 그 작업이 부품을 집어넣는 일을 하면, 그 부품은 일정한 시간 간격으로 컨베이어 벨트를 타고 이동해 오고, 상자가 차면 동일한 장소에서 빈 상자로 교환된다. 따라서 기계가 부품을 집어 올리는 것이 아니라 어느 순간 한 지점에서 단지 집게를 오므리고, 팔을 다른 곳으로 이동한 다음, 상자에 부품을 집어넣는 것이 아니라 단지 집게를 벌릴 뿐이다.

하지만 기계가 통제되지 않은 상황에서 작동한다면 전혀 다른 문제가 발생한다. 우주 탐사와 같이 사람이 접근할 수 없는 미지의 환경에서의 작업이나 앞에서와 같은 조립 공장에서 부품이 다른 부품과 섞여 전달되거나 상자 속의 부품들이 움직이면 수행하려던 동작을 끊임없이 수정해야 할 것이기 때문이다. 이와 같은 것이 인공 지능에서 계속 연구되는 분야에 해당한다.

3. 데이터베이스 시스템

자연어 처리 시스템의 주요한 응용 중 하나인 데이터 저장 및 검색 시스템을 생각해 보자. 그 목표는 사용자가 특별한 기술적 질의 언어를 사용하여 정보를 요청하는 대신, 자연어를 사용하여 정보를 요청할 수 있도록 하는 것이다. 또한 제시된 질의에 대해서도 지능적인 응답을 제공해 주는 시스템을 구축하고자 한다.

기존의 데이터 저장 및 검색 시스템이 명시적으로 저장되어 있는 정보를 이용해 응답할 수 있는데 반해, 지능형 시스템은 데이터베이스에 저장되어 있는 암묵적 정보를 이용해 응답할 수 있는 능력이 있다.

〈질문〉 어느 대통령의 키가 3m이었냐?

◈ 기존 시스템 :

① 데이터베이스에 저장 되어 있지 않다

② 대답할 수 없다.

◈ 지능형 시스템 :

① 만약 키가 3m인 대통령이 있었다면, 이 사실은 매우 흥미로운 일이기 때문에 데이터베이스에 저장되었을 것이다.

② 그런데 키가 3m라고 기록된 사실이 없기 때문에 그러한 대통령이 없다고 결론지을 수 있다.

키가 3m인 대통령이 없다고 결론짓는 것은 데이터베이스 설계에서 매우 중요한 개념이다. 즉, 폐쇄 세계(Closed-world) 데이터베이스와 공개 세계(Open-world) 데이터베이스간의 구분이다. 폐쇄 세계 데이터베이스는 관련된 주제에 대해 참인 모든 사실을 포함한다고 여겨지는 반면, 공개 세계 데이터베이스는 이러한 가정을 포함하지 않는다.

4. 전문가 시스템

1) 전문가 시스템 등장 배경

전문가 시스템(Expert System)이라는 것은 특정한 문제 영역에서 해당 영역의 인간 전문가가 가지고 있는 지식을 활용하여 인간 전문가와 같은 처리를 수행할 수 있는 컴퓨터 시스템을 말한다. 이는 인공지능 분야에서 상업적으로 성공한 대표적인 분야이다. 1960년대와 1970년대에는 문제해결을 위한 일반 방법론을 찾고, 범용-목적 프로그램을 구축하고자 했다. 그러다가 1970년대 중반에는 지식을 표현 및 탐색 기능을 향상시키는 일반 방법론을 찾고, 특화된 프로그램을 구축 하려는 시도가 이루어졌다. 결국은 매우 특화된 프로그램을 생성하기 위해 좁은 문제 영역에 대한 고수준의 정제된 지식을 이용하는 전문가 시스템이 등장하였다.

[그림 4-26] 전문가 시스템의 등장 배경

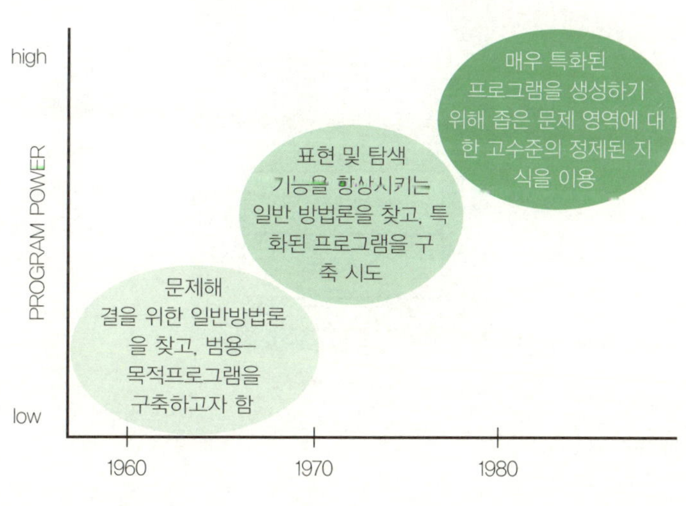

2) 구조 및 특성

전문가 시스템 중 가장 중요한 요소는 지식 베이스이다. 이 지식베이스는 사실베이스와 규칙베이스로 이루어진다. 여기서 추론 엔진이라는 것이 지식베이스를 어떻게 다루느냐에 따라 지식을 저장하고 활용하는데 있어서 성능이 달라진다. 추론 엔진은 저장된 지식을 이해하고 해석하는 해석기, 지식이나 규칙을 적용하는 것을 제어하는 스케줄러로 구성된다. 또한 전문가 시스템은 자연어나 그래픽을 통한 인터페이스와 어떤 추론 과정을 거쳐 그와 같은 결론에 도달하게 됐는지 설명해주는 설명 시스템을 제공한다. 전문가 시스템에 있어서는 전문가와 지식공학자도 참여하게 된다. 즉, 전문가가 가지고 있는 지식 중에서 지식공학자가 사실이나 규칙들을 뽑아내어 어떻게 지식베이스를 구축할 것인가 하는 것이 바로 전문가 시스템을 구축하는데 있어서 중요한 요소 중 하나이다.

[그림 4-27] 전문가 시스템의 구조

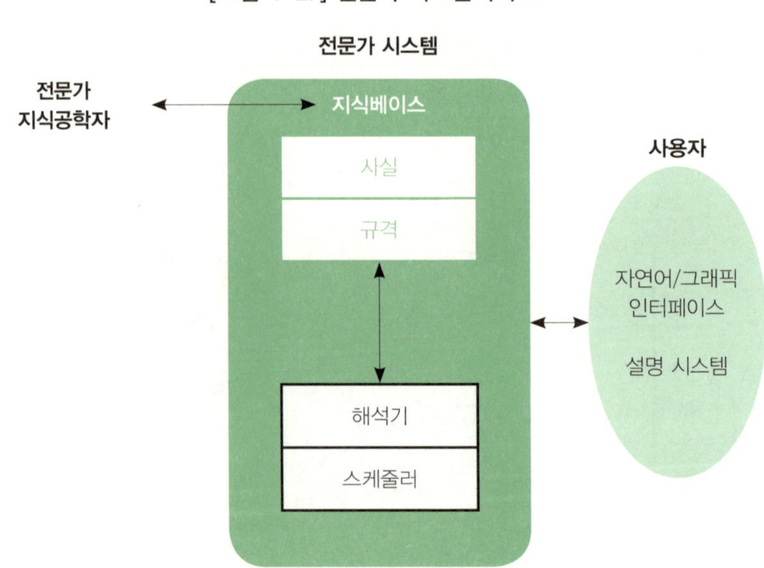

전문가 시스템의 특성은 다음과 같다.

전문가 시스템의 특성

◈ 전문성
– 전문가의 성능을 보일 수 있고, 높은 수준의 문제 해결을 기술할 수 있다.
◈ 기호에 의한 추론
– 지식을 기호로 표현하고, 기호지식의 재형성할 수 있다.
◈ 문제해결 깊이가 있다.
– 어려운 영역에도 적용할 수 있고, 복잡한 규칙의 사용하게 된다.
◈ 시스템 자신에 대한 지식
– 자신의 추론 능력을 조사할 수 있고, 추론 근거를 제시할 수 있다.

여기서 전문가 시스템도 때때로 실수할 수 있다는 것을 기억해야 한다. 아래 박스는 개발된 대표적인 전문가 시스템과 그것들의 응용 분야를 보여준다.

전문가 시스템의 응용 분야

화학 분야 – DENDRAL, MOLGEN
컴퓨터 시스템 분야 – XCON
전자 분야 – ACE, EURISKO, SOPHIE
지질 분야 – PROSPECTOR
의학 분야 – MYCIN, ONCOCIN, GUIDON
군사, 공학, …

CHAPTER 5

빅데이터의 정리

Section 1 빅데이터 활용 과제

1. 빅데이터 활용 과제

몇 해 전부터 미국을 중심으로 관심을 받던 빅데이터가 세계적으로 큰바람을 일으키고 있다. 디지털 경제의 확산으로 과거에는 접할 수 없던 엄청난 양의 데이터를 수집, 처리하면서 새로운 가치를 창출하는 빅데이터 환경이 도래하였다. 빅데이터는 미래 경쟁력을 좌우하는 핵심 자원이므로 기업뿐 아니라 공공 부문도 정확한 이해와 효과적으로 활용하기 위한 전략의 수립이 시급하다. 우리나라에서도 빅데이터의 잠재적 가치를 인식해 공공과 민간영역에서 여러 가지 일을 추진하고 있다. 공공 분야에서는 서울시 심야버스 노선 개설 등과 같은 시범-실증과제와 공공데이터 개방 정책 등을 추진하면서 빅데이터 시장 육성과 활성화를 위한 마중물 역할을 해오고 있다.

[그림 5-1] 빅데이터가 차지하는 경제적 파급효과

EU	영국	대한민국	일본	미국
공공영역 경제적 효과 연 2,500억유로 출처 : Mckinsey(2011)	예산 절감 : 연 £160억 ~ 330억 (예산의 2.5 ~ 4.5%) 출처 : Policy Exchange(2012)	경제적 효과 10조 7천억원 출처 : 전략위(2011)	부가가치 창출 : 10조 엔 사회적 비용 절감 : 12 ~ 15조 엔 출처 : 총무성(2011)	의료비 절감 : 연 3,300억 달러 소매업 이윤 : 60%향상 출처: Mckinsey(2011)

민간에서도 빅데이터를 수용하는 기업이 늘면서 금융, 통신, 유통, 제조산업을 중심으로 적지 않은 활동을 하고 있다. 그러나 민간이 주도해야 할 국내 빅데이터 시장은 아직 초기 단계이다. 기대하는 수준의 가치 창출 사례나 새로운 서비스-비즈니스 모델이 나올 정도로 활성화되지 못한 상태이다.

빅데이터는 사물인터넷 분야와 함께 우리나라 기업들이 과거에 해보지 못한 새로운 분야여서 시행착오를 겪을 가능성이 높다. 시행착오를 최소화하기 위해서는 빅데이터 추진전략적 목적을 명확히 해야 한다. 빅데이터는 과거의 데이터 분석(CRM, 데이터 마이닝, 식스시그마, 품질관리 등)과 무엇이 다르며, 새로이 할 수 있는 것과 할 수 없는 것이 무엇인지 구별할 수 있어야 한다. 이를 통해 빅데이터를 왜 해야 하는가, 안하면 왜 안 되는가에 대해 확실한 답변과 조직 내의 공감대가 필요하다.

얻고자 하는 산출물이 무엇인지, 그래서 어떤 변화와 결과를 얻고자 하는지가 명확하지 않다면 좋은 결과를 얻기 어렵다. 빅데이터 추진을 통해 달성하고자 하는 전략적 목적이 명확해지면 이런 목적을 위해 실행할 구체적인 과제가 설정돼야 한다. 빅데이터의 본질이 지속 가능한 가치 창출이라면 이를 구현할 수 있는 산출물로 빅데이터 기반 서비스, 데이터 기반 비즈니스, 비즈니스 모델 등이 만들어지고 가시화 돼야 한다. 간과해서는 안되는 부분은 데이터 분석과제나 분석결과가 빅데이터 목적 달성을 위한 종착점이 아니라는 사실이다.

로드맵에 따라 기대하는 산출물을 얻기 위해 실행과제가 설정되면 이를 위한 요건, 즉 데이터 요건, 데이터 분석 요건 및 인적요건 등이 포함돼야 한다. 하지만, 아무리 좋은 모형을 수립했을지라도 해당 모형을 현실에 적용하는 것은 쉬운 일이 아니다. 인사의 경우 모형을 적용한 효과를 바로 확인하기가 쉽지 않고, 모형 적용에도 불구하고 원하지 않는 결과가 나타난 경우 그 파장 역시 작지 않기 때문이다. 평가 데이터에 담겨 있는 소음(Noise)을 걸러내고 유용한 신호(Signal)를 찾아내는 것은 데이터에 좋은 질문을 하는 능력과 진실보다 유용성에 집중하려는 실용적 태도에 달려 있다.

Section 2 결 언

빅데이터 활용 분야는 무궁무진하며, 크게 산업 분야와 공공 분야로 나눈다. 몇 해 전부터 선진국을 중심으로 관심을 받던 빅데이터가 이제는 산업 전반에서 혁신을 이끌어낼 핵심 경쟁력으로 부상하고 있지만 국내 기업 수준은 아직 걸음마 단계이다. 한국정보화진흥원에 따르면 국내 기업의 빅데이터 활용률은 2015년 10월 기준 4.3%에 불과하였다. 정보화진흥원이 조사한 866개 기업 중 67.8%는 '빅데이터 활용을 논의조차 한 적도 없다고 답했을 정도로 관심도가 낮았다. 데이터 분석이나 서비스보다는 하드웨어에 집중된 투자도 문제로 지적되었다. 반면 빅데이터 선진국에서는 구글이나 페이스북 등 인터넷 기업을 중심으로 빅데이터를 활용한 다양한 서비스를 내놓고 있다. 오정연 정보화진흥원 ICT 융합본부 수석연구원은 "우리나라에서는 아직 빅데이터를 활용한 성공사례가 없어 기업들이 빅데이터에 대한 투자를 꺼리고 있다."며 "초보적인 수준이더라도 기업과 사용자들이 고개를 끄덕일 만한 대표적인 성공사례를 만들어야 한다."고 말했다.

2017년 6월 인천 송도컨벤시아에서 열린 제6회 뉴시티서밋 2017에서 대부분의 강연자는 "스마트 시티(뉴시티)의 번영 여부는 빅데이터를 얼마나 잘 활용하느냐에 달렸다."고 입을 모았다. 조너선 밸런 인텔 부사장은 "도시가 점점 커지기 때문에 다양한 분야를 효율적으로 관리하기가 어려워지고 있다."며 "데이터로 이들을 측정하지 않으면 결국 관리도 힘들어지기 때문에 빅데이터의 중요성은 갈수록 높아질 것이다."이라고 예측했다. 하지만 빅데이터 분석과 적용이 일률적으로 진행되는 것은 피해야 한다. 도시마다 처한 환경이 모두 다르기 때문이다. 밧살 바트 미국 그린빌딩협의회(USGBC) 국장은 "중국과 인도부터 미국, 독일까지 모든 빅데이터가 일치할 수는 없고, 데이터 해석도 유연해야 한다."며 "빅데이터 맞춤화(Customization)가 중요하게 떠오르는 이유도 비슷한 맥락에서 해석 가능하다."고 밝혔다.

사물인터넷과 동반성장하는 빅데이터는 4차 산업혁명에서 이제 선택이 아닌 필수로 부상하고 있으며, 인공지능, 로보틱스, 나노기술, 3D 프린팅 등 다양한 분야와 서로 융합하고 상호작용하면서 세상을 변화시키고 있다. 빅데이터는 그 자체만으로는 요술방망이가 아니므로, 국가/조직/개인 모두 분석역량을 높이는 노력이 필요하며 목표실행 로드맵이 뚜렷해야 성과를 낼 수 있다. 한편 성찰 없는 '4차 산업혁명'의 미래는 재앙의 출발일 수도 있으므로, 가치 있는 미래로 가기 위해서는 불확실하고 복잡한 변화에 대응할 수 있는 개방적이고 융합적인 시스템을 마련해야 한다.

참고문헌

1. 정용찬(2012). 『빅데이터 혁명과 미디어 정책 이슈』(KISDI Premium Report 12-02). 정보통신정책연구원
2. 정용찬(2012). 수량적 데이터마이닝 기법. 한국언론학회. 『융합과 통섭, 다중매체환경에서의 언론학 연구방법』, 53~81. 나남.
3. 西田圭介(2008). Googleを支える技術. 김성훈 역(2009). 『구글을 지탱하는 기술』. 멘토르
4. Fay Chang, Jeffrey Dean, Sanjay Ghemawat, Wilson C. Hsieh, Deborah A. Wallach (2006). Bigtable: A Distributed Storage System for Structured Data. Google, Inc.
5. Jeffrey Dean and Sanjay Ghemawat(2004). MapReduce: Simplified Data Processing on Large Clusters. Google, Inc.
6. O'Reilly Media(2012). Big Data Now. O'Reilly.
7. O'Reilly Radar Team(2012). Planning for Big Data. O'Reilly.
8. Rob Pike, Sean Dorward, Robert Griesemer, Sean Quinlan(2005). Interpreting the Data: Parallel Analysis with Sawzall. Google, Inc.
9. Sanjay Ghemawat, Howard Gobioff, &Shun-Tak Leung(2003). The Google File System. Google.
10. Chapman, Pete et al.(2000). CRISP-DM 1.0 Step-by-step data mining guide. SPSS.
11. Fayyad, Usama, Piatetsky-Shapiro, Gregory, and Smyth, Padhraic(1996). From Data Mining to Knowledge Discovery in Databases, AI Magazine 17(3), 37~54.
12. Han, Jiawei, Kamber, Micheline &Pei, Jian(2011). Data Mining: Concepts and

Techniques(Third Edition). Burlington, MA: Morgan Kaufmann.

13. Linoff, Gordon S., Berry, Micahel J. A.(2011). Data mining techniques: for marketing, sales, and customer relationship management. Indianapolis, IN: Wiley.
14. Shmueli, Galit, Patel, Nitin R., Bruce, Peter C.(2010). Data mining for business intelligence: concepts, techniques, and applications in Microsoft Office Excel with XLMiner. Hoboken, N. J.: Wiley.
15. 방송통신위원회(2011). 『스마트 워크 활성화 추진계획』.
16. 정용찬(2012b). 『빅데이터, 빅브라더』. KISDI 전문가컬럼. 2012.6. 정보통신정책연구원.
17. Executive Office of the President(2010). Designing a Digital Future. President's Council of Advisors on Science and Technology.
18. Vital Wave Consulting(2012). Big Data, Big Impact: New Possibilities for International Development. World Economic Forum.
19. 정용찬(2011). [옴부즈맨 칼럼] '빅데이터 시대'의 미디어 전략. 「서울신문」 2011. 12. 28.
20. Liu, Bing(2011). Web Data Mining. Springer.
21. Pang, Bo &Lee, Lillian(2008). Opinion mining and sentiment analysis. Foundations and Trends in Information Retrieval.
22. Russell, Matthew A.(2011). Mining the social web. Sebastopol, CA: O'Reilly. Vol. 2, No 1-2. 1-135.
23. Witten, Ian H., Frank, Eibe, Hall, Mark A.(2011). Data mining: practical machine learning tools and techniques. Burlington, MA: Morgan Kaufmann.
24. 국가정보화전략위원회(2011.11). 「빅데이터를 활용한 스마트 정부 구현(안)」
25. Economist Intelligence Unit(2011). Big Data Harnessing a game-changing asset.
26. IBM(2012). Watson goes to work.
27. McKinsey Global Institute(2011). Big data: the next frontier for innovation, competition, and productivity. McKinsey &Company.
28. The Wall Street Journal(Mar. 12. 2010). Cash-Starved States Put Tax Scofflaws in Crosshairs-Budget Woes Push Officials to Mine IRS Data, Try Web Infamy to

Get Late Cash.

29. Chernoff, Herman(1973). The Use of Faces to Represent Points in K-Dimensional Space Graphically. Journal of the American Statistical Association. American Statistical Association. 68(342): 361~368.

30. Friendly, Michael(2009). Milestones in the history of thematic cartography, statistical graphics, and data visualization.

31. He, Qin(1999). Knowledge Discovery Through Co-Word Analysis. Library Trends. Vol. 48, No. 1, Summer 1999, pp. 133~159.

32. Yau, Nathan(2011). Visualize This: The Flowing Data Guide to Design, Visualiza-tion, and Statistics. 송용근 역(2012). 『비주얼라이즈 디스』. 에이콘.

33. Roebuck, Kevin(2011). Storing and managing big data-NoSQL, Hadoop and more. Tebbo.

34. 岡嶋裕史(2010). アップル、グーグル、マイクロソフト クラウド、携帯端末戰爭のゆくえ. 김정환 역(2011). 『클라우드 혁명과 애플 구글 마이크로소프트』. 예인.

35. 八子知禮(2010). 圖解クラウド早わかり. 김정환 역(2011). 『클라우드』. 새로운제안.

36. Barnatt, Christopher(2010). Brief Guide to Cloud Computing. 윤성호 · 이경환 역(2011). 『클라우드 컴퓨팅』. 미래의창.

37. Craig, T and Ludloff, M. E.(2011). Privacy and Big Data. O'Reilly.

38. Helft, Miguel and Miller, Claire(2011). 1986 Privacy Law Is Outrun by the Web. The New York Times. January 9, 2011

39. The Guardian(2012). Email surveillance plans face Lib Dem rebellion. 2, April 2012

40. Fortune(2011). 100 Best Companies to Work For. Feb. 7, 2011.

41. Guardian(2012). What is data scientist? March 2, 2012. The Guardian.

42. Laney, Doug &Kart, Lisa(2012). Emerging Role of the Data Scientist and the Art of Data Science. March 20, 2012. Gartner.

43. Laney, Doug(2012). Defining and differenciating the role of the data scientist. March 25, 2012. Gartner.

44. O'Reilly Media(2012). Big Data Now. O'Reilly.

45. Patil, DJ(2011). Building Data Science Teams. O'Reilly Media.

46. Rappa, Michael(2012). Master of Science in Analytics. Institute for Advanced Analytics. July 2012.

47. Executive Office of the President(2010). Designing a Digital Future. President's Council of Advisors on Science and Technology.